westermann

Oliver Biehl, Klaus Hengesbach, Dr. Jürgen Lehberger,
Georg Pyzalla, Walter Quadflieg, Werner Schilke,
Stefan Schnitzler, Holger Stahlschmidt, Bert Vennen

Lernfelder Metalltechnik

Grundlagen
Prozesswissen

durch Handlungssituationen, Lernsituationen, Aufgaben

6. Auflage

Bestellnummer 55057

Lernfeld 1 Fertigen von Bauelementen mit handgeführten Werkzeugen

Lernfeld 2 Fertigen von Bauelementen mit Maschinen

Lernfeld 3 Herstellen einfacher Baugruppe

Lernfeld 4 Warten technischer Systeme

Prüftechnik

Fertigungstechnik

Maschinen- und Geträtetechnik

Instandhaltung – Wartungstechnik

Elektrotechnik

Werkstofftechnik

Technische Kommunikation

Steuerungstechnik

Kreativ- und Präsentationstechnik

Fachübergreifende mathematische Übungen

Die in diesem Werk aufgeführten Internetadressen sind auf dem Stand zum Zeitpunkt der Drucklegung. Die ständige Aktualität der Adressen kann vonseiten des Verlages nicht gewährleistet werden. Darüber hinaus übernimmt der Verlag keine Verantwortung für die Inhalte dieser Seiten.

service@westermann.de
www.westermann.de

Bildungsverlag EINS GmbH
Ettore-Bugatti-Straße 6-14, 51149 Köln

ISBN 978-3-427-**55057**-0

westermann GRUPPE

Hinweise für den Benutzer

Das Lernpaket „Lernfelder Metalltechnik – Grundwissen“ besteht aus zwei Büchern:

- **Lehrbuch**
  Lernfelder Metalltechnik – Grundwissen (55051, 6. Auflage)
- **Aufgabenband**
  Lernfelder Metalltechnik – Grundlagen Prozesswissen –
  durch Handlungssituationen, Lernsituationen, Aufgaben (55057, 6. Auflage)

Der vorliegende **Aufgabenband** enthält im ersten Teil Handlungssituationen und Lernsituationen zu den Lernfeldern:

- **Lernfeld 1:** Fertigen von Bauelementen mit handgeführten Werkzeugen
- **Lernfeld 2:** Fertigen von Bauelementen mit Maschinen
- **Lernfeld 3:** Herstellen von einfachen Baugruppen
- **Lernfeld 4:** Warten technischer Systeme

Im ersten Teil des Buches „Grundlagen Prozesswissen“ werden die vier Lernfelder behandelt. In jedem Lernfeld wird zunächst allgemein das Handeln des Fachmannes dargestellt und an Beispielen von kompletten Handlungssituationen erläutert. Es folgen jeweils zu jeder Handlungssituation drei Lernsituationen, an denen das selbstständige Analysieren, Planen, Ausführen und Bewerten – letztere nur eingeschränkt – geübt werden kann.

Im zweiten Teil dieses Buches befinden sich zur Ergänzung, Vertiefung und Übung des Lernstoffs nach Sachgebieten geordnet die Übungsaufgaben, auf die im Lehrbuch verwiesen wird.

Bestellnummer 55057

Die überwiegend zur technischen Mathematik gehörigen Übungsaufgaben sind durch eingerahmte Aufgabennummern gekennzeichnet:

Beispiel 2/8 Berechnen Sie …

Der dritte Teil des Aufgabenbandes enthält fächerübergreifende mathematische Übungen.

Bestellnummer 55051

*Das zugehörige **Lehrbuch** enthält das zur Bearbeitung der Lernsituationen in den verschiedenen Lernfeldern erforderliche Fachwissen. Um diese fachlichen Informationen zusammenhängend darzustellen und die systematische Suche von Informationen zu erleichtern, ist das Lehrbuch nach folgenden Sachgebieten gegliedert:*

Prüftechnik
Fertigungstechnik
Maschinen- und Gerätetechnik
Instandhaltung – Wartungstechnik
Elektrotechnik
Werkstofftechnik
Technische Kommunikation
Steuerungstechnik
Kreativ- und Präsentationstechnik

*Das **Lehrermaterial** erhält der Lehrer unter der Bestellnummer 55062 als Download und unter der Bestellnummer 55065 als Print on demand mit:*

- *Lösungsbeispielen zu den Lernsituationen,*
- *Lösungen zu den Übungsaufgaben,*
- *didaktischen Hinweisen für den Unterricht.*

Lernfeld 1 Fertigen von Bauelementen mit handgeführten Werkzeugen

Lernfeld 2 Fertigen von Bauelementen mit Maschinen

Lernfeld 3 Herstellen einfacher Baugruppen

Lernfeld 4 Warten technischer Systeme

Aufgaben

Prüftechnik 1/1 bis 6/2

Kreativ- und Präsentationstechniken 1/1 bis 2/7

Fächerübergreifende mathematische Übungen 1/1 bis 6/5

Mathematische Bezüge (alphabetisch)

Dieser Aufgabenband enthält zusätzliche Inhalte, welche im Webshop unter Buch+Web als Download zur Verfügung stehen.

1.1 Handlungssituation
Fertigen von Bauelementen durch Spanen

Im Zusammenhang mit Arbeiten an technischen Anlagen sind häufig mechanische Elemente als Ergänzung anzufertigen oder vorgegebene mechanische Bauteile an die Anforderungen der Anlage anzupassen.

Zur Bewältigung einer entsprechenden Fertigungsaufgabe erhält der Mechaniker meist Zeichnungen und Stücklisten, die vom Konstrukteur angefertigt wurden. In anderen Fällen muss er auch nach eigenen Handskizzen mechanische Bauteile anfertigen.

Im folgenden Beispiel werden die einzelnen Schritte von der Analyse des Auftrags über die Planung bis zur Fertigung beschrieben.

Beispiel:

In einem Werkzeug zum Ausstanzen von Blechteilen aus einem Blechstreifen wird der Streifen durch eine federnde Streifenführung gegen die feste Führungsleiste gedrückt.

Die federnde Führungsleiste ist gebrochen. Sie soll in der Ausbildungswerkstatt neu angefertigt werden.

Es wird der Auftrag erteilt, diese Führungsleiste mit handgeführten Werkzeugen neu anzufertigen.

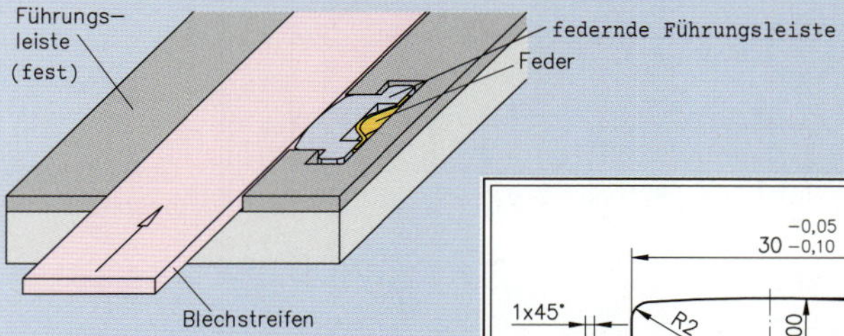

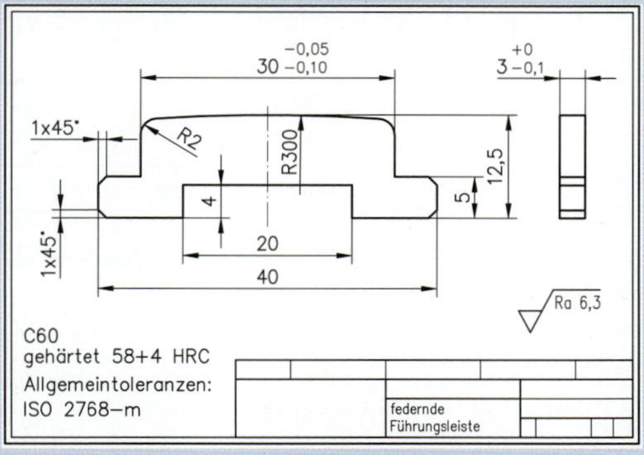

1. Auftrag analysieren

Der Fachmann sichtet alle Unterlagen zum Auftrag.
Dies sind in den meisten Fällen Zeichnungen mit Stücklisten oder Skizzen mit Zusatzangaben.
Durch Sichten der Unterlagen, evtl. unter Berücksichtigung mündlicher Anweisungen durch den Auftraggeber, verschafft er sich Informationen über:

- Art des Bauteils,
- Werkstoff,
- Hauptabmessungen (Länge, Breite, Höhe),
- geforderte Maßgenauigkeit,
- geforderte Oberflächengüte,
- Termine.

Falls besondere Eigenschaften, wie z. B. „gehärtet", gefordert werden, wird der Fachmann sich zusätzliche Informationen darüber beschaffen.
Weiterhin prüft er die Fertigungsmöglichkeiten, indem er die Ausstattung seiner Werkstatt mit Werkzeugen, Maschinen und Hilfsmitteln beachtet.

Auftragsanalyse

Im Beispiel stellt der Fachmann fest, dass das Werkstück mit handgeführten Werkzeugen (Säge und Feile) hergestellt werden kann. Nach der Fertigung muss das Werkstück gehärtet werden. Dazu wird das fertige Werkstück in einen anderen Betrieb gegeben.

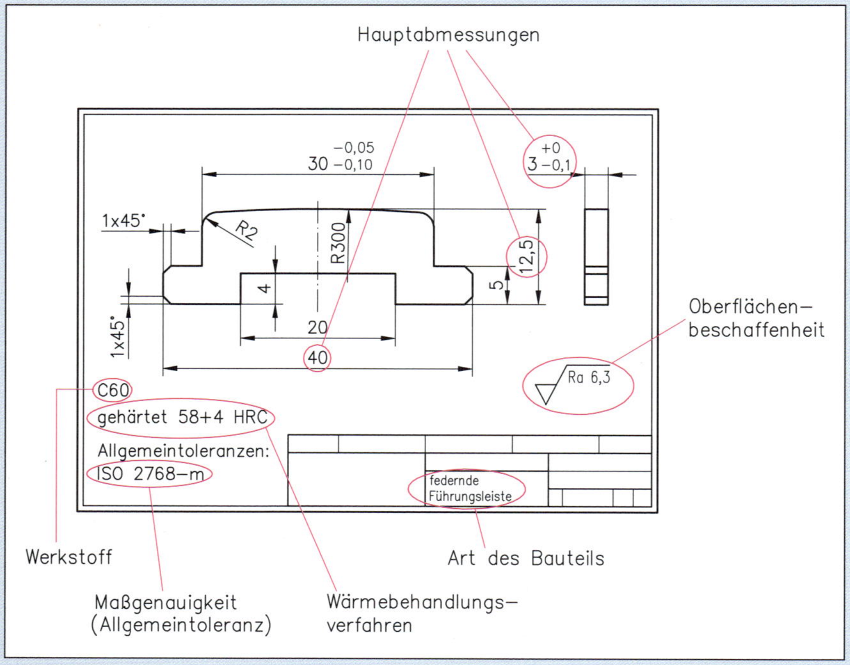

2. Fertigung planen

1. Schritt: Form und Maße des Rohteils wählen

Der Fachmann:

- bestimmt unter Berücksichtigung der Bearbeitungszugaben den Rohteilquerschnitt und die zugehörige Trennlänge,
- wählt das Rohmaterial unter Beachtung des vorgegebenen Werkstoffes aus, indem er den Lagerbestand berücksichtigt oder gemäß Tabellenbuch das Rohmaterial bestellt,
- legt die Lage des Rohteils im Rohmaterial fest, indem er auf geringsten Verschnitt und geringsten Arbeitsaufwand zum Abtrennen achtet,
- wählt ein Verfahren zum Abtrennen des Rohteils aus dem Rohmaterial.

Rohteilplanung

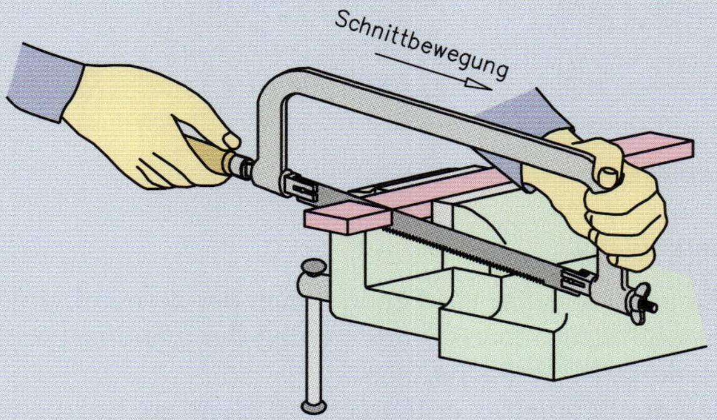

- Ablängen mit der Handbügelsäge,
- Werkstoff C60,
- Rohteilmaße: 15 x 3 x 42,
- Halbzeug: blanker Flachstahl 15 x 3.

2. Schritt: Fertigungsabfolge planen

Der Fachmann untersucht die Werkstückkontur und wählt für ihre Herstellung geeignete Verfahren, Werkzeuge, Mess- und Anreißmittel sowie Spannmittel aus.
Zusätzlich bestimmt er die Reihenfolge der Bearbeitungsschritte. Dabei plant er möglichst die folgende Reihenfolge:

- Bezugskanten wählen und ggf. deren Bearbeitung festlegen,
- Anreißen,
- Rohkontur mit Bearbeitungszugaben erzeugen,
- Konturbereiche mit engen Toleranzen oder sonstigen Schwierigkeiten zunächst bearbeiten (Ausnahme: Ihre Bearbeitung stört die weitere Fertigung oder diese Konturbereiche werden bei der weiteren Bearbeitung beschädigt.),
- einfache Konturbereiche bearbeiten,
- ergänzende, formverbessernde Konturen herstellen (Fasen, Radien ...).

Fertigungsabfolge planen

Der Fachmann plant eine Längsfläche und eine senkrecht dazu stehende Fläche als Bezugsflächen zu verwenden. Diese Flächen sind rechtwinklig zueinander mit der Feile zu bearbeiten.
Er plant, zum Anreißen die Anreißplatte mit Parallelreißer einzusetzen und entscheidet sich, mit der Fertigung des engtolerierten Maßes $30\,^{-0{,}05}_{-0{,}10}$ zu beginnen.
Sodann beabsichtigt er, die übrigen Konturteile zu bearbeiten und zuletzt die Fasen anzuarbeiten.

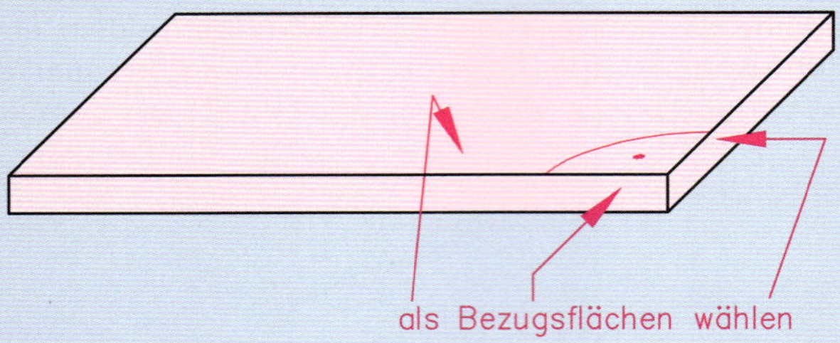

3. Schritt: Werkzeuge auswählen

Der Fachmann wählt:

- die Größe und Form der Werkzeuge nach der zu bearbeitenden Kontur,
- Schrupp- und Schlichtwerkzeuge gemäß der gewünschten Zerspanleistung und geforderten Oberfläche,
- die Schneidengeometrie entsprechend dem zu bearbeitenden Werkstoff unter Berücksichtigung von Werkstückform und Genauigkeit.

Werkzeuge auswählen

Der Fachmann verwendet
- zum Ablängen und Aussägen eine Handbügelsäge mit einem Sägeblatt, das eine Teilung von 32 Zähnen auf 25 mm aufweist,
- zum Schruppen eine Flachstumpffeile Hieb 1 oder Hieb 2,
- für die Endbearbeitung eine Feinschlichtfeile mit Hieb 4 oder Hieb 5.

3. Werkstück fertigen

1. Schritt: Bezugsflächen bearbeiten

Der Fachmann bearbeitet die Bezugsflächen, falls sie nicht in den Maßen und in der Oberflächenqualität den Anforderungen entsprechen.

Bezugsflächen herstellen

Der Fachmann bearbeitet die Schnittfläche mit der Flachstumpffeile.

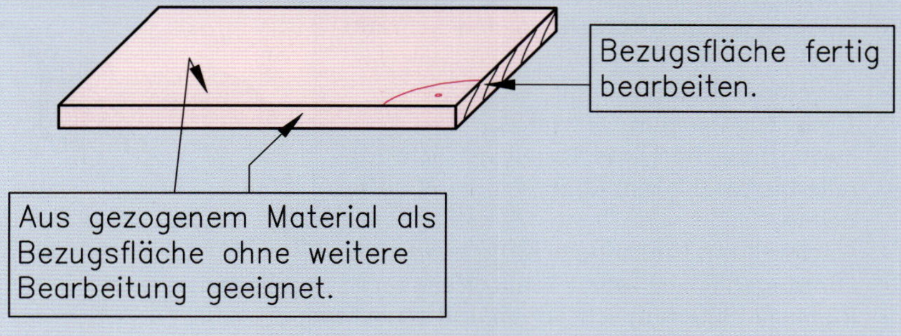

2. Schritt: Werkstück anreißen und körnen

Der Fachmann:

- reißt senkrechte und waagerechte Risslinien an,
- körnt Mittelpunkte für Bohrungen und Kreisbögen, falls diese Bögen mit einem Zirkel angerissen werden,
- setzt Kontrollkörner an Radien und anderen Konturen, damit diese besser erkennbar bleiben.

Anreißen und Körnen

- Waagerechte Linien anreißen,
- senkrechte Linien anreißen,
- Radius 300 mithilfe einer Schablone anreißen,
- zur Kontrolle der Bearbeitung Körnungen auf die Anrisslinie setzen.

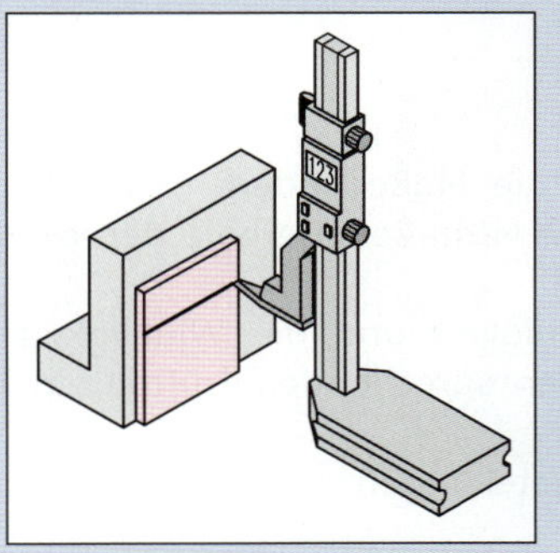

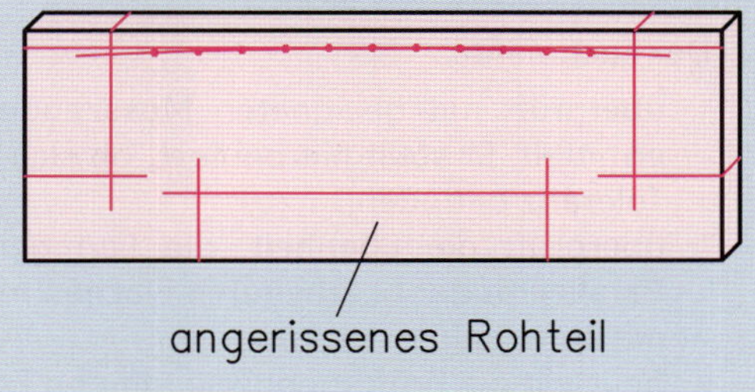

3. Schritt: Kontur bearbeiten

Der Fachmann:

- bearbeitet möglichst zunächst die Stellen des Werkstücks, an denen Bearbeitungsfehler zum sofortigen Ausschuss führen würden,
- kontrolliert Einbaumaße sofort,
- bearbeitet anschließend die übrigen Teile der Kontur.

Herstellen der Kontur

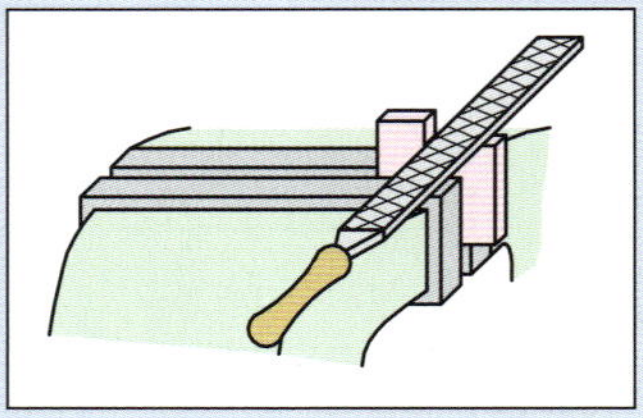

- Einspannen des Rohteils in den Schraubstock,
- Sägen der Rohkontur mit ca. **1** mm Zugabe zum Fertigmaß,
- Konturbereiche **1** und **1a** mit der Schruppfeile bis ca. 0,2 mm über Fertigmaß vorarbeiten,
- Flächen **1** mit Schlichtfeile fertig bearbeiten,
- Führungsflächen **1a** mit Schlichtfeile fertig bearbeiten,
- Radius **2** (300 mm) schruppen und schlichten,
- Ausschnitt **3** an den Enden einsägen und mit Schruppfeile auf ca. 3,8 mm Tiefe feilen, danach mit Schlichtfeile fertig bearbeiten,
- Radien R2 und Fasen 1 x 45° mit Schlichtfeile herstellen,
- Gesamte Kontur beidseitig mit der Schlichtfeile leicht entgraten.

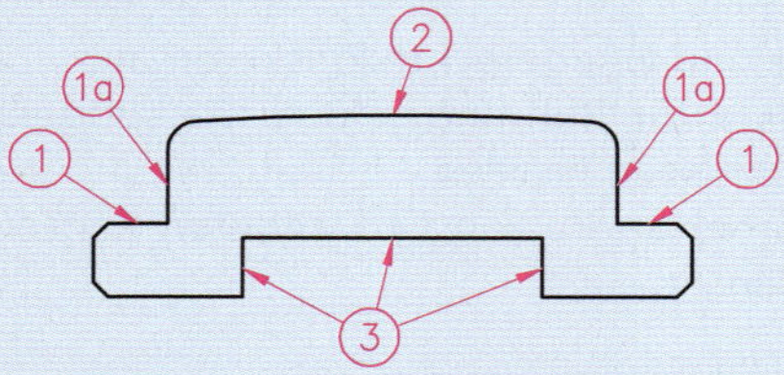

Bei Annäherung an die Endform und die Fertigmaße müssen die Ebenheit, die Winkligkeit und die Maßgenauigkeit wiederholt geprüft und, wenn nötig, korrigiert werden. Sollte eine Korrektur nicht mehr möglich sein, da sich das Maß unterhalb der Toleranz befindet, ist das Werkstück Ausschuss.

4. Werkstück kontrollieren

Der Fachmann:

- überprüft mit geeigneten Messzeugen die Maße, indem er die Istmaße ermittelt. Er stellt hierbei fest, ob sich die Istmaße innerhalb der jeweiligen Toleranz befinden,
- überprüft die Ebenheit, die Formgenauigkeit und die Winkligkeit bzw. Parallelität der bearbeiteten Flächen mit entsprechenden Prüfmitteln, meist mit einer Lehre,
- beurteilt die Prüfergebnisse mit den Feststellungen: **GUT/NACHBESSERUNG/AUSSCHUSS**,
- führt, wenn möglich, eine Funktionsprüfung durch.

Kontrolle der Istmaße

- Prüfen des Maßes 30 $^{-0,05}_{-0,10}$ mit einer Messschraube,
- Kontrolle aller anderen Längenmaße mit einem Messschieber,
- Kontrolle der Radien mit einer Radienlehre und einer Schablone (R300),
- Funktionskontrolle.

Nennmaß in mm	Abmaße in mm	Istmaß in mm	Bewertung		
			Gut	Nach-bessern	Aus-schuss
3	0/−0,1	2,98	X		
4	±0,1	4,10	X		
5	±0,1	4,95	X		
12,5	±0,2	12,75		X	
20	±0,2	19,90	X		
30	−0,05/−0,10	29,93	X		
40	±0,3	40,20	X		

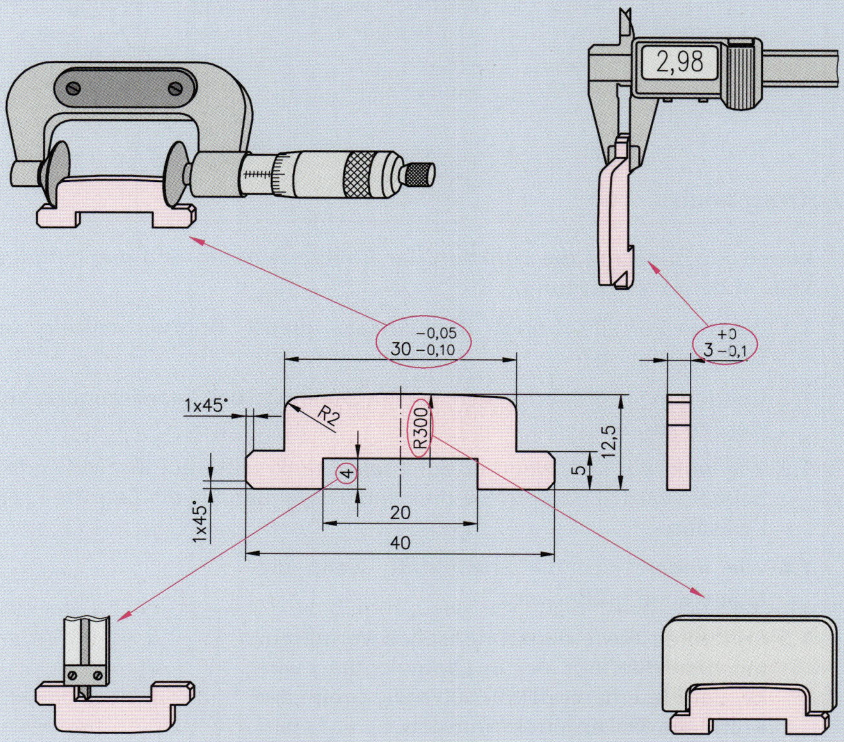

Lernsituation

1.1.1 Lernsituation
Fertigen eines Keils

Situation:
Für eine Bohrvorrichtung, in der Werkstücke (Stellringe) durch einen Keil gespannt werden sollen, ist ein Keil anzufertigen.
Es liegt eine Handskizze mit den wichtigsten Angaben vor.

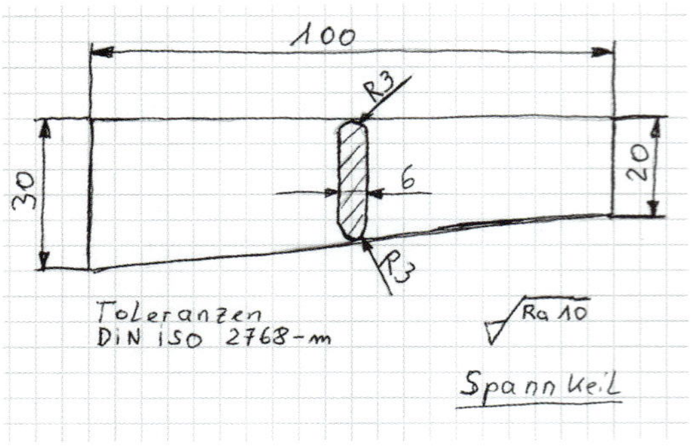

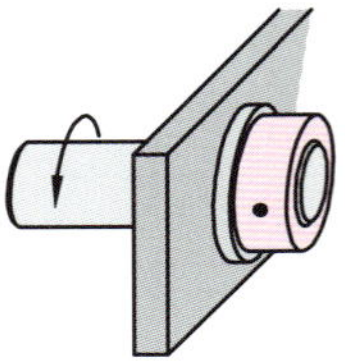

Anwendung des Stellrings zur Fixierung einer Welle

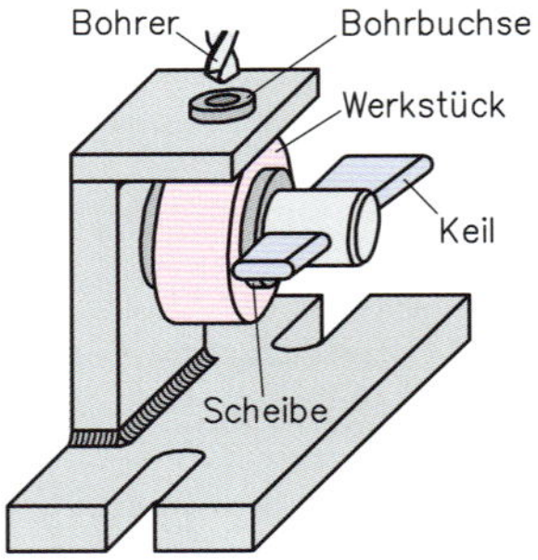

1. Auftrag analysieren

Klären Sie zunächst die Funktion der Bohrvorrichtung und die Aufgabe des Keils in dieser Vorrichtung.

1.1 Welche Vorteile bringt der Einsatz dieser Bohrvorrichtung in der Serienfertigung?

1.2 Überlegen Sie Möglichkeiten, wie die Stellringe bei Einzelfertigung gebohrt werden können.

1.3 Wie wirkt ein Keil, wenn er durch eine senkrechte auf ihn wirkende Kraft belastet wird? Erläutern Sie dies und verwenden Sie die Begriffe Kraft und Keilwange.

1.4 Wie ändert sich die Spannkraft, wenn die Keilneigung größer wird?

1.5 Erarbeiten Sie ein zeichnerisches Verfahren, mit dem man aus der in Längsrichtung wirkenden Hammerkraft von 500 N die Größe der Kräfte am Keil ermitteln kann.

1.6 Der Keil wird durch Hammerschläge auf die Oberseite eingetrieben und durch Hammerschläge auf die Unterseite gelöst.
Welche Auswirkungen können die Hammerschläge beim Lösen auf den Keil haben? Wie könnten Sie den Keil umgestalten, damit das Austreiben keine negativen Folgen mehr hat?
(Lösungen skizzieren und bemaßen)

2. Fertigung planen

Nehmen Sie die von Ihnen in 1.6 entwickelte Form des Keils als Grundlage zur Lösung der folgenden Aufgaben.

2.1 Bestimmen Sie die Maße des Rohteils.

2.2 Welche Maße des Keils sind besonders wichtig? Wie kann eine Überprüfung dieser Maße erfolgen?

2.3 Planen Sie eine sinnvolle Reihenfolge der Fertigungsschritte. Geben Sie jeweils die erforderlichen Werkzeuge an.

2.4 Wählen Sie einen geeigneten Werkstoff aus.

3. Werkstück fertigen

3.1 Skizzieren Sie den Keil und kennzeichnen Sie die Bezugskanten.

3.2 Zeichnen Sie das Rohteil und in das Rohteil die Werkstückkonturen ein.

3.3 Sie sägen die Schräge mit einer Handsäge aus. Wie sind die Zahnform, die Zahnteilung und der Freischnitt an der Handsäge? Informationen finden Sie im Lehrbuch „Grundwissen".

Unter welchem Stichwort können Sie im Sachwortregister nachschlagen?

3.4 Nach welchen Kriterien wird eine Feile für die zu bearbeitenden Flächen ausgewählt?

3.5 Welche Feilen nehmen Sie zur Bearbeitung der Schräge?

4. Werkstück kontrollieren

Auf die Durchführung abschließender Maßkontrollen kann bei der Herstellung dieses Werkstücks verzichtet werden. Stattdessen ist eine Funktionskontrolle des Keils beim Spannen der Flansche erforderlich.

Nach einer Funktionskontrolle wurde festgestellt, dass die Keilwange eine Kerbe hat. Auf welchen Fehler weist diese Kerbe hin?

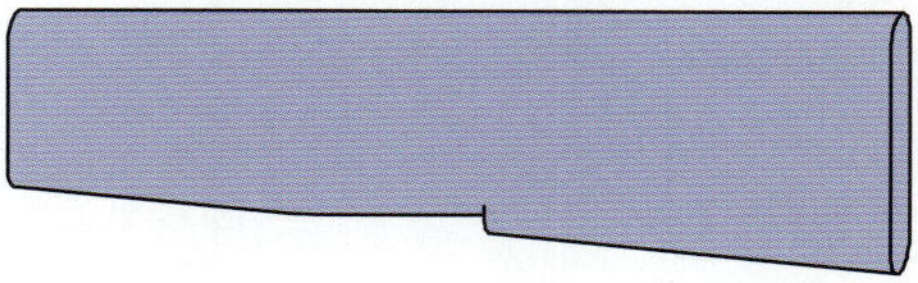

1.1.2 Lernsituation
Fertigen einer Lehre zum Prüfen

In dieser Lernsituation sollen Sie eine mögliche Lösung für die beschriebene Situation erarbeiten. Planen Sie die Fertigung gemäß den bekannten Teilschritten.

Situation:
In einer Fräswerkstatt werden gegossene Lagerböcke aus EN AC-Si 12 entsprechend der Zeichnung durch Fräsen fertig bearbeitet.

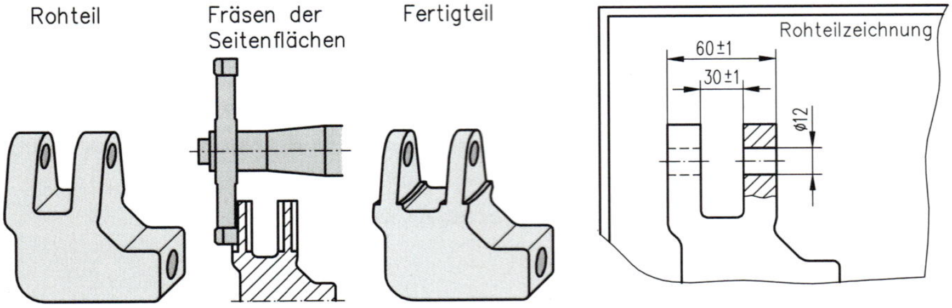

Einige neu angelieferte Rohteile haben sich nach dem Gießen verzogen. Hierdurch konnte das Maß 30 ± 1 nicht bei allen Teilen eingehalten werden. Nach dem Fräsen waren dann die zu bearbeitenden Flächen nicht einwandfrei eben.
Vor dem Fräsen sollen deshalb alle Rohteile mit einer Schablone auf die Einhaltung des Maßes 30 ± 1 geprüft werden. Fehlerhafte Werkstücke werden dann auf einer Presse gerichtet. Die Schablone ist entsprechend der Zeichnung anzufertigen.

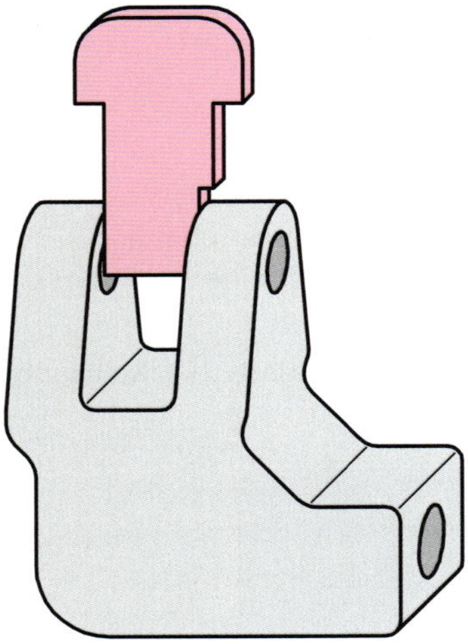

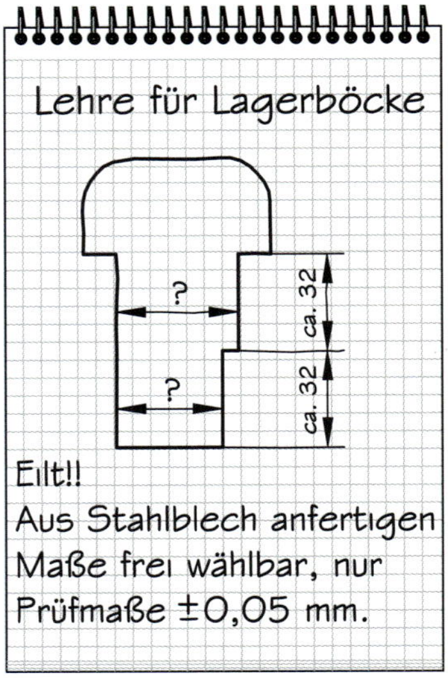

1. Auftrag analysieren

1.1 Zeichnen Sie die Lehre und bemaßen Sie diese komplett. Achten Sie auf gute Handhabbarkeit!

1.2 Überlegen Sie, wie mit der Lehre geprüft werden kann. Woran erkennen Sie, ob der Lagerbock **Ausschuss** oder **Gut** ist?

2. Fertigung planen

Planen Sie die Fertigung der Lehre entsprechend den im Beispiel zu Kapitel 1.1 vorgegebenen Schritten. (1. Schritt: Form und Maße des Rohteils wählen, 2. Schritt: ... usw.).

3. Werkstück mit der Lehre kontrollieren

Wie lautet das Prüfergebnis in den folgenden Fällen?

Werkstück	Prüfung	Auswertung (Gut/Nacharbeit)
1	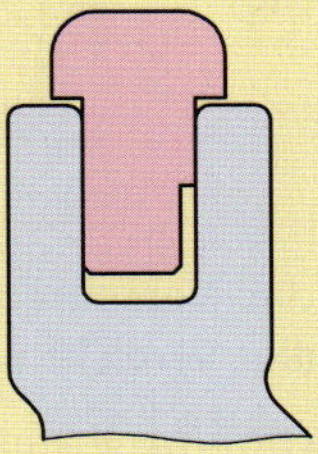	☐ Gut ☐ Nacharbeit ☐ Ausschuss
2	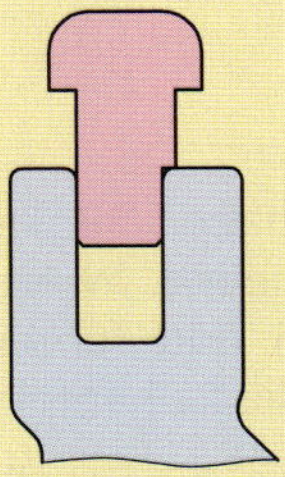	☐ Gut ☐ Nacharbeit ☐ Ausschuss
3	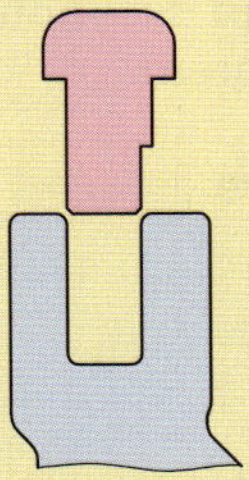	☐ Gut ☐ Nacharbeit ☐ Ausschuss

1.1.3 Lernsituation
Fertigen eines Abstandhalters

Situation:

In einer hydraulischen Anlage kreuzen sich zwei Rohre mit einem Außendurchmesser von 10 mm in zu geringem Abstand. Während des Betriebs der Anlage schlagen diese Rohre gegeneinander.
Eine Verbindung mit Kabelbindern und einer Zwischenlage aus Filz hat sich nicht bewährt!
Es soll ein Abstandhalter aus Hart-PVC gefertigt werden. Die Rohre sollen 4 mm Abstand haben. Eine Skizze liegt vor. Die Deckel sollen verschraubt werden und die Rohre fest gespannt halten.
Sie sollen die Fertigung und die Prüfung des Abstandhalters planen.

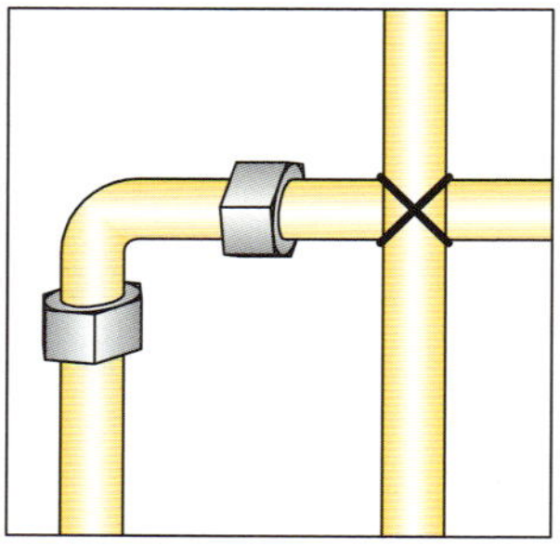

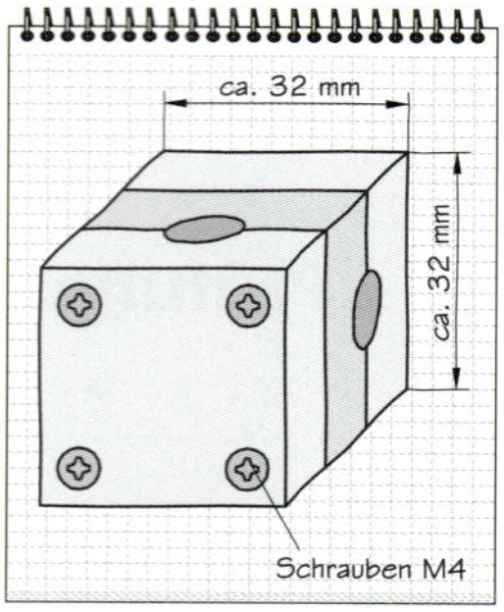

1. Auftrag analysieren

1.1 Es ist wichtig, die Rohre durch das Verschrauben unter Spannung zu setzen. Wie kann dies erreicht werden?

1.2 Welche Möglichkeiten zur Fertigung ergeben sich? Beschreiben Sie diese.

Umdrehungsfrequenzen für das Bohren von Hart-PVC

Ø	U/min
2	2500
4	1250
6	800
8	625
10	500

2. Fertigung und Prüfung planen

2.1 Bei der Analyse des Auftrages haben Sie verschiedene Fertigungsmöglichkeiten beschrieben. Wählen Sie eine aus, fertigen Sie entsprechende Zeichnungen an und führen Sie für diese die weitere Planung durch. Bestimmen Sie die Reihenfolge der Bearbeitung.

2.2 Nennen Sie die durchzuführenden Arbeitsgänge, wählen Sie die benötigten Werkzeuge aus und machen Sie notwendige Anmerkungen (z. B. Umdrehungsfrequenz für das Bohren).

Schritt	Arbeitsgang	Werkzeug	Bemerkungen
1			
2			
...			

2.3 Wie können Sie das Maß 4 mm (Abstand der Rohre) prüfen. Beschreiben Sie den Prüfvorgang.

Handlungssituation

Lernfeld 1

1.2 Handlungssituation
Biegeumformen mit handgeführten Werkzeugen

Die manuelle Fertigung von Biegeteilen hat für die Herstellung von Einzelteilen aus Stangenmaterial und Blechen Bedeutung.
Der Fachmann hat die Größe der Zuschnitte und die Lage der Biegekanten zu bestimmen. Ferner muss er die Vorrichtungen und handbedienten Maschinen, z. B. Biegepresse und Abkantmaschinen, auswählen, mit deren Hilfe er das Werkstück biegen will.
Für das Biegen im Schraubstock muss er sich evtl. Hilfsmittel schaffen, um vorgeschriebene Biegungen fachgerecht durchführen zu können.

Beim Biegen muss der Fachmann die Folge der einzelnen Biegungen beachten, damit aufgebogene Enden nicht die Weiterbearbeitung behindern.
Ferner muss er das Verhalten des Werkstoffs berücksichtigen. So federt z. B. das aufgebogene Teil je nach Werkstoff mehr oder weniger zurück, sodass größere Biegewinkel notwendig sind, als später am Werkstück vorhanden sein werden.
Die manuelle Fertigung durch Biegeumformen erfordert aus diesen Gründen eine sorgfältige Planung sämtlicher Arbeitsschritte.

Beispiel: Biegeumformen eines Halters mit handgeführten Werkzeugen

Zur Befestigung eines Pneumatikzylinders an einer Fördereinrichtung ist ein Halter zu fertigen.

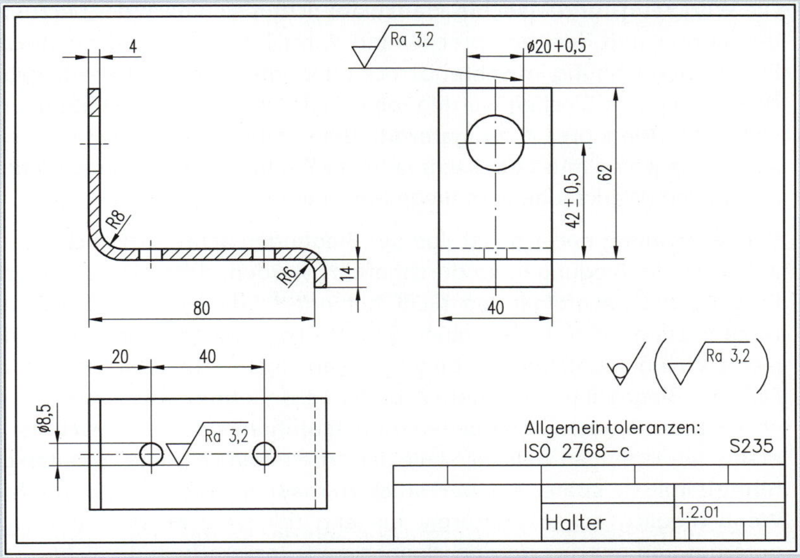

1. Auftrag analysieren

Der Fachmann:

- prüft die Möglichkeit, das Werkstück herzustellen, indem er die zu fertigenden Konturen den einzelnen Fertigungsverfahren zuordnet,
- überprüft die Vollständigkeit der Informationen, die für Maßangaben, Werkstoffangaben, Oberflächenangaben, Toleranzen.

Auftragsanalyse

Die Außenkonturen des Halters werden durch Biegen hergestellt. Nach dem Biegen müssen zunächst die Maße 80 mm und 62 mm überprüft werden, damit die spanende Bearbeitung nur an einem Teil vorgenommen wird, das in den äußeren Maßen den Anforderungen genügt. Der gebogene Halter kann in einen Maschinenschraubstock zum Bohren gespannt werden.

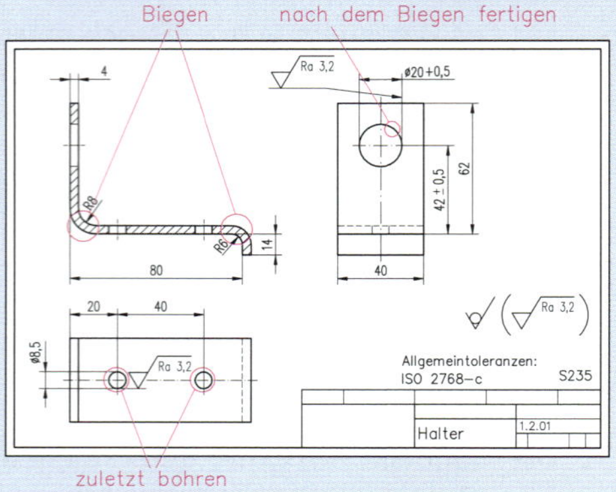

2. Fertigung planen

1. Schritt: Auswahl der Werkzeuge und Planung der Arbeitsfolge

- Die **Werkzeug- und Maschinenauswahl** richtet sich nach der herzustellenden Kontur und dem entsprechenden Rohteil. So werden Werkstücke aus Flachmaterial häufig im Schraubstock oder unter der Biegepresse gebogen. Werkstücke aus Blechen werden meist auf der Abkantmaschine oder auch unter der Biegepresse umgeformt. Beim Einsatz von Biegepresse und Abkantmaschine muss der Fachmann der Kontur entsprechende Werkzeuge auswählen (Werkzeuge zum Biegeumformen siehe Fachbuch).
- Bei der Planung der Arbeitsfolge der Biegungen achtet der Fachmann darauf, dass die Biegungen so durchgeführt werden, dass eine zuvor erfolgte Biegung die nachfolgenden nicht behindert oder gar unmöglich macht. Dazu muss er sich die einzelnen Schritte beim Biegen vorstellen. Oft hilft hier auch ein Simulieren der Biegungen an einem Stück Zeichenkarton.
  Falls am Biegeteil noch weitere Arbeiten, z. B. Bohren, Ausschneiden spezieller Konturen oder Fügearbeiten, durchzuführen sind, muss sich der Fachmann überlegen, an welcher Stelle der Arbeitsfolge er diese Arbeiten durchführt, damit sie später am Werkstück zu maßgerechten Konturen führen.
  Wenn möglich sollen Konturen, die eng tolerierte Maße enthalten, früh gefertigt und geprüft werden, damit die Weiterverarbeitung nicht an einem Teil erfolgt, das bereits Ausschuss ist.

Planen der Arbeitsfolge und Auswahl der Werkzeuge

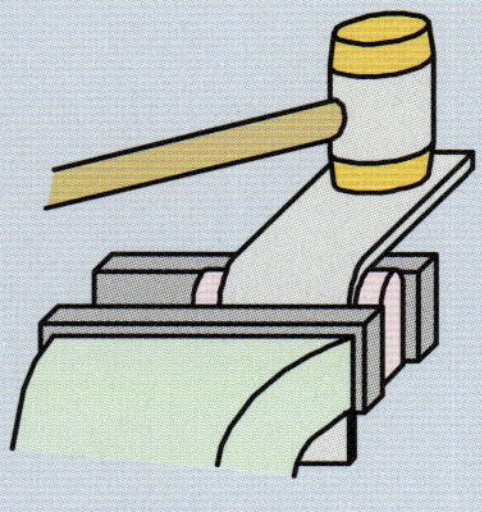

Das Flachmaterial muss etwas Überlänge haben, damit auch der kurze Winkel gebogen werden kann. Zunächst biegt der Fachmann den Schenkel 62 mm, überprüft die Winkeligkeit und biegt dann den kurzen Schenkel 14 mm mit der Überlänge.

Stimmt das Maß 80 mm, so reißt er die Mitten der Bohrungen an und körnt sie.

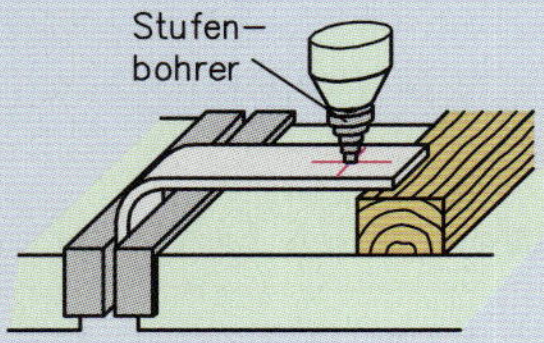

Für die Bohrung 20 mm benutzt er einen Stufenbohrer, für die Bohrungen 8,5 mm einen Spiralbohrer.
Das Werkstück wird fest in einen Maschinenschraubstock gespannt und auf einer Säulenbohrmaschine bearbeitet.
Die Bohrungen werden entgratet.

Den kurzen Winkel sägt er nach dem Bohren mithilfe einer Handbügelsäge auf die Länge von 14 mm und entgratet das ganze Werkstück mit einer Feile.

2. Schritt: Rohteilplanung

Falls das **Rohteilmaß** noch nicht in der technischen Zeichnung angegeben ist, muss man dieses Maß aus der Länge der neutralen Faser (siehe Fachbuch) berechnen.
Zur Bestimmung der Länge der **neutralen Faser** geht der Fachmann so vor:

- Er zeichnet zunächst in eine Skizze des Werkstücks die neutrale Faser als Mittellinie ein.
- Anschließend teilt er die neutrale Faser in einfach zu berechnende Abschnitte ein, nummeriert diese und bemaßt die einzelnen Abschnitte an der neutralen Faser. Dabei ist an Radien die halbe Stärke des Materials zu berücksichtigen.
- Jetzt berechnet er die Länge der einzelnen Abschnitte (Formeln zur Längenberechnung siehe Fachbuch). Er addiert die Längen der Abschnitte zu einer Gesamtlänge.
- Er fügt bei Werkstücken, die später noch gefügt werden müssen, z. B. die Kanten eines Kastens aus Blech, die entsprechenden Fügeflächen an die Skizze an.
- Bei Werkstücken aus Profilmaterial gibt er zum errechneten Maß der neutralen Faser noch eine Verschnittzugabe zu. Diese richtet sich nach der Genauigkeit, mit der er den Trennvorgang durchführen kann. So erhält er das abzutrennende **Rohteilmaß**.

Berechnung: Länge der neutralen Faser und des Rohteilmaßes

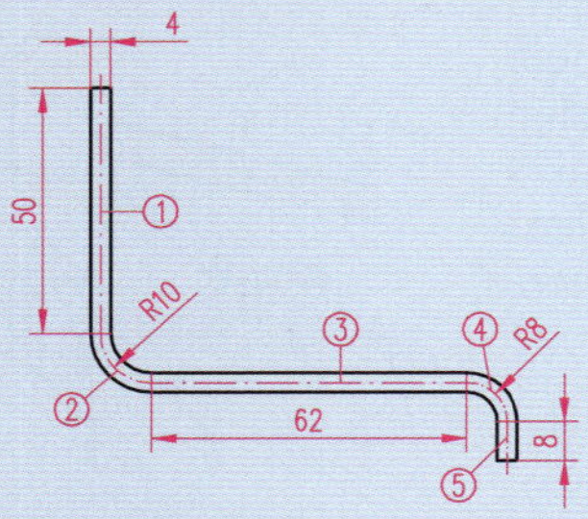

$l_1 = 50\text{ mm}$

$$l_2 = \frac{2 \cdot 10\text{ mm} \cdot 3{,}14 \cdot 90°}{360°} = 15{,}7\text{ mm}$$

$l_3 = 62\text{ mm}$

$$l_4 = \frac{2 \cdot 8\text{ mm} \cdot 3{,}14 \cdot 90°}{360°} = 12{,}6\text{ mm}$$

$l_5 = 8\text{ mm}$

$\mathbf{l_{ges} = 148{,}3\text{ mm}}$

Rohteilmaß mindestens 150 mm + Zuschlag zum leichteren Abbiegen des kurzen Schenkels.

3. Werkstück fertigen

Der Fachmann:

- reißt (soweit notwendig) die Umrisse des Werkstücks und die berechneten Strecken an, an denen eine Richtungsänderung durch Biegen erfolgt,
- berücksichtigt, dass der Werkstoff aufgrund seiner Elastizität nach der Einwirkung der Biegekraft zurückfedert und darum um das Maß der Rückfederung überbogen werden muss.

Halter fertigen

1. Flachmaterial 40 x 4 auf 170 mm Länge absägen, Schnittkante durch Feilen entgraten.
2. Biegelinien anreißen.

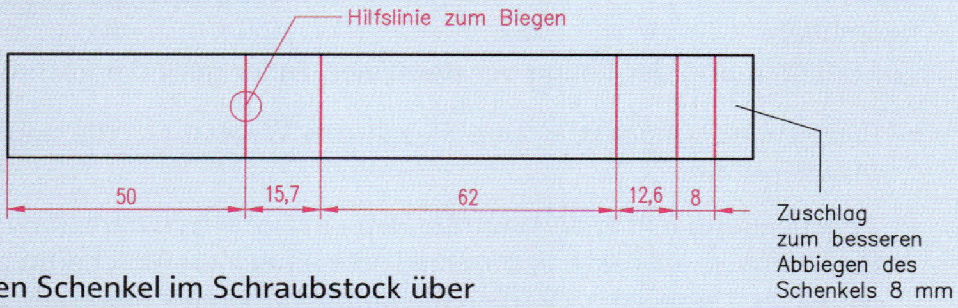

3. Langen Schenkel im Schraubstock über ein Hilfsteil mit 8 mm Radius biegen.
4. Kurzen Schenkel im Schraubstock über ein Hilfsteil mit 6 mm Radius biegen.
5. Halter auf Winkeligkeit und Maßhaltigkeit prüfen.
6. Kurzen Schenkel auf Maß 14 mm absägen und durch Feilen entgraten.
7. Bohrungsmitten anreißen (Streichmaß oder Parallelreißer) und körnen.
8. Bohrung 20 mm mit Stufenbohrer, Bohrungen 8,5 mm mit Spiralbohrer fertigen und entgraten.

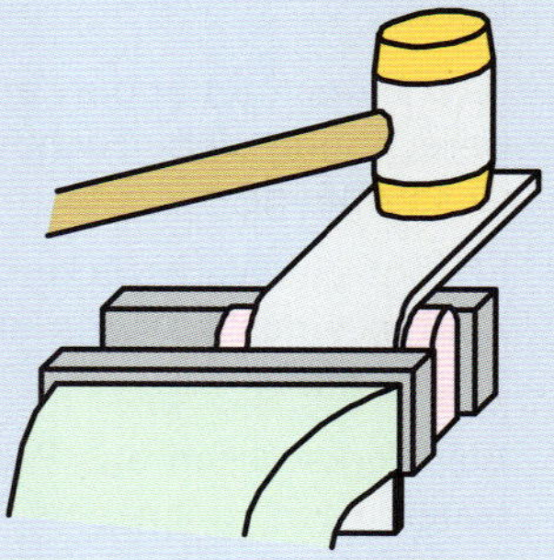

4. Werkstück kontrollieren

Der Fachmann:

- ermittelt die Toleranzen (siehe Fachbuch), indem er die Toleranzklasse feststellt und aufgrund der Größe der Toleranzen geeignete Messmittel auswählt,
- bestimmt aus der Zeichnung diejenigen Maße, deren Nichteinhaltung zum Ausschuss führt,
- kontrolliert diese Maße und entscheidet über die Qualität, indem er sie mit den Sollwerten vergleicht.

Kontrolle der Maße

Zur Prüfung der Maße genügt ein Messschieber, da die Toleranzen im Bereich der Zehntel-Millimeter liegen.
Laut Vorgaben auf der Zeichnung sind die Allgemeintoleranzen nach DIN ISO 2768-1 mit der Toleranzklasse c (grob) vorgesehen.

Maß	*Toleranz*
20	*+0,5*
80	*±0,8*
40	*±0,8*
42	*±0,8*
8,5	*±0,5*

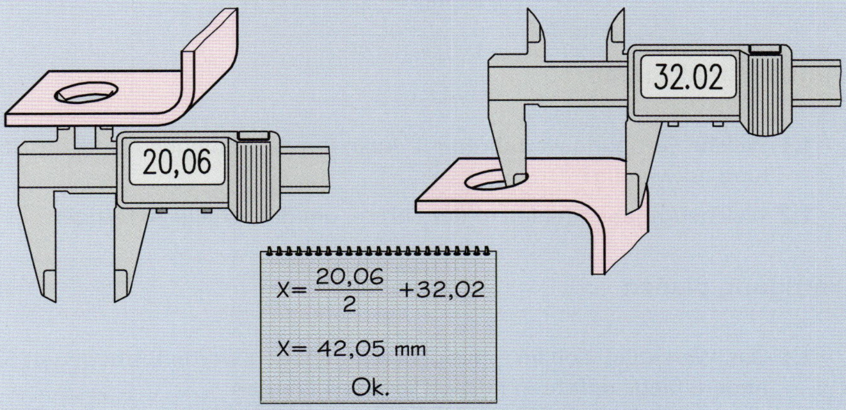

Lernsituation

1.2.1 Lernsituation
Fertigen einer Rohrschelle

Situation:
Als Befestigungselement für Bauteile aus Stahl an einer gestuften Kante werden spezielle Rohrschellen benötigt. Zur Fertigung liegt nur eine Handskizze mit den wichtigsten Maßen vor.

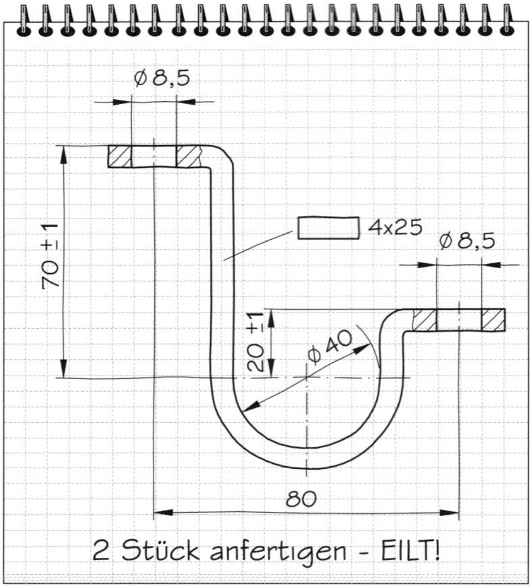

1. Auftrag analysieren

1.1 Welche Fertigungsverfahren mit Ausnahme des Biegens sind zur Herstellung notwendig?

1.2 Welche Angaben fehlen in der Skizze, um die Schelle zu fertigen?

2. Fertigung planen

2.1 Das Werkstück soll im Schraubstock gebogen werden. Überlegen Sie, ob andere Biegeverfahren infrage kommen würden.

2.2 Welche Werkzeuge und Hilfsmittel sind für die Biegearbeiten im Schraubstock erforderlich?

2.3 Soll das Bohren der Löcher vor oder nach dem Biegen erfolgen? Begründen Sie Ihre Antwort.

2.4 Überlegen Sie, in welcher Reihenfolge die einzelnen Biegevorgänge vorzunehmen sind, damit keine Behinderungen beim Spannen oder Biegen auftreten. Ergänzen Sie im Rahmen dieser Überlegungen die beiden nachfolgend dargestellten Biegemöglichkeiten um eine weitere Biegemöglichkeit. Skizzieren Sie diesen Vorschlag.

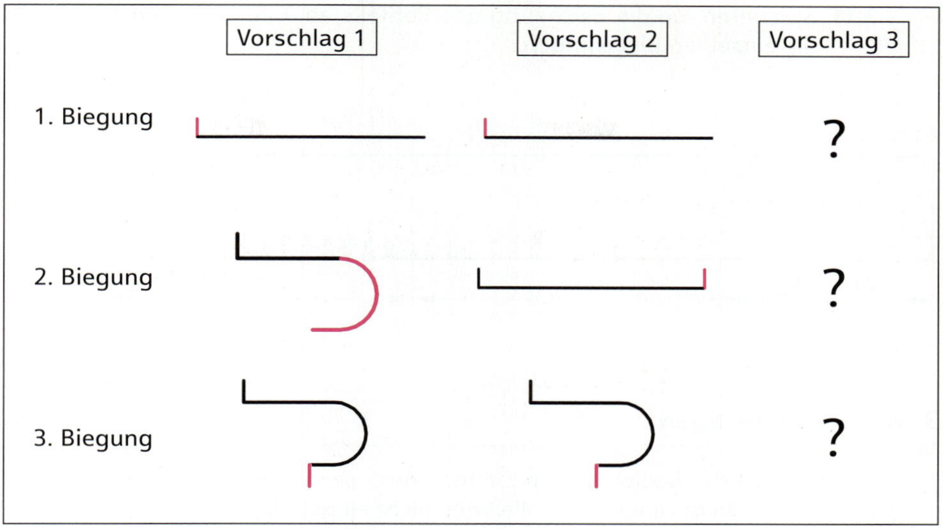

2.5 Wählen Sie aus den Möglichkeiten zum Biegen eine aus. Begründen Sie Ihre Entscheidung unter besonderer Berücksichtigung der Einspannmöglichkeiten.

2.6 Welcher Werkstoff kommt für die Fertigung infrage?

2.7 Prüfen Sie, ob es genormtes Flachmaterial aus dem von Ihnen gewählten Werkstoff in den geforderten Maßen gibt?

2.8 Ermitteln Sie die Mindestbiegeradien für die unbemaßten Radien.

2.9 Bestimmen Sie das Maß für die in der Zeichnung nicht bemaßten Schellenenden.

2.10 Skizzieren Sie das Bauteil gemäß Vorlage. Tragen Sie die gegebenen und die von Ihnen bestimmten Maße ein. Ermitteln Sie die Maße l_1 bis l_7 und die Gesamtlänge l_{ges} des Zuschnitts.

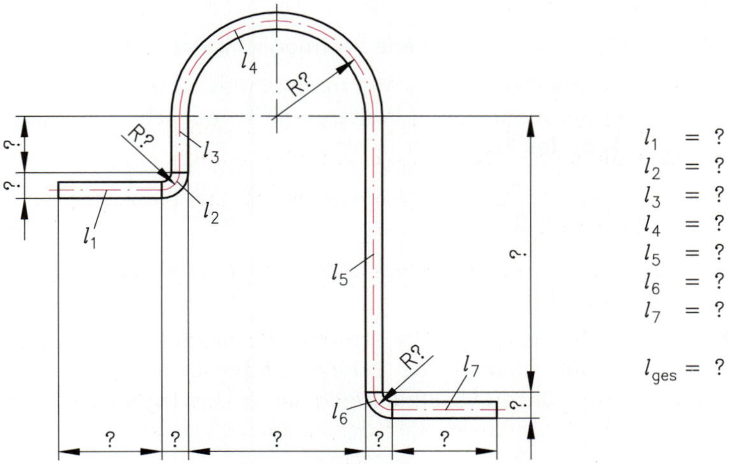

2.11 Skizzieren Sie die Zeichnung des Rohteils ab, und bemaßen Sie jeweils die einzelnen Biegelängen.

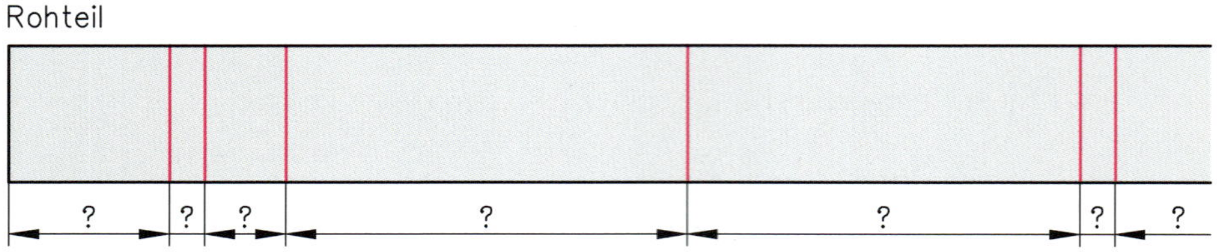

3. Werkstück fertigen

Beim Biegen der Radien stellen Sie fest, dass der Werkstoff zurückfedert und die exakten Biegewinkel ohne Weiteres nicht eingehalten werden können.

3.1 Welche Eigenschaft des Werkstoffs ist dafür verantwortlich? Erläutern Sie diese mithilfe des Lehrbuchs.

3.2 Welche Maßnahme ist erforderlich, damit die geforderten Biegewinkel eingehalten werden können?

3.3 Wenn Sie das Werkstück auf einer Abkantpresse fertigen würden, müssten Sie entsprechend geformte Biegeleisten einsetzen. Welche Radien müssten diese Leisten haben, wenn Sie die Rückfederung berücksichtigen wollen? Bestimmen Sie diese mithilfe Ihres Tabellenbuchs.

4. Werkstück kontrollieren

4.1 Welche Maße des Werkstücks würden bei Nichteinhaltung zum Ausschuss führen?

4.2 Beschreiben Sie verschiedene Prüfmöglichkeiten für das Maß 70 mm.

4.3 Warum ist die Prüfung des Mittenabstandes 80 mm mit einem herkömmlichen Messschieber ohne Weiteres nicht möglich? Beschreiben Sie eine Möglichkeit, das Maß zu prüfen!

1.2.2 Lernsituation
Fertigen eines Abtropfblechs

Situation:

In einer Rissprüfanlage werden Werkstücke aus Stahl magnetisiert und dann mit Petroleum, in dem feinstes Eisenpulver enthalten ist, überspült. An Rissen bleiben die Eisenteilchen haften und lassen den Riss erkennen.

Damit die geprüften Werkstücke noch eine Zeit lang abtropfen können, soll aus nicht rostendem Stahl ein Abtropfblech gefertigt werden. Die Kanten werden nach dem Biegen des Zuschnitts verschweißt.

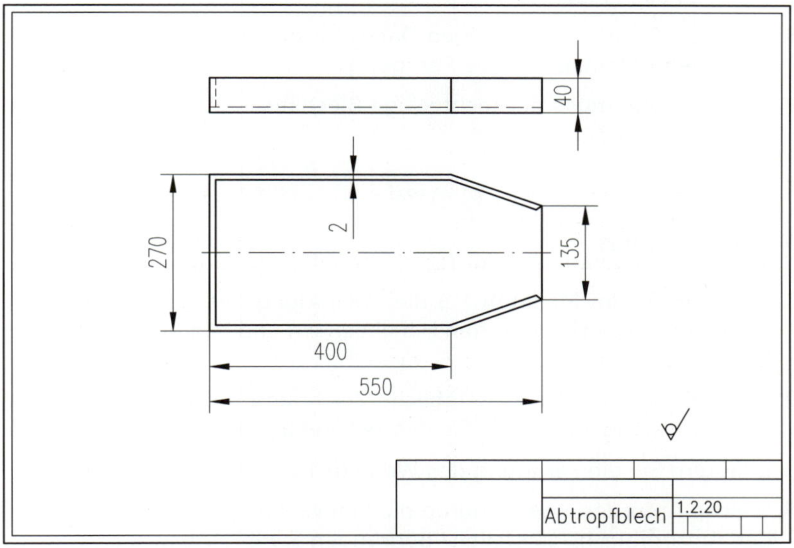

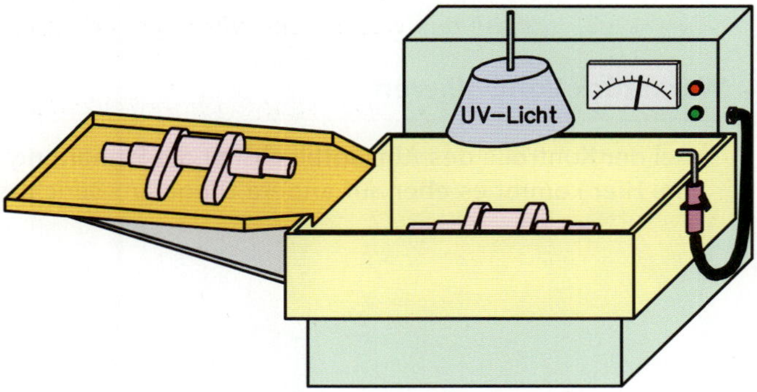

1. Auftrag analysieren

Untersuchen Sie die Zeichnung des Abtropfblechs. Welche Angaben sind für die Fertigung unbedingt erforderlich, aber in der Zeichnung nicht enthalten? Treffen Sie gegebenenfalls eine Entscheidung.

2. Fertigung planen

2.1 Beschreiben Sie ein geeignetes Biegeverfahren.

2.2 Wählen Sie zu dem von Ihnen gewählten Biegeverfahren notwendige Werkzeuge und Hilfsmittel aus.

2.3 Um saubere Ecken beim Biegen eines solchen Werkstücks herzustellen, geht der Fachmann in besonderer Weise vor. Berichten Sie darüber.

2.4 Skizzieren Sie schematisch den Blechzuschnitt (Abwicklung).

2.5 Legen Sie unter Berücksichtigung der gewählten Fertigungsverfahren und des Blechzuschnitts eine geeignete Biegereihenfolge fest. Nummerieren Sie dazu alle Einzelflächen.

2.6 Ermitteln Sie alle notwendigen Daten für die Rohteilauswahl und die notwendigen Hilfsmaße für die Fertigung.

2.7 Welche Maße muss der rechteckige Blechabschnitt aufgrund der Abwicklung enthalten?

3. Werkstück fertigen

3.1 Zeichnen Sie im Maßstab 1:5 die Abwicklung des Zuschnitts. Tragen Sie darin auch alle erforderlichen Hilfslinien ein und bemaßen Sie die Gesamtlänge und -breite.

3.2 Übernehmen Sie die maßstäbliche Zeichnung auf Karton, schneiden Sie die Abwicklung aus, falten Sie das Teil und überprüfen Sie so Ihre Planung.

3.3 Erläutern Sie die Fertigung des Werkstücks in einem Fachbericht.

3.4 Welche Anforderungen sind an die Schwenkbiegemaschine zur Fertigung des Abtropfblechs zu stellen? Begründen Sie Ihre Auswahl.

4. Werkstück kontrollieren

Bei der Kontrolle des Abtropfblechs ist die Einhaltung der Maße weniger wichtig. Hier kommt es eher auf andere Dinge an. Berichten Sie!

1.2.3 Lernsituation
Fertigen eines Schutzes für ein Wellenende

In dieser Lernsituation sollen Sie eine mögliche Lösung für die unten beschriebene Situation erarbeiten und präsentieren. Verwenden Sie für die Erstellung einer Präsentation die im Fachbuch beschriebenen Präsentationstechniken.

Situation:
Für das herausragende Wellenende der Maschine eines Schreiners ist die Schutzvorrichtung verloren gegangen. Es ist ein neuer Schutz durch Biegeumformung zu fertigen. Bevor mit der Fertigung begonnen wird, ist das Ergebnis der Planung zu präsentieren.

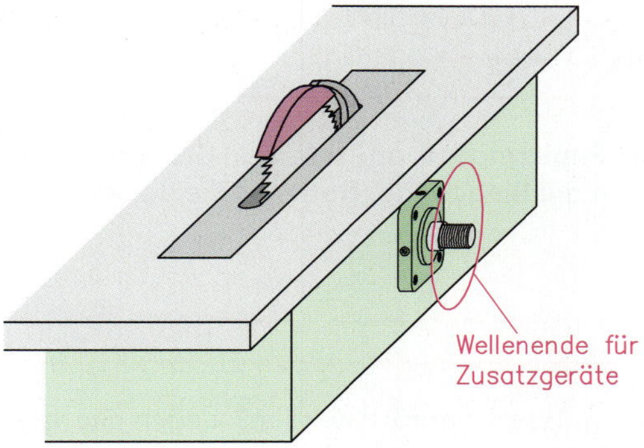

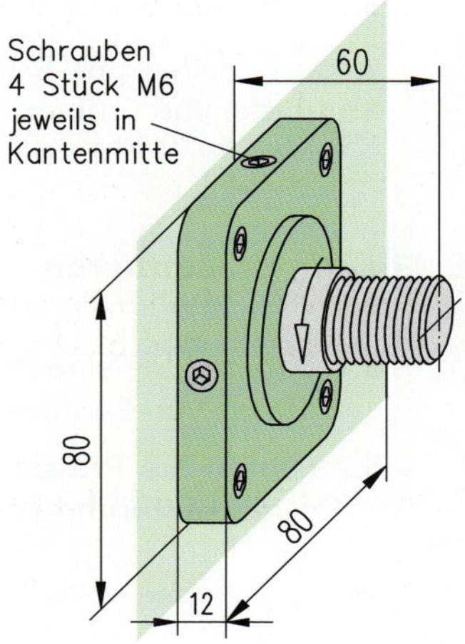

1. Auftrag analysieren

Welche Anforderungen muss der von Ihnen zu planende Schutz erfüllen?

2. Produkt und Fertigung planen

2.1 Entwerfen Sie ein Modell aus Papier. Zeichnen Sie dazu zuerst die Abwicklung Ihres Lösungsvorschlags auf ein DIN-A4-Blatt. Schneiden Sie anschließend die Abwicklung aus. Kleben Sie evtl. entstehende Fügekanten und Verbindungsstellen zusammen.

2.2 Präsentieren Sie Ihren Vorschlag den anderen Gruppenmitgliedern. Erläutern Sie Ihre Überlegungen, indem Sie auch weitere notwendige Fertigungsverfahren bedenken.

2.3 Einigen Sie sich innerhalb Ihrer Gruppe auf eine gemeinsame Lösung. Bedenken Sie dabei, dass eine „gute" Lösung oft die besten Teillösungen vieler Mitarbeiter enthält.

2.4 Bestimmen Sie die für die Fertigung erforderlichen Einstelldaten und Größen.

2.5 Wählen Sie ein geeignetes Biegeverfahren mit allen notwendigen Werkzeugen und Hilfsmitteln aus und begründen Sie Ihre Auswahl.

3. Werkstück fertigen (Modell)

Fertigen Sie gemeinsam ein Papiermodell an, das der Gruppenlösung entspricht und erläutern Sie daran die Biegefolge. Notieren Sie die Reihenfolge.

4. Werkstück kontrollieren

Welche Stellen des Schutzes müssen geprüft werden? Legen Sie geeignete Prüfmittel und Prüfverfahren fest.

5. Lösung präsentieren

5.1 Bereiten Sie eine Präsentation Ihres Gruppenvorschlages für die gesamte Klasse vor. Benutzen Sie dazu Ihre Skizzen, Zeichnungen und das Modell.

5.2 Führen Sie Präsentation durch und korrigieren Sie eventuell Ihren Vorschlag aufgrund der anschließenden Diskussionsbeiträge.

2.1 Handlungssituation
Fertigen von Bauelementen durch Spanen mit Maschinen

Die Herstellung von Werkstücken auf Maschinen erfordert vom Fachmann viel intensiveres Planen als die handwerkliche Fertigung. Denn er wird bei der handwerklichen Bearbeitung eines Werkstücks fast automatisch seinen Kraftaufwand und seine Arbeitsgeschwindigkeit dem Werkzeugzustand und dem zu bearbeitenden Werkstoff anpassen. Eine Maschine hingegen führt Schnitt- und Vorschubbewegungen aus, ohne auf den Werkzeugzustand und den Werkstoff Rücksicht zu nehmen – für die Maschine sind die Eingaben durch den Fachmann entscheidend, er muss den Werkzeugzustand, die Leistung der Maschine, u. a. bei der Auswahl der Einstellgrößen, berücksichtigen.

Weiterhin muss sich der Fachmann bei der maschinellen Bearbeitung die Reihenfolge der einzelnen Bearbeitungen genau überlegen. Jedes Umspannen auf einer Maschine bedeutet nicht nur zusätzlichen zeitlichen Aufwand, sondern führt auch zu geringen Ungenauigkeiten. Darum muss die Arbeit so geplant werden, dass möglichst viele Arbeitsgänge in einer Aufspannung erledigt werden können.

Situation:

Für eine Sondermaschine ist eine Anpressbuchse für ein Kreissägeblatt als Einzelteil zu fertigen

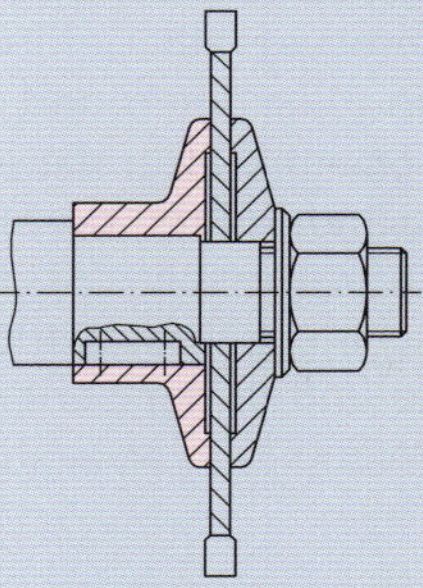

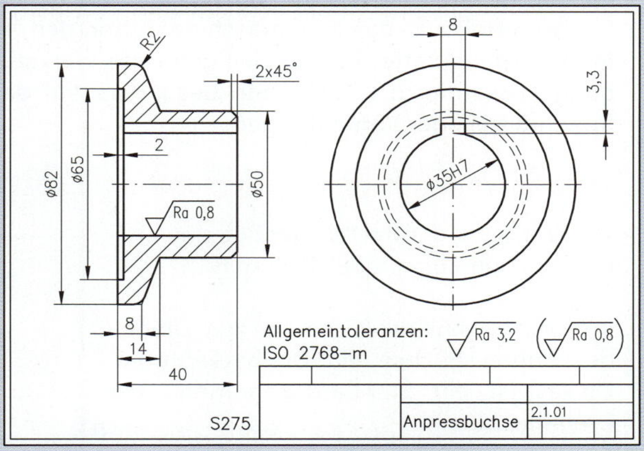

1. Auftrag analysieren

Der Fachmann:

- prüft die Möglichkeit, das Werkstück zu fertigen. Er ordnet den Konturen des Werkstückes geeignete Fertigungsverfahren zu.

Fertigungsverfahren zuordnen

- **Außenkonturen** auf Drehmaschine fertigen.
- **Bohrung** auf Drehmaschine vorbohren und ausdrehen.
- **Nut** auf Räummaschine fertigen.

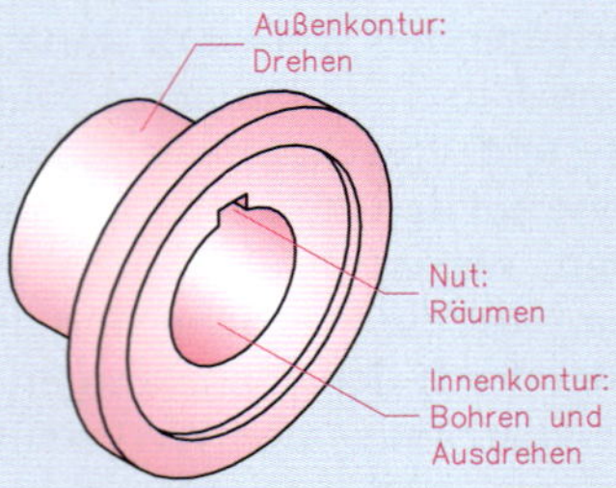

2. Fertigung planen

Der Fachmann legt die Rahmenbedingungen fest, unter denen die Fertigung stattfinden soll, indem er sich den Arbeitsprozess unter den gegebenen Bedingungen vorstellt.

1. Schritt: Maschinen- und Spannmittelauswahl

Die **Maschinenauswahl** richtet sich nach dem Fertigungsverfahren, der geforderten Maßgenauigkeit und Oberflächengüte des Werkstücks, der Maschinenleistung und der Größe des Rohteils.
Der Fachmann wählt die **Einspannung** so, dass das Werkstück bei der Bearbeitung seine Lage nicht verändern kann, was möglicherweise zur Gefährdung des Maschinenbedieners sowie zur Beschädigung von Maschinen und Werkzeugen führt. Das Einspannen erfordert meist hohe Spannkräfte, die jedoch nicht zur Beschädigung von fertigen Werkstückoberflächen führen dürfen.
Für die meisten Maschinen verwendet man typische, universell einsetzbare **Spannmittel**, z. B. das Drehmaschinenfutter, den Maschinenschraubstock, die Magnetspannplatte. Für speziell geformte Werkstücke und in der Serienfertigung verwendet der Fachmann besonders auf das Werkstück abgestimmte Spannmittel oder Vorrichtungen.

Maschinen- und Spannmittelauswahl

Zur Fertigung der Buchse genügt eine kleine Leit- und Zugspindel-Drehmaschine.

Im Beispiel wählt der Fachmann zum Drehen der Anpressbuchse ein Dreibackenfutter. Dieses ist ein Standardspannmittel der Drehmaschine.

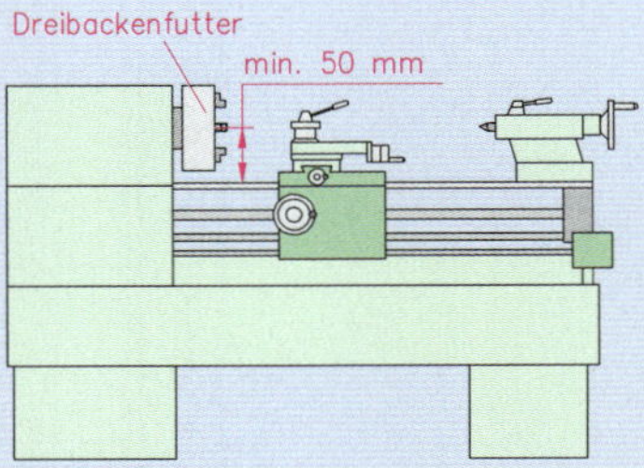

2. Schritt: Arbeitsfolge und Rohteilmaße planen

Die Arbeitsfolge plant der Fachmann, indem er sich den Arbeitsprozess gedanklich vorstellt. Er bedenkt dabei auch Ein- und Umspannungen.
Die Rohteilmaße bestimmt er, indem er die Größtmaße des Werkstücks einschließlich Bearbeitungszugaben, Zugaben für das Abtrennen des Rohteils und evtl. Zugaben für das Einspannen berücksichtigt. Er wählt möglichst Normprofile aus.

Arbeitsfolge und Rohteil festlegen

Da die Bohrungsmitte unbedingt mit der Anlagefläche für das Sägeblatt einen rechten Winkel bilden muss, wird der Fachmann das Ausdrehen der Bohrung und das Plandrehen der Anlagefläche auf jeden Fall in einer Aufspannung vornehmen. Das Werkstück wird er in einem Dreibackenfutter spannen.

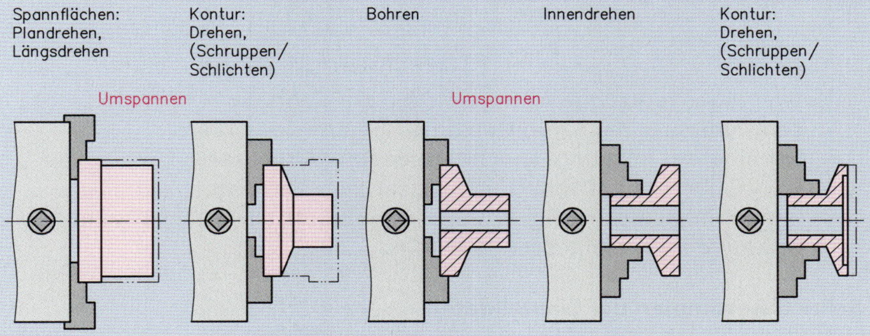

Das Rohteil bekommt zur Fertigung der Anpressbuchse einen Durchmesser von 90 mm und wird zur besseren Einspannung 52 mm lang.

3. Schritt: Werkzeugauswahl

Der Fachmann legt die zu verwendenden **Werkzeuge** fest, indem er:

- die Form entsprechend der geforderten Kontur und der Maschinenbewegung festlegt,
- die Größe entsprechend der Einspannung, der Kontur und der Maschinenleistung bestimmt,
- die Schneidengeometrie und den Schneidenwerkstoff entsprechend dem Werkstoff des Werkstücks wählt.

Er prüft das Werkzeug durch Ansehen und ggf. Messen auf Schneidfähigkeit sowie Schneidengeometrie und ist bemüht, mit möglichst wenigen Werkzeugen die Arbeit zu erledigen, um das Umspannen der Werkzeuge einzuschränken.

Werkzeugauswahl

Die meisten Konturen können mit geraden rechten Drehmeißeln gedreht werden. Die Bohrung und die Innenkontur des Absatzes werden mit einem Innendrehmeißel bearbeitet. Als Schneidwerkstoffe werden für das Schruppen P20 und das Schlichten K20 gewählt, da diese im Betrieb vorhanden sind und zum Zerspanen von S275 geeignet sind.

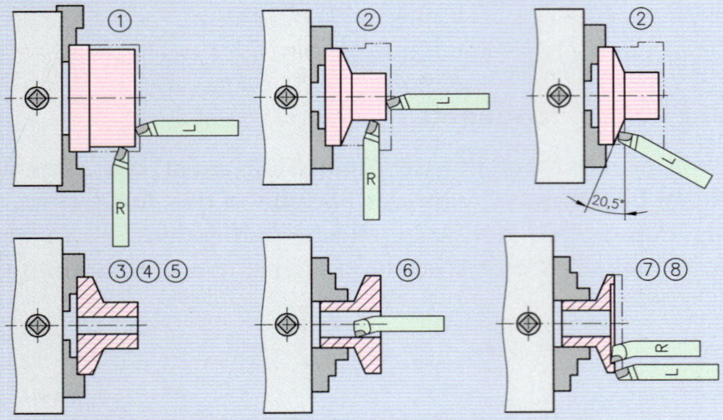

Notwendige Werkzeuge zum Herstellen der Bohrung:
- Zentrierbohrer mit 8 mm Durchmesser zum Zentrieren,
- Spiralbohrer mit 8 mm Durchmesser zum Vorbohren,
- Spiralbohrer mit 30 mm Durchmesser zum Aufbohren,
- Innendrehmeißel, rechts schneidend mit Einstellwinkel 95° zum Ausdrehen auf den Durchmesser 35 H7.

4. Schritt: Bestimmen der Einstelldaten

Der Fachmann ermittelt aufgrund seiner Werkzeug- und Maschinenauswahl die **Einstelldaten**. Er berücksichtigt dabei die Art der Bearbeitung, z. B. Schruppen oder Schlichten, sowie den Einsatz von Kühlschmiermitteln. Die Daten für Schnittgeschwindigkeit, Vorschub, Zustellung u. a. entnimmt er den Informationen der Werkzeughersteller.

Bestimmung der Einstelldaten für das Drehen

gewählt $f = 0{,}5$ mm $v_c = 100$ m/min

gewählt $f = 0{,}1$ mm $v_c = 150$ m/min

		Schruppen			Schlichten		
Werkstoff	**Festigkeit mm²**	**HM Sorte**	**Vorschub mm/U**	**Schnittgeschwindigkeit m/min**	**HM Sorte**	**Vorschub mm/U**	**Schnittgeschwindigkeit m/min**
Baustähle	bis 500	P 20 P 30 P 40	0,4 – 0,8 0,6 – 1,2 1,2 – 2,5	70 – 120 60 – 90 40 – 70	P 01 P 10 K 20	bis 0,1 0,1 – 0,4 0,1 – 0,6	250 – 300 160 – 220 120 – 160
Vergü-	500 – 700	P 25	0,6 – 1,2	50 – 110	P 10	0,1 – 0,4	150 – 200

Der Fachmann bestimmt aus der Schnittgeschwindigkeit die einzustellenden Umdrehungsfrequenzen, indem er sie berechnet oder aus Diagrammen abliest.

Der Fachmann bestimmt für den ersten Arbeitsgang, das Längsdrehen (Schruppen), von Durchmesser 90 mm auf Durchmesser 83 mm die Umdrehungsfrequenz und den Vorschub.

Aus der Tabelle entnimmt er einen Wert von 70 bis 120 m/min als Schnittgeschwindigkeit. Er wählt den Wert von 100 m/min. Für den Vorschub wählt er einen Wert von 0,5 mm. Mit dem Wert für die Schnittgeschwindigkeit bestimmt er die Umdrehungsfrequenz aus dem Diagramm.

Zum Schruppen ergibt sich aus dem Diagramm eine einzustellende Umdrehungsfrequenz von 355 1/min.

In entsprechender Weise bestimmt er mithilfe des Tabellenbuches und des Diagramms die Einstelldaten für die übrigen Bearbeitungen.

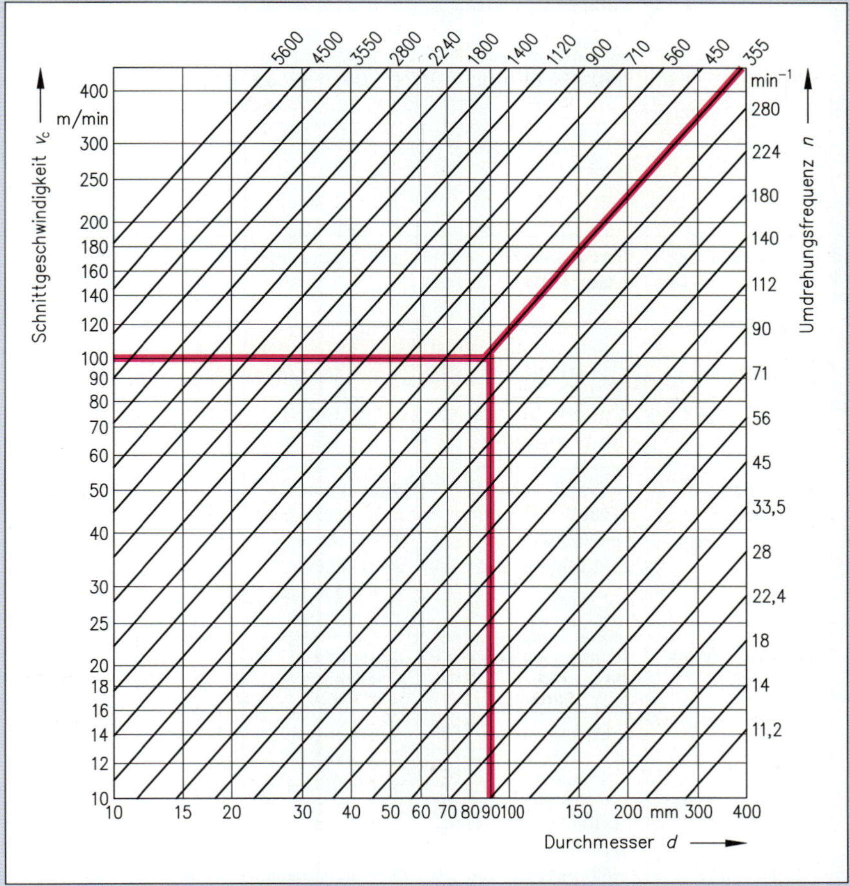

4. Schritt: Zusammenfassung aller Daten in einem Arbeitsplan

Der Fachmann fasst in einem Arbeitsplan alle Arbeitsgänge und die zugehörigen Maschinen, Spannmittel, Werkzeuge, Einstelldaten u. a. zusammen.

Arbeitsplan Drehen

Werkstück: Anpressbuchse Rohteilabmessungen: Rd 90 x 52 Datum: 03.03.12
Zeichnungsnr.: 2.1.01 Spannmittel: Dreibackenfutter

Nr.	Arbeitsgang	Werkzeug	Einstelldaten	Bemerkungen
①	Längs- und Plandrehen	rechter Außendrehmeißel linker Außendrehmeißel Schruppen P20 Schlichten K40	Schruppen n = 355 1/min f = 0,5 mm a_p = 3,5 mm Schlichten n = 630 1/min f = 0,1 mm a_p = 0,5 mm	Kühlschmiermittel Messschieber
②	Konturdrehen	rechter Außendrehmeißel linker Außendrehmeißel Schruppen P20 Schlichten K40	Schruppen n = 355 1/min f = 0,5 mm a_p = 4 mm Schlichten n = 630 1/min f = 0,1 mm a_p = 0,5 mm	Kühlschmiermittel Messschieber a = 20,5° (über Aufriss oder Rechnung bestimmt)
③	Zentrieren	Zentrierbohrer 8 mm	n = 630 1/min	Kühlschmiermittel Vorschub von Hand
④	Vorbohren	Spiralbohrer 8 mm	n = 630 1/min	Kühlschmiermittel Vorschub von Hand
⑤	Aufbohren	Spiralbohrer 30 mm	n = 355 1/min	Kühlschmiermittel Vorschub von Hand
⑥	Innendrehen (Bohrung)	rechter Innendrehmeißel Schruppen P20 Schlichten K40	Schruppen n = 400 1/min f = 0,3 mm a_p = 2 mm Schlichten n = 630 1/min f = 0,1 mm a_p = 0,5 mm	Kühlschmiermittel Messschieber Innenmessschraube Grenzlehrdorn
⑦	Plandrehen	rechter Außendrehmeißel Schruppen P20 Schlichten K40	Schruppen n = 400 1/min f = 0,5 mm a_p = 3 mm Schlichten n = 280 1/min f = 0,1 mm a_p = 1 mm	Kühlschmiermittel Messschieber
⑧	Innendrehen (∅ 65)	rechter Innendrehmeißel Schlichten K40	Schruppen/Schlichten n = 630 1/min f = 0,2 mm a_p = 1 mm	Kühlschmiermittel Messschieber

5. Werkstück fertigen

Der Fachmann richtet die Maschine ein, indem er das Rohteil und das Werkzeug einspannt, sowie die notwendige Umdrehungsfrequenz und den Vorschub für den ersten Arbeitsgang einstellt.
Anschließend fertigt er das Werkstück entsprechend der Planung. Dabei prüft er nach den jeweiligen Fertigungsschritten die Einhaltung der Maße.
Er beachtet allgemeine und auf das Fertigungsverfahren bezogene Sicherheitsregeln.

Fertigung

Fertigung der Anpressbuchse entsprechend dem Arbeitsplan.
Zur Sicherheit beachten:
- eng anliegende Kleidung tragen,
- den Spannschlüssel vom Drehmaschinenfutter abziehen,
- einen Probelauf der Maschine vor der Zerspanung durchführen,
- störende Späne nur mit einem Spanhaken entfernen.

6. Werkstück kontrollieren

Der Fachmann kontrolliert die Maße des Werkstücks und prüft dabei die Einhaltung der Grenzabmaße.
- Er ermittelt zunächst mithilfe von Tabellen die Abmaße aus den Zeichnungsangaben.
- Aufgrund der Größe der Abmaße wählt er geeignete Messmittel aus.
- Er kontrolliert die Maße und entscheidet „Gut", „Nachbessern" oder „Ausschuss".

Kontrolle (nach Drehen)

Der tolerierte Innendurchmesser muss mit einem Grenzlehrdorn (siehe Lehrbuch) geprüft werden. Zur Prüfung der übrigen Maße genügt ein Messschieber, da die Toleranzen in der Toleranzklasse m im Bereich der Zehntel-Millimeter liegen.

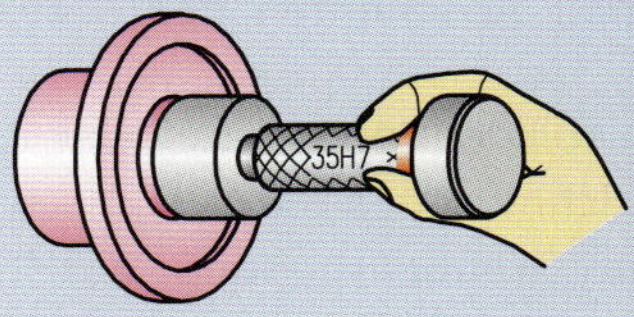

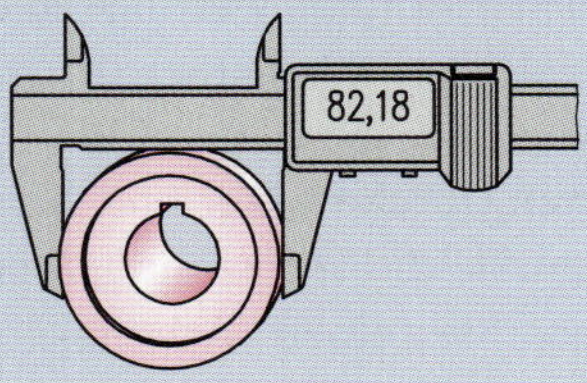

Nennmaß in mm	Abmaße in mm	Istmaß in mm	Bewertung Gut	Nach-bessern	Aus-schuss
82	±0,3	82,18	X		
50	±0,3	49,81	X		
40	±0,3	40,05	X		
35H7	+0,025 / 0	*	X		

*Lehrdorn Gutseite passt, Lehrdorn Ausschussseite passt nicht.

2.1.1 Lernsituation
Fertigen eines Bolzens

Situation:
Der dargestellte Bolzen ist aus einem nicht rostenden Stahl herzustellen. Planen Sie die Fertigung des Bolzens.

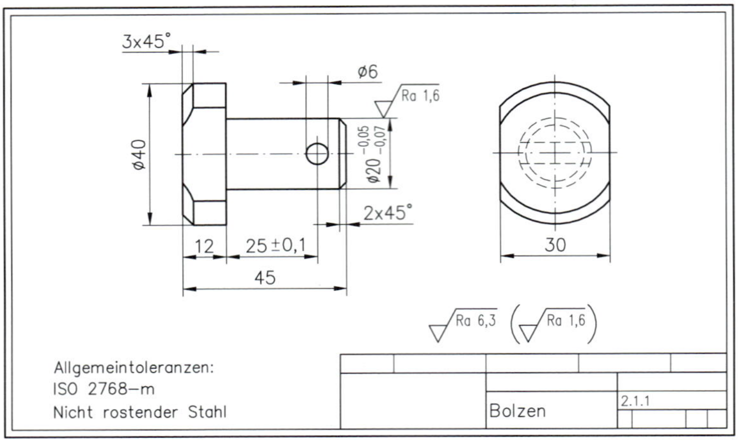

1. Auftrag analysieren

1.1 Nennen Sie die notwendigen Fertigungsverfahren zur Herstellung des Bauelements.

1.2 In welcher Reihenfolge werden die Fertigungsverfahren eingesetzt?

1.3 Wählen Sie einen geeigneten nicht rostenden Stahl aus. Benutzen Sie dazu Ihr Tabellenbuch.

2. Fertigung der Dreharbeiten planen

2.1 In welcher Abfolge werden Sie die einzelnen Teile der Kontur bearbeiten?

2.2 Wie soll das Werkstück in den einzelnen Abschnitten der Dreharbeit gespannt werden?

2.3 Welchen Durchmesser und welche Länge soll der Rohling aufweisen?

2.4 Wählen Sie die Werkzeuge, Messgeräte, Schnittdaten u. a. aus.

2.5 Stellen Sie einen Arbeitsplan für die Drehbearbeitung auf (siehe Handlungssituation 2.1).

3. Werkstück fertigen

Welche Sicherheitsbestimmungen sind beim Drehen des Bolzens zu beachten?

4. Werkstück kontrollieren

4.1 Welche Abweichung ist für das Maß 45 mm zulässig?

4.2 Beschreiben Sie die Kontrolle des Maßes 25 ± 0,1 mm nach dem Bohren.

2.1.2 Lernsituation
Fertigen eines Deckels

Situation:
Die elektronische Steuerung eines Hebezeugs ist in einem kleinem Gehäuse untergebracht. Es trat eine Störung auf, die von Experten auf zu hohe Erwärmung zurückgeführt wird. Darum soll zunächst einmal der glatte Deckel gegen einen Deckel mit Kühlrippen ausgetauscht werden.
Sie haben die Aufgabe, die Fertigung eines solchen Deckels zu planen.

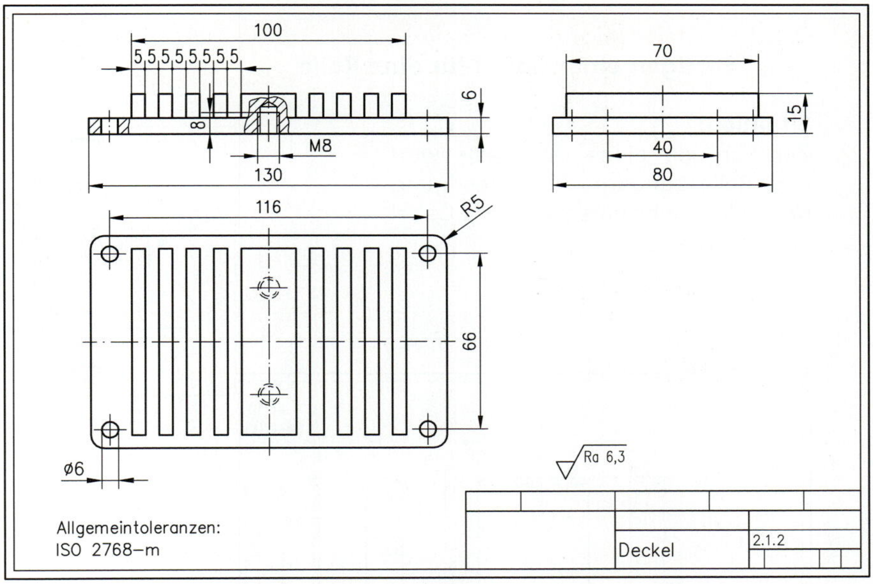

1. Auftrag analysieren

1.1 Nennen Sie die Fertigungsverfahren zur Herstellung des Deckels.

1.2 Geben Sie die Reihenfolge des Einsatzes der Verfahren an.

1.3 Wählen Sie einen geeigneten Werkstoff aus, begründen Sie Ihre Auswahl.

2. Fertigung der Fräsarbeiten planen

2.1 In welcher Reihenfolge werden Sie die einzelnen Teile der Kontur fräsen?

2.2 Wie soll das Werkstück in den einzelnen Abschnitten der Fräsarbeit gespannt werden?

2.3 Welche Abmessungen soll der Rohling aufweisen?

2.4 Wählen Sie die Werkzeuge, Messgeräte und Schnittdaten aus.

2.5 Stellen Sie einen Arbeitsplan auf.

3. Werkstück fertigen

Welche Sicherheitsbestimmungen sind beim Fräsen zu beachten?

4. Werkstück kontrollieren

4.1 Welche Abweichung ist für die Außenmaße zulässig?
4.2 Beschreiben Sie die Kontrolle der Mittenabstände der Bohrungen.

2.1.3 Lernsituation
Fertigen einer Gabel für eine Rolle

Situation:
Zur Führung eines Drahtseils wird eine Rolle benötigt. Zur Befestigung der Rolle ist eine entsprechende Gabel zu fertigen.

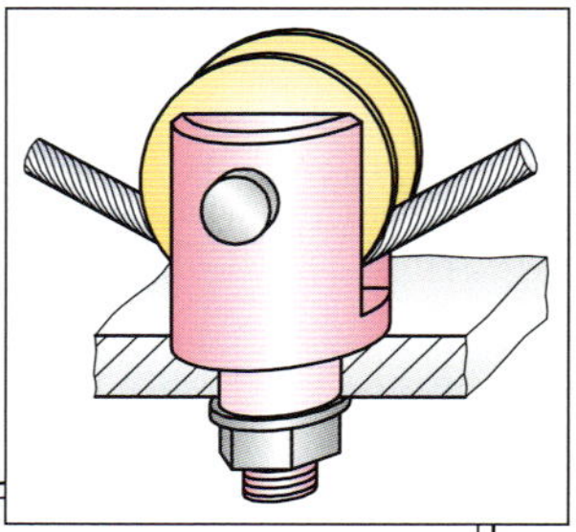

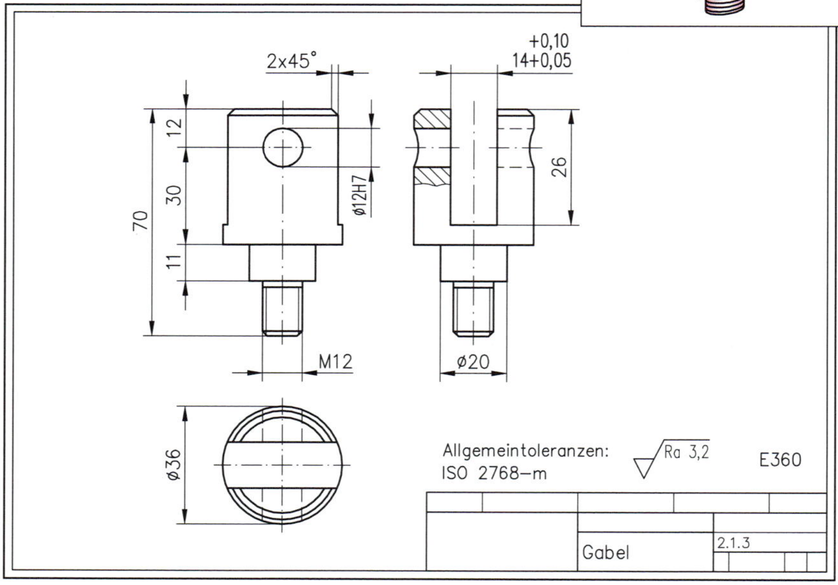

Auftrag

Listen Sie diese Arbeiten auf und planen Sie jeden Abschnitt der Fertigung. (In der Zeichnung ist ein Passmaß 12H7 angegeben. Informationen dazu finden Sie im Tabellenbuch und im Lehrbuch).

2.2 Handlungssituation
Kostenbewusstes Arbeiten

Ein Fachmann, der in großen Betrieben in der Fertigung eingesetzt ist, erfährt meist wenig über die Kosten seiner Arbeit und den Erzeugerpreis des von ihm oder mit seiner Hilfe erstellten Produkts.

In Kleinbetrieben, z. B. im Handwerk, ist dies anders. Hier erfährt der Fachmann, was dem Kunden für seine Arbeitsstunde berechnet wird und welche Materialkosten angefallen sind. Der Fachmann wird oft über den großen Unterschied zu seinem Arbeitslohn und evtl. auch zu den Materialpreisen, die er in Fachgeschäften zahlen muss, erstaunt sein. Um diesen Unterschied zu verstehen, muss man die Kosten des Betriebs näher betrachten und wissen, wie sie in die Preiskalkulation eines Produkts eingehen.

Es gibt fünf Arten von Kosten:

Arbeitskosten:
Löhne, Gehälter, Lohnnebenkosten (Krankenkassen- u. Rentenbeiträge u. a.)

Materialkosten:
Roh-, Hilfs- und Energiekosten

Kapitalkosten:
Zinsen, Abschreibungen

Fremdleistungskosten:
Kosten für Reparaturen und Transportleistungen

gesellschaftlich bedingte Kosten:
Gebühren, Beiträge zu Kammern u. a., bestimmte Steuern

All diese Kosten werden vom betrieblichen Rechnungswesen erfasst und bilden die Grundlage der Kalkulation.

Die Verteilung dieser Kosten auf das einzelne Produkt ist meist schwierig. Man kann zwar den Preis des Fertigungsmaterials und auch den Lohn des Fachmanns in der Fertigung genau erfassen, aber viele Kosten können dem Produkt nicht exakt zugeordnet werden, wie z. B. die Gehälter der Meister und anderer Führungskräfte, die Kosten für Heizung und elektrische Energie oder die Zinsen für geliehenes Kapital. Diese Kosten, die dem Produkt nicht unmittelbar zuzuordnen sind, bezeichnet man als **Gemeinkosten**, da sie allgemein anfallen. Man berücksichtigt diese durch Zuschläge auf den genau zu bestimmenden Kostenanteil, z. B. berücksichtigt man alle Kosten des Materiallagers durch einen Zuschlag zum Preis des Rohmaterials.

Zum besseren Verständnis für die Kalkulation der Kosten eines Produkts wird im folgenden Beispiel eine vereinfachte Kostenermittlung durchgeführt.

Beispiel für die Ermittlung der Selbstkosten:

In einem Zulieferbetrieb für einen Pumpenhersteller wird eine elektronische Regeleinrichtung für Pumpen gefertigt. Die Regeleinrichtung sorgt dafür, dass die Pumpe ununterbrochen arbeitet, aber je nach Bedarf mehr oder weniger Flüssigkeit fördert.
Von der Regeleinrichtung werden 500 Stück gefertigt.
Der Preis ist zu kalkulieren.

Kalkulation

Fertigungsmaterial	8000,– €
Materialgemeinkosten (15 % der Fertigungsmaterialkosten)	1200,– €
Materialkosten	9200,– €
Fertigungslöhne	15000,– €
Fertigungsgemeinkosten (80 % der Fertigungslöhne)	12000,– €
Fertigungskosten	27000,– €
Herstellungskosten	36200,– €
Entwicklungs- und Konstruktionskosten	3800,– €
Verwaltungs- und Vertriebskosten (30 % der Herstellungskosten)	10860,– €
Selbstkosten	**50860,– €**

Der Fachmann, der in der betrieblichen Fertigung tätig ist, hat einen bedeutenden Einfluss auf die Kosten eines Produkts durch:

- sparsamen Umgang mit dem Material und
- Verringerung der Zeit für Vorbereiten und Durchführen der Fertigung.

Die Verringerung der Fertigungszeit bei Maschinenarbeit ist durch den Einsatz von Vorrichtungen sowie durch optimale Einstelldaten möglich.

1. Kostengünstiger Materialeinsatz

Kostengünstigen Materialeinsatz erzielt der Fachmann, indem er:

- die Rohteilmaße so gering wie möglich hält,
- für ein möglichst präzises Trennen des Rohteils vom Halbzeug sorgt,
- die Lage des Rohteils im Halbzeug so wählt, dass wenig Verschnitt auftritt,
- prüft, ob durch entsprechende Gestaltung des Verschnitts dieser noch für andere Fertigungen verwertet werden kann.

Rohteile in Blechen lassen sich oft sehr gut so legen, dass zwar wenig Verschnitt auftritt, aber die Rohteile nur schwierig auszuschneiden sind. Darum muss der Fachmann abwägen, ob mehr Verschnitt oder weniger Arbeitszeit für das Abtrennen des Rohteils kostengünstiger ist.

Bei komplizierten Rohteilkonturen, wie sie oft bei der Verarbeitung von Flachmaterial auftreten, können Varianten zum Ausschneiden der Rohteile mit maßstäblichen Schablonen aus Pappe u. a. erarbeitet werden.

Der Fachmann bewertet die gefundenen Lösungen hinsichtlich der kostengünstigen Möglichkeit, die Rohteile auszutrennen und beurteilt eventuell. verbleibenden Verschnitt auf seine Verwertbarkeit.
Aufgrund der Bewertung entscheidet sich der Fachmann für eine Lösung.

Beispiel für eine Minimierung des Verschnitts:

Ein Zulieferer für Flugzeugteile soll zu Versuchszwecken aus 40 mm starkem Flachmaterial einer hochfesten Aluminiumlegierung sechs Spantenteile fräsen.
Das angelieferte Rohmaterial hat die Maße 1250 mm x 500 mm.

Die Rohteilfertigung ist kostengünstig zu planen.
Das Abtrennen erfolgt auf einer Kreissäge.
Für lange und schmale Abschnitte gibt es im Betrieb eher eine Verwendung als für kurze und breite.

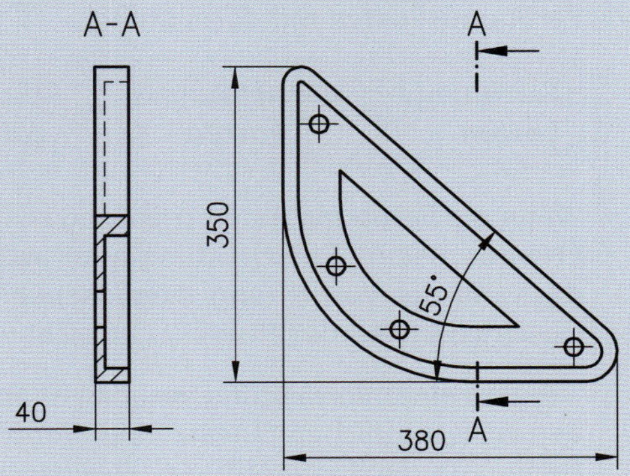

Der Fachmann prüft die möglichen Lagen der Rohteile im Halbzeug. Dabei ergeben sich zwei Varianten, bei denen als Verschnitt jeweils ein relativ großes zusammenhängendes Stück auftritt.

Variante A

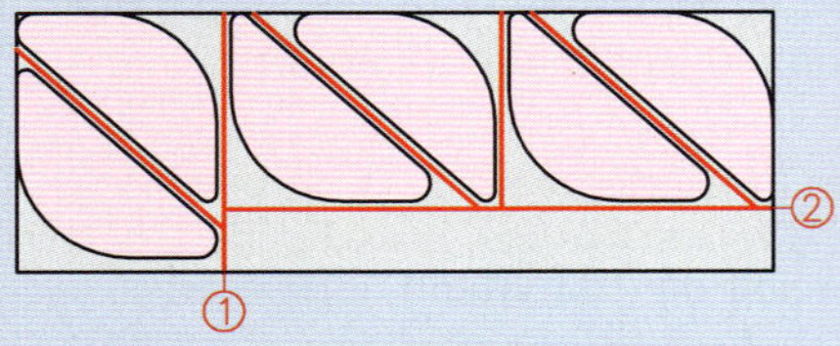

Variante B

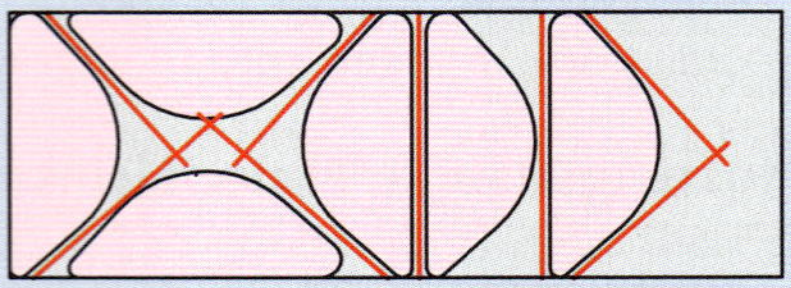

- Beide Varianten sind mit geradlinigen Schnitten auszuschneiden.
- Die Schnittlängen unterscheiden sich kaum – bei Variante B treten Schwierigkeiten im Auslauf der Kreissäge auf.
- Variante A erfordert weniger Verstellungen der Maschine zum schrägen Abschneiden der Rohteile.
- Der Verschnitt bei Form A ist entsprechend den Vorgaben besser verwertbar.

Er wird sich für die Variante A entscheiden.

2. Kosteneinsparung durch Einsatz von Vorrichtungen

Bei der Herstellung mehrerer gleichartiger Bauteile hat der Fachmann die Möglichkeit, durch die Verwendung von Vorrichtungen zum Spannen und Positionieren der Werkstücke die Fertigungszeit zu verkürzen.
Der Bau einer Vorrichtung verursacht aber auch Material- und Lohnkosten. Um den wirtschaftlichen Einsatz einer Vorrichtung beurteilen zu können, muss der Fachmann die Kosten miteinander vergleichen:

Fertigungskosten ohne Vorrichtung:

Fertigungskosten* = *Stückzahl* X *Einzelzeit mit Vorricht.* X *Lohnkosten/Std.

Fertigungskosten mit Vorrichtung:

Fertigungskosten* = *Vorrichtungskosten* + *Stückzahl* X *Einzelzeit mit Vorricht.* X *Lohnkosten/Std.

Wenn die Fertigung mit Vorrichtung kostengünstiger ist, wird er diese wählen. Er wird in seine Entscheidung aber auch immer die Überlegung einbeziehen, dass mit der Vorrichtung möglicherweise auch eine höhere Genauigkeit und Gleichmäßigkeit des Produkts erreicht werden kann.

Der Bau einer Vorrichtung verursacht aber auch Material und Lohnkosten. Um den wirtschaftlichen Einsatz einer Vorrichtung beurteilen zu können, muss der Fachmann die Kosten für das Fertigen mit und ohne Vorrichtung miteinander vergleichen:

Beispiel für eine Kosteneinsparung durch eine Vorrichtung:

Es sollen 300 in der Mitte vorgelochte Bleche in den Ecken gebohrt werden. Der Fachmann überlegt, ob mit einer einfachen Vorrichtung die Aufgabe leichter und schneller zu bewältigen ist.

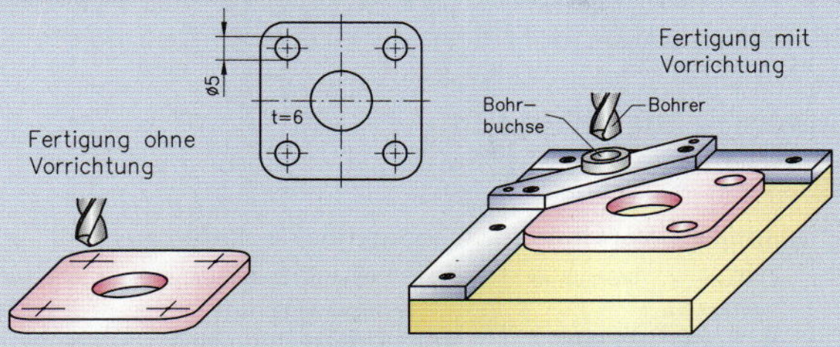

Fertigung ohne Vorrichtung	Zeit in Minuten	Fertigung mit Vorrichtung	Zeit in Minuten
Anreißen und Körnen	240	Vorrichtung anfertigen*	180
Spannen im Maschinenschraubstock und Bohren	660	In Vorrichtung einlegen und Bohren	600
Fertigungszeit für 300 Stück	**900**	Fertigungszeit für 300 Stück	**780**

* Materialkosten als Kosten für 40 min Arbeitszeit eingerechnet.

Der Fachmann entscheidet sich für eine Fertigung mit einer Vorrichtung.

3. Kostengünstiges Arbeiten durch Optimieren der Einstelldaten

Die Einstelldaten, die von den Schneidstoffherstellern für die maschinelle Bearbeitung der verschiedenen Werkstoffe angegeben werden, liegen in bestimmten Bereichen, z. B. wird für unlegierten Stahl ein Vorschub von 0,1 bis 0,5 mm angegeben und bei Verwendung eines beschichteten Hartmetalls (P15C) eine Schnittgeschwindigkeit zwischen 230 und 260 m/min.

Schnittgeschwindigkeit, Vorschub für Wendeschneideplatten aus HM

Werkstückwerkstoff	Zugfestigkeit R_m N/mm²	Vorschub f mm	Schnittgeschwindigkeit v_c in m/min – Schneidwerkstoff beschichtetes Hartmetall			Schneidwerkstoff unbeschichtetes Hartmetall		
			P15C	P25C	P35C	P10	P40	K1[illegible]
Stahl, unlegiert Automatenstrahl	<500	0,1...0,5 0,5...1,5	260...230 230...190	200...170 170...140	160...130 130... 95	170...150 150...1[illegible]	115...95	
Stahl, legiert	500...900	0,1...0,5	270...220	240...200	[illegible]...140			

Der Fachmann wird die Einstelldaten so wählen, dass seine Maschine ausgelastet ist, denn das bedeutet kürzeste Fertigungszeit. Er wird bei seinen Entscheidungen aber auch die zu erreichende Oberflächengüte und den Werkzeugverschleiß bedenken.

Ein wichtiges Zeitmaß für die Fertigung ist die **Hauptnutzungszeit** der Maschine. Bei Fertigungsverfahren des Spanens ist die Hauptnutzungszeit abhängig von der Umdrehungsfrequenz, dem Vorschub und der Schnittlänge.

$$\textit{Hauptnutzungszeit} = \frac{\textit{Weg}}{\textit{Zeit}} = \frac{\textit{Schnittlänge}}{\textit{Umdrehungsfrequenz} \times \textit{Vorschub}}$$

Die Schnittlänge ergibt sich aus der Zahl der einzelnen gleichartigen Schnitte des Werkzeugs und dem Anlauf und Überlauf des Werkzeugs.

Beispiel:

Auf einem Drehautomaten sollen Bolzen mit den folgenden Maßen gedreht werden. Die Oberflächenqualität spielt eine untergeordnete Rolle.
l = 100 mm / d = 18,7 mm (Rohteil- Ø 20 mm).
Der verwendete Schneidwerkstoff ist P15C
(f = 0,1...0,5 mm / v_c = 230...260 mm).

Schnittgeschwindigkeit, Vorschub für Wendeschneideplatten aus HM								
Werkstück-werkstoff	Zug-festigkeit R_m N/mm²	Vorschub f mm	Schnittgeschwindigkeit v_c in m/min Schneidwerkstoff beschichtetes Hartmetall			Schneidwerkstoff unbeschichtetes Hartmetall		
			P15C	P25C	P35C	P10	P40	K10
Stahl, unlegiert	<500	0,1...0,5	260...230	200...170	160...130	170...150	115...95	–
Automatenstrahl		0,5...1,5	230...190	170...140	130... 95	150...120	95...80	–

Welche Hauptnutzungszeiten können innerhalb der Toleranzen für Vorschub f und Schnittgeschwindigkeit v_c erreicht werden?
(Zu der Länge der Bolzen kommen noch jeweils 2 mm für An- und Überlauf hinzu.)

1. Arbeiten mit f = 0,1 mm und v_c = 260 m/min:

$$n = \frac{v_c}{\pi \cdot d} = \frac{260\,\frac{\text{m}}{\text{min}}}{\pi \cdot 20\ \text{mm}} = 4140\ \text{min}^{-1}$$

$$t_h = \frac{L \cdot i}{n \cdot f} = \frac{104\ \text{mm} \cdot 1}{4140\ \text{min}^{-1} \cdot 0{,}1\ \text{mm}} = 0{,}25\ \text{min} = 15\ \text{s}$$

2. Arbeiten mit f = 0,5 mm und v_c = 230 m/min:

$$n = \frac{v_c}{\pi \cdot d} = \frac{230\,\frac{\text{m}}{\text{min}}}{\pi \cdot 20\ \text{mm}} = 3362\ \text{min}^{-1}$$

$$t_h = \frac{L \cdot i}{n \cdot f} = \frac{104\ \text{mm} \cdot 1}{3362\ \text{min}^{-1} \cdot 0{,}5\ \text{mm}} = 0{,}056\ \text{min} = 3{,}4\ \text{s}$$

Ergebnis:
Mit den vorgegebenen Einstellwerten ist eine Einsparzeit von 15 s – 3,4 s = 11,6 s möglich. Bei 1 000 Bolzen werden ca. 3 Stunden Arbeitszeit eingespart, wenn der Vorschub f = 0,5 mm und die Schnittgeschwindigkeit v_c = 230 m/min gewählt werden.

Der Fachmann wird durch Vergleich der Hauptnutzungszeiten, die er aufgrund der Vorgaben ermittelt, die günstigsten Einstelldaten wählen. Umfangreiche Rechnungen lohnen aber meist nur bei größeren zu fertigenden Stückzahlen.

2.2.1 Lernsituation
Kalkulation einer Steuerung

Situation:
Ermitteln Sie den Verkaufspreis für eine Steuerung. Er setzt sich zusammen u. a. aus Materialeinsatz, Ingenieur- und Prüffeldstunden. Hinzu kommen Gemeinkosten:

1	**Materialkosten**		
1.1	Material lt. Einkaufsrechnungen	5600,00 €	
1.2	Kleinmaterial (1,5 % auf 1.1)	+ ______ €	
1.3	Mehrverbrauch (Ausschuss 1 % auf 1.1)	+ ______ €	
1.4	Zwischensumme	= ______ €	
1.5	Materialgemeinkosten (7 % auf 1.4)	+ ______ €	
	Gesamtkosten Material		= ______ €
2	**Technische Arbeiten**		
2.1	Planen und Projektieren 25 Ingenieurstunden á 84,00 €	______ €	
2.2	Erstellung von Zeichnungen u. a. 8 Zeichnerstunden á 50,00 €	+ ______ €	
2.3	Prüfen 4 Prüffeldtechnikerstunden a 75,00 €	+ ______ €	
	Gesamtkosten Techn. Arbeiten		= ______ €
3	**Fertigungskosten**		
3.1	60 Mechanikerstunden á 54,67 €	______ €	
3.2	10 Hilfskräftestunden á 40,00 €	+ ______ €	
3.3	2,5 Lackiererstunden á 54,00 €	+ ______ €	
	Gesamtkosten Fertigung		= ______ €
4	**Sondereinzelkosten**		
	TÜV-Prüfung und Abnahme		= 2 500,00 €
5	**Herstellkosten**		
	(Summe aus Pos. 1 bis Pos. 4)		= ______ €
6	**Verwaltungs- und Vertriebskosten**		
6.1	Verwaltungsgemeinkosten 10 % auf Herstellkosten	______ €	
6.2	Vertriebsgemeinkosten 15 % auf Herstellkosten	+ ______ €	
	Gesamtkosten Verwaltung und Vertrieb		= ______ €
7	**Selbstkosten**		
7.1	Herstellkosten (Pos. 5)	______ €	
7.2	Verwaltungs- und Vertriebskosten (Pos. 6)	+ ______ €	
	Selbstkosten		= ______ €
8	**Nettoverkaufspreis**		
8.1	Kalkul. Gewinn, Garantierisiko, Zinsen 12 % auf die Selbstkosten	______ €	
8.2	Selbstkosten (Pos. 7)	+ ______ €	
	Nettoverkaufspreis		= ______ €

2.2.2 Lernsituation
Kostengünstige Fertigung von Abstandhaltern

Lernsituation

Situation:
Es sind Abstandhalter aus Vierkantmaterial zu fertigen. Die sichtbaren Flächen der Abstandhalter sollen eine optisch einwandfreie Oberfläche aufweisen. Es stehen zwei unterschiedliche Fertigungsabläufe zur Diskussion.

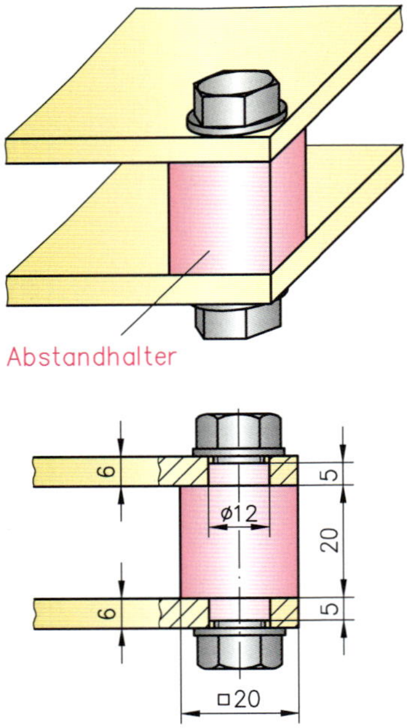

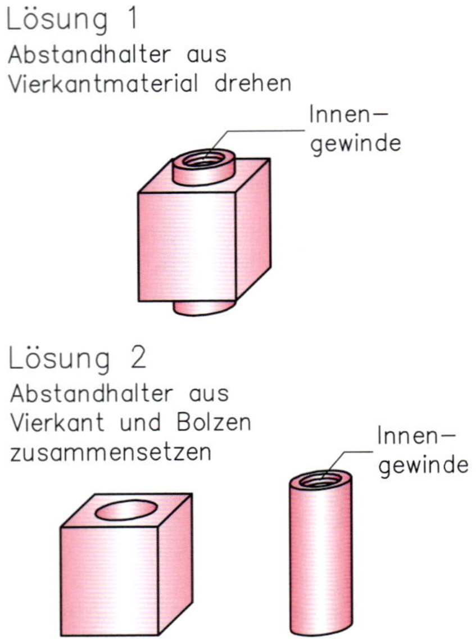

Abschätzung des Aufwands

Beurteilen Sie die beiden Fertigungsabläufe bezüglich einer kostengünstigen Fertigung.

1. Notieren Sie alle notwendigen Fertigungsschritte für die Lösungen 1 und 2 (Ablängen des Rohteils, Plandrehen der Stirnflächen, ...).
2. Ordnen Sie jedem Fertigungsschritt eine Punktwertung zwischen **1** und **5** zu. Hierbei steht die **1** für sehr wenig Fertigungsaufwand und die **5** für sehr viel Fertigungsaufwand. Gehen Sie wie folgt vor:
   2.1 Ordnen Sie dem Fertigungsschritt mit dem geringsten Fertigungsaufwand die **1** zu.
   2.2 Ordnen Sie dem Fertigungsschritt mit dem höchsten Fertigungsaufwand die **5** zu.
   2.3 Jetzt werden die übrigen Fertigungsschritte nach ihrem Aufwand bewertet. Hierbei dienen die gefundenen Eckpunkte als Maßstab.
3. Addieren Sie nun die Zahlen für den Fertigungsaufwand und geben Sie eine abschließende Beurteilung ab.

2.2.3 Lernsituation
Optimierung der Fertigung eines Bolzens

Situation:
Rohteile aus Rundstahl (d = 30 mm, l = 130 mm), Werkstoff nicht rostender Stahl X6 CrNiTi 18–9, sollen an beiden Enden in einem Schnitt auf 28 mm Durchmesser gedreht werden. Es stehen entsprechend Herstellerangaben zwei Hartmetallsorten zur Wahl, M10 und P20, Vorschub 0,2 mm.

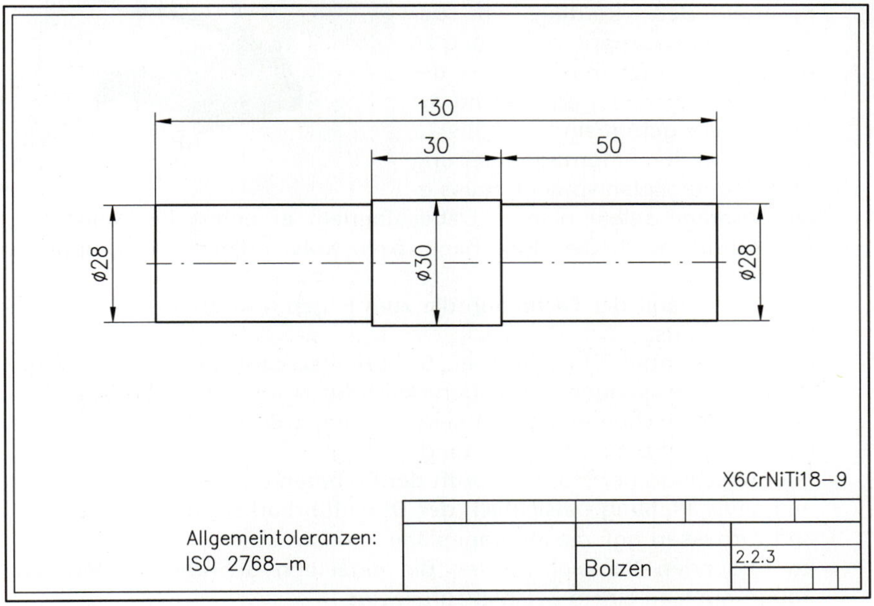

Verkürzen der Fertigungszeit

1. Berechnen Sie die Hauptzeit (ohne Umspannzeiten) bei der Fertigung des Bolzens mit einer Schnittgeschwindigkeit von v_c = 80 m/min und dem Schneidwerkstoff M10.
2. Welche Zeit wird bei dem Einsatz des Schneidwerkstoffes P20 mit der Schnittgeschwindigkeit v_c = 50 m/min benötigt?
3. Wie groß ist der prozentuale Unterschied zwischen den Fertigungszeiten?
4. Welche Kostenersparnis tritt bei der Fertigung von 40 dieser Bauteile auf, wenn die Maschinenstunde einschl. Lohnkosten 112,00 € beträgt?

Lernsituation

Lernfeld 2

3.1 Handlungssituation
Montieren von Baugruppen

Baugruppen in technischen Systemen bestehen meist aus vielen unterschiedlichen Bauteilen. Die einzelnen Bauteile werden durch Montieren zusammengefügt.

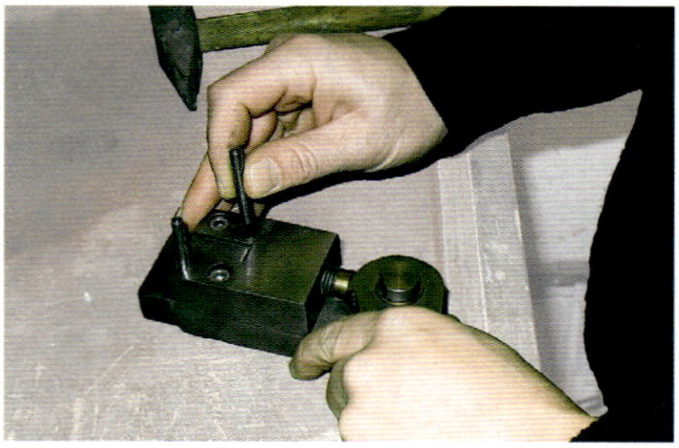

Die fachgerechte Montage von Baugruppen erfordert vom Fachmann die Fähigkeit, die einzelnen zu montierenden Bauteile in der Gesamt- oder Gruppenzeichnung zu erkennen. Ferner muss er aus der Zeichnung ersehen, auf welche Art die Bauteile gefügt sind.

Wenn weder Montageanleitung noch Montageplan vorliegt, muss er die Montage selbst planen. Dabei überlegt er neben der Reihenfolge der Fügeschritte auch die Möglichkeit, bzw. Notwendigkeit, Teilgruppen vorzumontieren.

Weiterhin wählt der Fachmann die zum Fügen notwendigen Werkzeuge und Hilfsmittel aus.

Bei der Montage beachtet er Sicherheitsregeln und die vorgegebenen Montageanweisungen. Dabei berücksichtigt er auch die Arbeitsbedingungen, die dem Menschen angepasst sein müssen, z. B. gute Beleuchtung, geringer Lärm, angemessener Kraftaufwand.

Zum Abschluss der Montage prüft der Fachmann die Funktion der Baugruppe und seine Planung hinsichtlich der Durchführbarkeit, des Zeitaufwands u. a. und verbessert ggf. die Montagepläne.

Im folgenden Beispiel werden die einzelnen Schritte zur Montage von Baugruppen an einem Beispiel aufgezeigt.

Situation:

Ein Lochwerkzeug ist zu montieren. Die Montage ist zu planen und durchzuführen.

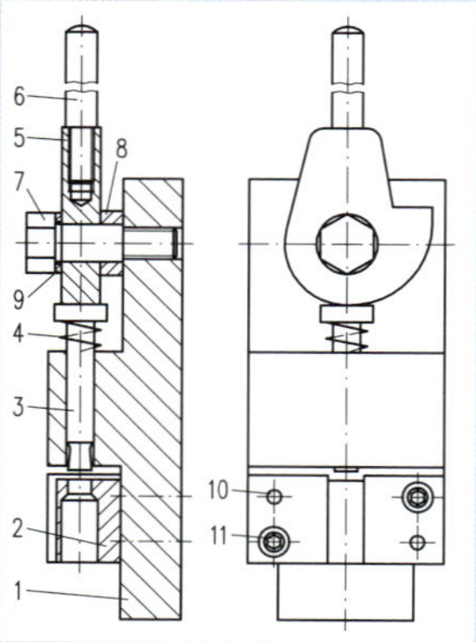

Auszug aus der Stückliste:

Pos.	Menge	Einh.	Benennung
11	2	St.	Zylinderschraube
10	2	St.	Passstift
9	1	St.	Scheibe
8	1	St.	Distanzhülse
7	1	St.	Sechskantpassschraube
6	1	St.	Hebel
5	1	St.	Spiralexzenter
4	1	St.	Feder
3	1	St.	Stempel
2	1	St.	Matritze
1	1	St.	Grundkörper
1	2	3	4

1. Auftrag analysieren

Der Fachmann:

- informiert sich anhand der Gesamtzeichnung über die zu fügenden Baugruppen, indem er die Einzelteile in Zeichnung und Stückliste ermittelt,
- stellt anhand der Lage der Einzelteile und der einzelnen Fügemittel (Schrauben, Stifte u. a.) die Art des Fügens fest,
- prüft, ob Montagepläne oder Ähnliches vorhanden sind.

Bestimmung der Fügeart

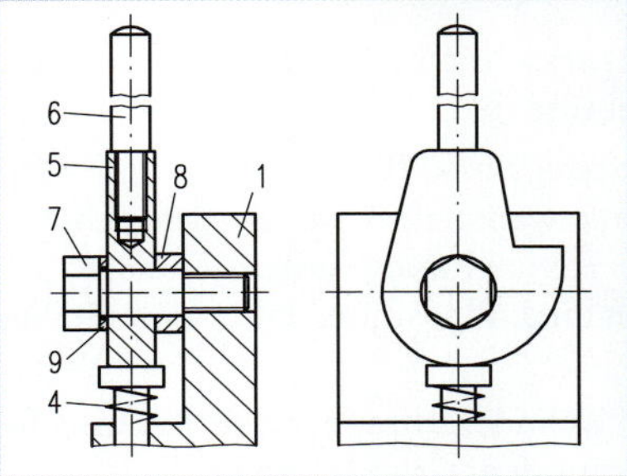

Hebel ⑥ mit Spiralexzenter ⑤ verschraubt
Hilfsmittel: Rohrzange

Spiralexzenter ⑤ mit Passschraube ⑦, Scheibe ⑨ und Distanzhülse ⑧ mit Grundkörper ① verschraubt
Hilfsmittel: Maulschlüssel

2. Montage planen

Der Fachmann bestimmt die Abfolge der Montagearbeiten, indem er entweder die Montageanleitung oder den Montageplan liest.
Falls keine Montageanleitungen vorhanden sind, muss der Fachmann die Montage selbst planen. Zu diesem Zweck

- untersucht er die Gesamt- oder Gruppenzeichnung nach sinnvollen und notwendigerweise vorzumontierenden Unterbaugruppen,
- legt er die Reihenfolge der einzelnen Fügeschritte zur Montage der Unterbaugruppen und der gesamten Baugruppe fest, indem er anhand der Zeichnung untersucht, welche Fügeschritte Vorrang vor anderen haben müssen. Nur so gewährleistet er, dass die weiteren Fügeschritte nicht behindert oder gar unmöglich werden,
- ergänzt er einzelne Fügeschritte um Zusatzbedingungen, die bei der Ausführung des Fügevorgangs zu beachten sind, wie z. B. das Drehmoment bei Verschraubungen, das Spiel bei beweglichen Teilen, den Einsatz von Fett und anderen Hilfsstoffen. Angaben dazu findet er in der Zeichnung oder in Informationen von Norm- und Fremdteilherstellern, z. B. in Wälzlagerkatalogen und Gebrauchsanweisungen,
- wählt der Fachmann die für den Fügeprozess benötigten Werkzeuge aus, indem er die Bauteile identifiziert, die nur mit speziellen Werkzeugen zu fügen sind, z. B. Zylinderschrauben mit Innensechskant, die nur mit Innensechskantschlüsseln eingeschraubt werden können,
- überlegt er, ob mithilfe von Vorrichtungen oder anderen Hilfsmitteln der Fügevorgang erleichtert oder unterstützt werden kann.

Alle Entscheidungen dokumentiert der Fachmann in einer ausführlichen Montageanleitung, in einem strukturierten Montageplan oder in einem Strukturnetz.

Beispiel für eine ausführliche Montageanleitung zur Montage der Lochstanze:

Unterbaugruppe I
Verschraube Hebelstange ⑥ mit Spiralexzenter ⑤.

Unterbaugruppe II
Schiebe die Feder ④ auf den Lochstempel ③ und führe dann den Stempel in die Stempelführung des Grundkörpers ① von oben ein. Drücke den Lochstempel ③ gegen die Feder ④ in die Stempelführung ein und fixiere ihn mithilfe der Montageklammer in dieser Position.

Unterbaugruppe III
Schiebe die Scheibe ⑨ auf die Sechskantpassschraube ⑦. Stecke die Schraube ⑦ in den Spiralexzenter ⑤ und die Distanzhülse ⑧.

Verschraube Unterbaugruppe I mit Unterbaugruppe II.
Entferne die Montageklammer und prüfe die einwandfreie Bewegung des Lochstempels. Bewege mithilfe des Spiralexzenters den Stempel in die untere Endlage. Schiebe die Matrize ② auf dem Grundkörper ① in die Endposition, dabei wird die Matrize durch den Lochstempel positioniert.

Verschraube die Matrize ② mithilfe der Zylinderschrauben mit Innensechskant ⑪ und den entsprechenden Federringen mit dem Grundkörper ①.

Prüfe die Lage von Stempel und Matrize durch Lichtspaltprüfung. Falls der Schneidespalt nicht gleichmäßig breit ist, korrigiere die Lage durch erneutes Lösen und Festschrauben. Bei gleichmäßigem Schneidspalt verbohre die Matrize ② (in der die Bohrungen Ø 4 mm bereits enthalten sind) mit dem Grundkörper ①. Benutze dazu einen Bohrer mit dem Ø 3,8 mm. Reibe die Bohrung anschließend auf den Ø 4^{H7} auf und schlage die Stifte ⑩ ein.

oder

Beispiel für einen strukturierten Montageplan zur Montage der Lochstanze:

Nr.	Schritt	Tätigkeit	Werkzeug	Bemerkung
1	Hebelstange ⑥ mit Spiralexzenter ⑤	verschrauben	Rohrzange	Schutzkappe verwenden
2	Stempel ③ mit Feder ④ in Grundkörper ①	einführen und fixieren	Montageklammer	
3	Passschraube ⑦, Scheibe ⑨, Spiralexzenter ⑤ und Distanzhülse ⑧ mit Grundkörper ①	verschrauben	Maulschlüssel	
4	Montageklammer entfernen, Stempel in hintere Endlage bringen			
5	Matrize ② und Grundkörper ①	verschrauben	Innensechskantschlüssel	
6	Funktion und Schneidespalt	prüfen		gleichmäßiger Schneidespalt
7	Matrize ② und Grundkörper ①	verbohren und verstiften	Bohrer Ø 3,8 mm Reibahle Ø 4^{H7} mm	
8	Funktion	prüfen		

oder

Beispiel für ein Strukturnetz zur Montage der Lochstanze:

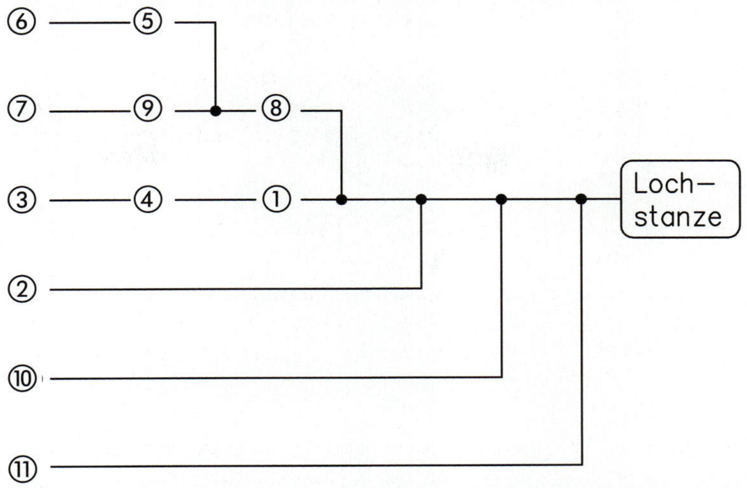

① Grundkörper
② Matrize
③ Stempel
④ Feder
⑤ Spiralexzenter
⑥ Hebel
⑦ Sechskantpassschraube
⑧ Distanzhülse
⑨ Scheibe
⑩ Passstift
⑪ Zylinderschraube

3. Montage durchführen

Der Fachmann führt die Montage nach den Vorgaben des erstellten Plans aus. Dabei beachtet er die:

- geplante Abfolge der Montageschritte und Zwischenprüfungen,
- Sicherheitsregeln, die für den Montagevorgang gelten,
- allgemeinen Montageregeln, z. B. Sauberkeit der verwendeten Bauteile, Verwendung von Schutzbacken beim Spannen, Vermeidung von direkten Hammerschlägen auf Wälzlager,
- montage- und körpergerechte Anordnung von Fügeteilen und Werkzeugen und sorgt für angemessene Bedingungen im Umfeld des Arbeitsplatzes (helles Licht, geringer Lärm u. Ä.).

Montagefolge

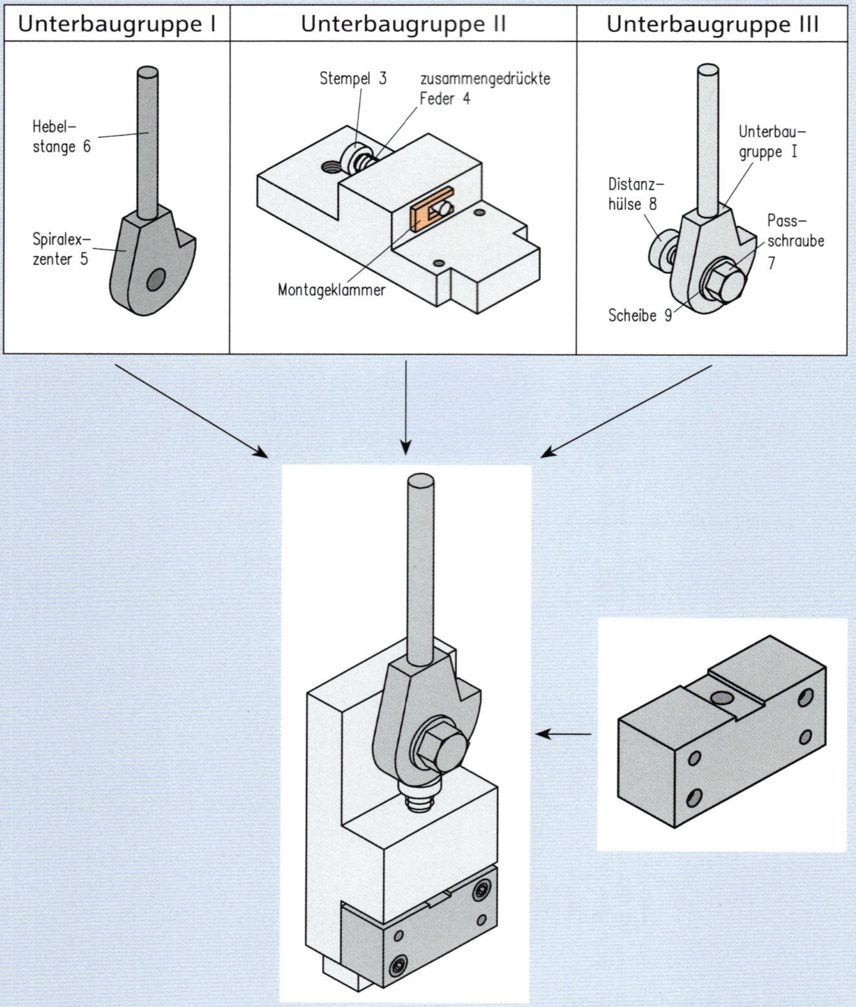

4. Montage bewerten

Der Fachmann:

- prüft die Funktion der Baugruppe, indem er den mit der Baugruppe beabsichtigten Arbeitsprozess durchführt,
- entscheidet bei Funktionsstörungen über Möglichkeiten zur Störungsbeseitigung,
- überprüft die Qualität der Planungsentscheidungen, indem er die gemachten Erfahrungen hinsichtlich der Durchführbarkeit und der Arbeitszeit auswertet.

3.1.1 Lernsituation
Montieren eines Gelenkantriebs

Situation:
Die Welle eines Verstellantriebs zum Öffnen einer Klappe muss aus konstruktiven Gründen abgewinkelt werden. Das geschieht durch einen Gelenkantrieb. Fertigen Sie eine Montageanweisung an.

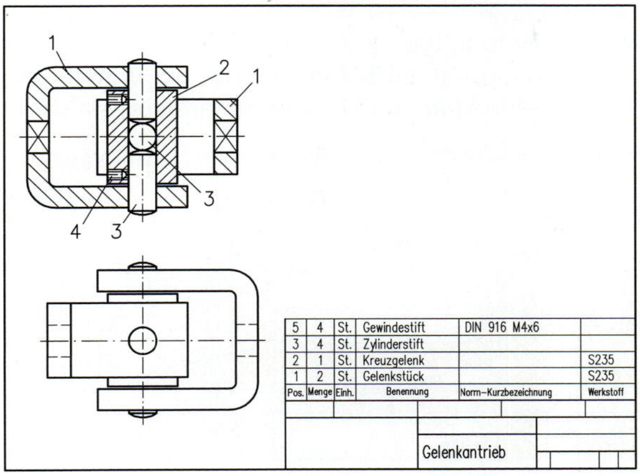

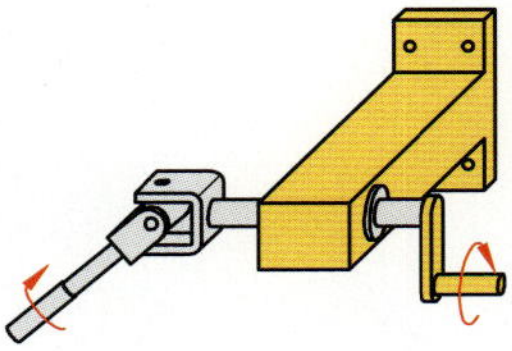

1. Auftrag analysieren

1.1 Listen Sie in einer Tabelle auf, wie die Bauteile gefügt sind. Kreuzen Sie die Fügeart an.

Teil ... mit Teil ...	Kraftschluss	Formschluss	Stoffschluss	Beweglich	Fest
3 mit 2					
3 mit 1					

1.2 Worauf ist bei der Montage besonders zu achten? Nennen Sie die Fehlerquellen.

2. Montage planen

2.1 Schreiben Sie eine Montageanleitung.

2.2 Welchen Innensechskantschlüssel benötigen Sie, um die Gewindestifte M4 mit Innensechskant anzuziehen?

3. Montage durchführen

Welche Zwischenprüfungen empfehlen Sie bei der Montage?

4. Montage bewerten

Machen Sie Verbesserungsvorschläge zur Montageerleichterung.

3.1.2 Lernsituation
Montieren einer Vorrichtung

Situation:
Die dargestellte Vorrichtung soll zum Spannen von Getriebegehäusen auf einer Schleifmaschine dienen.
Der Grundkörper der Vorrichtung ist aus Gusseisen gefertigt, an den die anderen Bauteile montiert werden.
Das Besondere an dieser Vorrichtung ist, dass nach Feineinstellen durch Anziehen der Schrauben auf den Spannpratzen auf einer Seite der Vorrichtung auch die Spannpratzen auf der anderen Seite der Vorrichtung angepresst werden.

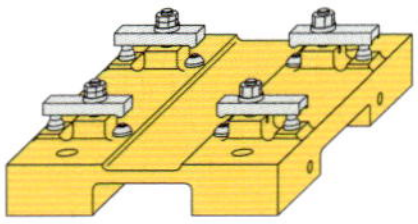

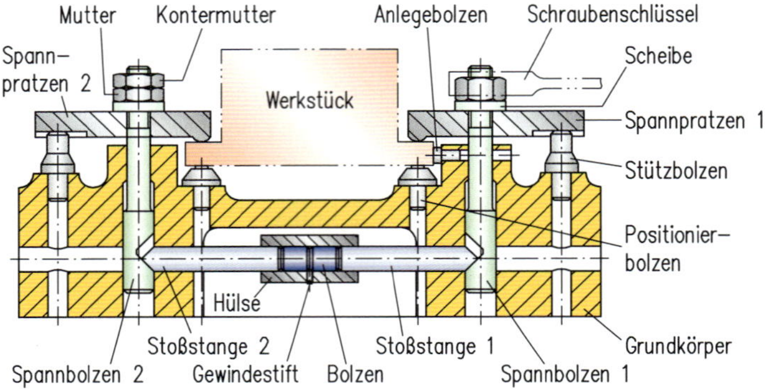

1. Auftrag analysieren

Damit Sie die Montage durchführen und die Funktion der montierten Vorrichtung fachgerecht prüfen können, muss Ihnen deren Arbeitsweise klar sein.

Beschreiben Sie die Funktion der Vorrichtung. Ergänzen Sie: „Wenn die Mutter auf dem „Spannbolzen 1“ mit dem Schlüssel angezogen wird, dann ...“

2. Montage planen

Schreiben Sie Benennungen der Einzelteile des Spannsystems (ohne Positionier-, Anlege- und Stützbolzen) auf Moderationskarten. Ordnen Sie diese entsprechend dem Strukturnetz. Entwickeln Sie daraus eine Montageanleitung.

3. Montage durchführen

3.1 Worauf ist beim Einlegen der Spannbolzen besonders zu achten?
3.2 Wie ist zur Einstellung der Vorrichtung auf ein bestimmtes zu spannendes Maß vorzugehen?

4. Montierte Baueinheit kontrollieren

Die Funktionsprüfung ergibt, dass das Werkstück schwierig unter die Spannpratzen zu schieben ist. Ferner wurde festgestellt, dass die exakte Positionierung in Längsrichtung nicht gegeben ist. Machen Sie Verbesserungsvorschläge.

3.1.3 Lernsituation
Montieren einer Lüftungsklappe

Situation:
Aus den vorliegenden, z. T. unfertigen Bauteilen aus Stahl (S235) soll die dargestellte Lüftungsklappe hergestellt werden. Die Bauteile aus Flachmaterial sind 5 mm dick.
Sie haben die Aufgabe, Fügeverfahren zur Verbindung der Bauteile auszuwählen und ggf. Möglichkeiten zur Sicherung der Bauelemente gegen unbeabsichtigtes Lösen zu bestimmen und evtl. fehlende Bauteile zu ergänzen.

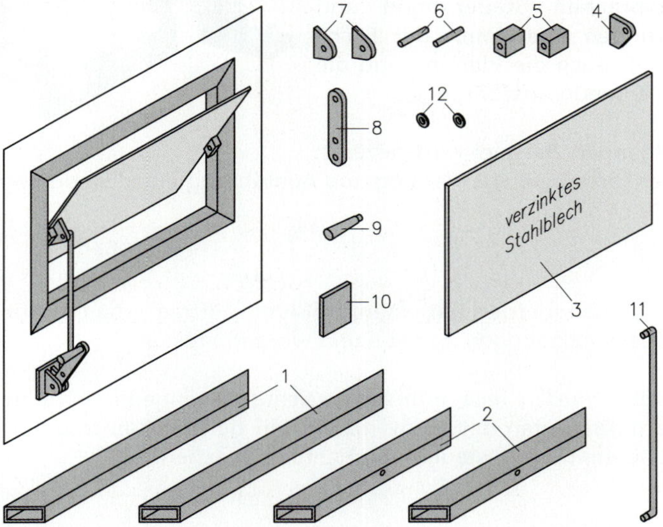

1. Auftrag analysieren

1.1 Welche Elemente können zu einzelnen Baugruppen gefügt werden? Geben Sie die Nummern der Bauteile an.

1.2 Welche Bauteile müssen fest und welche beweglich gefügt werden?

2. Montage planen

2.1 Machen Sie Vorschläge zum Fügen der Teile. Erledigen Sie diese Aufgabe in tabellarischer Form gemäß folgendem Muster. Beachten Sie die Reihenfolge der einzelnen Fügearbeiten. Geben Sie in der Spalte Bemerkungen an, welche Zusatzarbeiten an den einzelnen Teilen noch zu erledigen sind.

Arbeitsschritt	Fügen von Teil ... mit Teil ...	Verfahren	Bemerkungen

2.2 Planen Sie ausführlich das Fügen des Rahmens aus Vierkantrohr 40 x 40, 2,5 mm Wandstärke.

Handlungssituation

3.2 Handlungssituation Entwickeln von Steuerungen

Steuerungen bewirken, dass Maschinen und Anlagen selbstständig Vorgänge in bestimmter Abfolge ausführen.

Der Fachmann hat Steuerungen meist nach den Anweisungen von Konstrukteuren aufzubauen, zu erproben und zu warten. Bei auftretenden Störungen muss er die Fehlerquellen suchen und die Fehler beseitigen.

Bei einfachen Steuerungen und Änderungen übernimmt der Fachmann oft auch die Planung und die anschließende Ausführung.

Im folgenden Beispiel wird gezeigt, wie der Fachmann zur Planung und Ausführung einer Steuerung vorgeht.

Beispiel:

Ein Schreinereibetrieb hat einen größeren Auftrag erhalten, für den Formteile aus Holz gebogen und verleimt werden müssen.

Zur Probe wurden Teile mithilfe von Schraubzwingen in Form gebracht und bis zum Aushärten des Leims fixiert. Für den Großauftrag soll dies durch eine pneumatisch gesteuerte Einrichtung geschehen.

Die Schraubzwingen mussten nach Einlegen der Holzleisten und Aufsetzen der Formstücke in folgender Reihenfolge angezogen werden: erst die mittlere Zwinge, dann die Zwingen rechts und links. Jede Zwinge presst die Formstücke mit etwa 1 800 N an.

Die Umrüstung auf pneumatisches Spannen der Holzleisten ist von einem Fachmann durchzuführen.

1. Auftrag analysieren

Der Fachmann analysiert im Zuge einer Neuplanung den Auftrag:

- Zunächst verschafft er sich einen Überblick über die gewünschte Funktion der Anlage, indem er sich den Ablauf vorstellt oder die Funktionsbeschreibung liest.
- Die Lage von Arbeitselementen (z. B. Zylindern) erkundet er, indem er das Technologieschema, die Zeichnung der Anlage oder die bestehende Anlage untersucht.
- Die geforderte Bewegungsart (z. B. linear oder kreisförmig), die Grenzen der gewünschten Bewegung und die aufzuwendenden Kräfte bestimmt er aus dem Lastenheft der Anlage oder anhand entsprechender Daten aus Versuchen und Zeichnungen.
- Die Orte für den Einbau von Eingabe- und Verarbeitungsgliedern und die Möglichkeiten der Energieversorgung ermittelt er aus der Zeichnung oder durch Besichtigung der Örtlichkeit.

Auftragsanalyse:

- Es ist eine pneumatische Anpresseinrichtung gefordert, bei der zunächst der mittlere Zylinder ausfahren muss und dann die beiden anderen in beliebiger Reihenfolge ausfahren. Das Ausfahren und ebenfalls das Einfahren nach der Presszeit muss auf Knopfdruck geschehen.
- Die Zylinder müssen in gleicher Richtung wie die im Versuch verwendeten Schraubzwingen auf einer noch anzufügenden Grundplatte positioniert werden.
- Die Bewegungen sind linear und der Hub muss – wie bei den Schraubzwingen – mindestens 150 mm betragen. Die Presskraft eines Zylinders muss mindestens 1 800 N betragen, wie sie auch etwa bei Verwendung der Schraubzwingen vorlag.
- Die Bedienungselemente können ggf. auch auf der Grundplatte aufgesetzt werden.

2. Anlage planen

Falls kein Schaltplan vorliegt, muss die Steuerung vom Fachmann geplant werden. Vor der Entwicklung des Schaltplans wird zunächst das Technologieschema der Einrichtung skizziert und daran ihre Funktion in Kurzform beschrieben. Für umfangreiche Steuerungen werden Funktionspläne nach DIN ISO aufgestellt.

Technologieschema

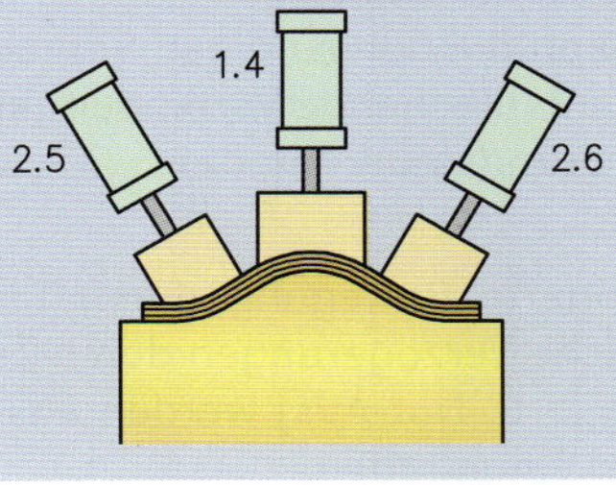

Funktionsbeschreibung

Schritt	Ablauf
1	Zyl. 1.4 fährt aus und spannt Mittelteil.
2	Zyl. 2.5 und 2.6 fahren aus und spannen den Rand.
Anlage bleibt unter Druck bis Signal „Entspannen“.	
3	Alle Zyl. fahren zurück in die Ausgangsstellung.

Bei der Entwicklung eines **Pneumatik-Schaltplans** geht der Fachmann (unter Verwendung von Bleistift und Radiergummi!) zweckmäßig in folgender Reihenfolge vor:

- **1.** Zunächst wählt er das Arbeitselement aus, z. B. einen einfach wirkenden Zylinder.

Zum Biegen der Formteile würden einfach wirkende Zylinder genügen. Damit die Teile der pneumatischen Anlage auch für andere Fälle universeller genutzt werden können, werden doppelt wirkende Zylinder verwendet und die Schaltung entsprechend geplant.

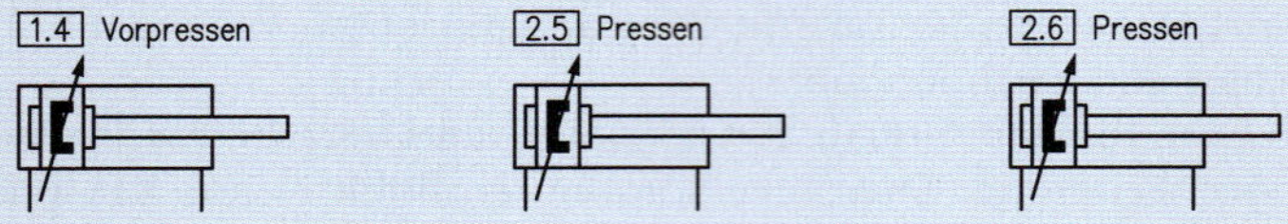

- **2.** Im zweiten Schritt wählt er das zum Arbeitselement passende Stellglied, z. B. zum doppelt wirkenden Zylinder ein 4/2- oder 5/2-Wegeventil aus und verbindet es mit dem Arbeitselement. Er lässt dabei Platz zwischen Arbeitselementen und Stellgliedern für eventuell notwendige Drosselventile.

Die doppelt wirkenden Zylinder werden durch 4/2- oder 5/2-Wegeventile angesteuert. Zylinder 1.4 wird durch ein Stellglied mit Druckluft versorgt. Die beiden anderen Zylinder 2.5 und 2.6 werden parallel geschaltet und durch ein weiteres 5/2-Wegeventil versorgt.

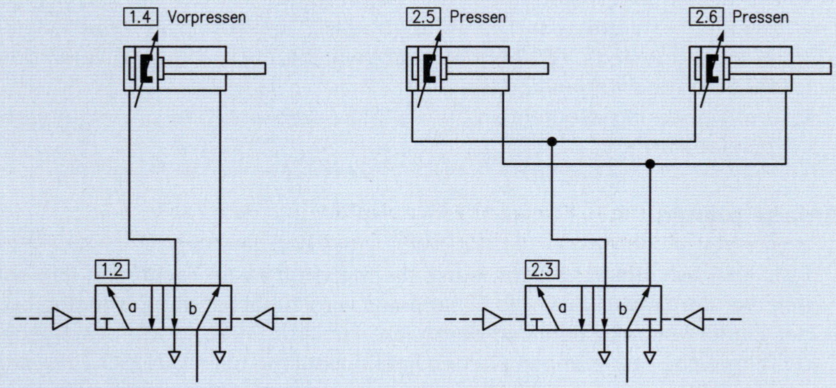

- **3.** Anschließend bestimmt der Fachmann die notwendigen Signalgeber zur Betätigung der Stellglieder und stellt entsprechende Verbindungen her. Der bis hierher entwickelte Plan stellt die Grundsteuerung dar.

- **4.** Sonderfunktionen, wie z. B. verzögerte Bewegung durch Einbau von Drosselrückschlag-Ventilen oder zeitliche Verzögerungen durch Zeitglieder, und notwendige Sicherheitsschaltung (z. B. Not-Aus) werden anschließend an entsprechenden Stellen in den Plan eingetragen.

▶ **5.** Falls für die Einrichtung eine besondere Einheit zur Aufbereitung der Druckluft vorgesehen ist, wird diese ergänzt.

Automatisches Ausfahren der Zylinder 2.5 und 2.6 ist ungünstig, da u. U. die Lage der Hölzer nach dem Ausfahren von 1.4 noch geringfügig korrigiert werden muss. Darum wird hier ein weiterer Handtaster eingesetzt. Das Zurückfahren der Zylinder kann durch ein einziges Ventil ausgelöst werden. Als Signalgeber werden 3/2-Wegeventile verwendet.
Es ist günstig, die Zylinder langsam ausfahren zu lassen, damit beim Vorfahren evtl. noch Lagekorrekturen möglich sind.
Not-Aus ist nicht erforderlich, da beim Drücken des Tasters 2.2 (zurück) alle Zylinder in die Ausgangslage zurückfahren.

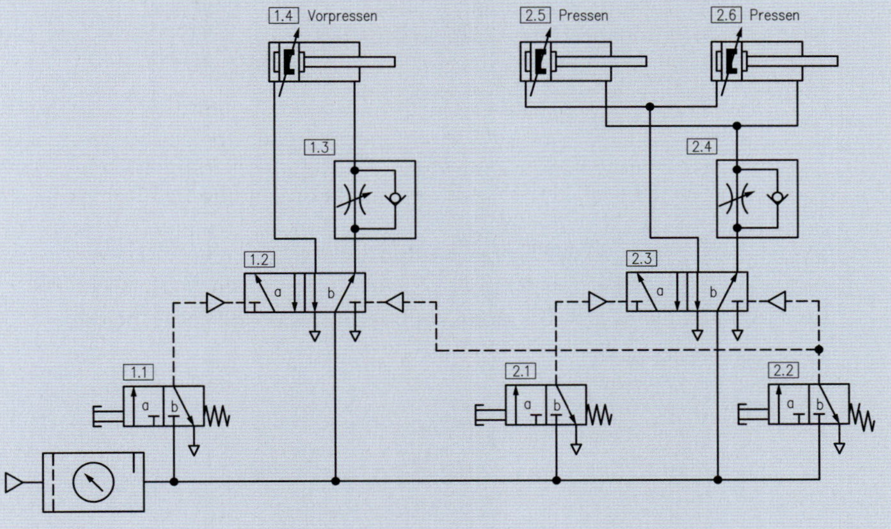

▶ **6.** Der entwickelte **Pneumatik-Schaltplan** wird vom Fachmann mithilfe eines Simulationsprogramms überprüft. Dazu legt er zunächst einen aussagekräftigen Dateinamen fest, damit auch andere Mitarbeiter die Datei auffinden können. Er setzt ein Simulationsprogramm ein, welches auch die schrittweise Überprüfung des Arbeitsablaufes ermöglicht.

Das in der beigefügten CD aufgespielte Simulationsprogramm „FluidSimP“ (Demoversion) erlaubt die zeichnerische Übernahme des Pneumatik-Schaltplanes mit anschließender Simulation der Steuerung.
Als Dateiname wird festgelegt: „Steuerung – Pressvorrichtung – Formstücke“. Die Zylinder und Ventile werden auf der Bildschirmoberfläche so verteilt, dass die Leitungen möglichst wenige Knicke aufweisen.
Alle Bauteile werden gemäß dem Schaltplan gekennzeichnet.
Die Simulation wird fließend und schrittweise durchgeführt, wobei auch die Drosseln von „geschlossen“ nach „auf“ verstellt werden.

Nach der Entwicklung des Schaltplans folgt die Aufstellung der entsprechenden Stückliste. Dabei geht der Fachmann in ähnlicher Reihenfolge vor wie bei der Erstellung des Schaltplans:

- Entsprechend dem vorhandenen Druck der Druckluft und der geforderten Kraft berechnet der Fachmann den Mindestdurchmesser des Zylinders oder er bestimmt ihn mithilfe von Diagrammen der Hersteller.
- Entsprechend dem notwendigen Zylinderhub und den Einbaumöglichkeiten wählt der Fachmann aus Katalogen der Hersteller von pneumatischen Bauelementen das entsprechende Arbeitselement aus.

Auswahl der Zylinder (Beispiel):

Gegeben: $p = 6\ \text{bar} = 60\ \text{N/cm}^2$ Gesucht: d
$F = 1\,440\ \text{N}$ je Zylinder
Wirkungsgrad des Zylinders $\eta = 0{,}8$

Lösung: $$A = \frac{F}{\eta \cdot p} = \frac{1\,440\ \text{N}}{0{,}8 \cdot 60\ \text{N/cm}^2} = 30\ \text{cm}^2$$

$$A = \frac{d^2 \cdot \varpi}{4}$$

$$d = \sqrt{\frac{4 \cdot A}{\varpi}} = \sqrt{\frac{4 \cdot 30\ \text{cm}^2}{3{,}14}} = \underline{\underline{6{,}18\ \text{cm}}}$$

Der Fachmann wird sich für einen Zylinder mit 63 ⌀ mm entscheiden.

Flanschbefestigung Typ FN- ...
(1 Flansch und Befestigungsschrauben)

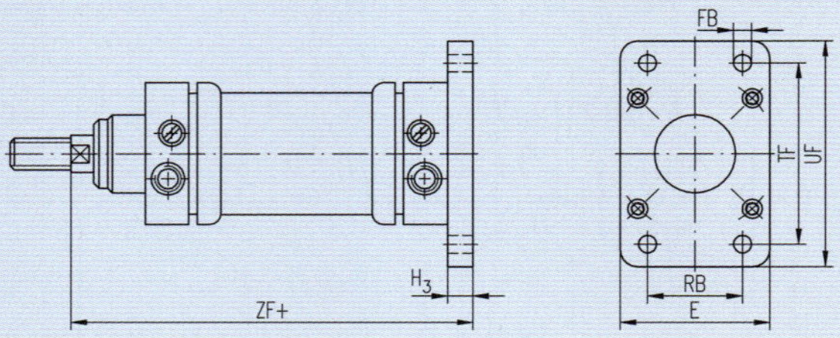

Flanschbefestigung Typ HN- ...
(2 Füße mit Befestigungsschrauben)

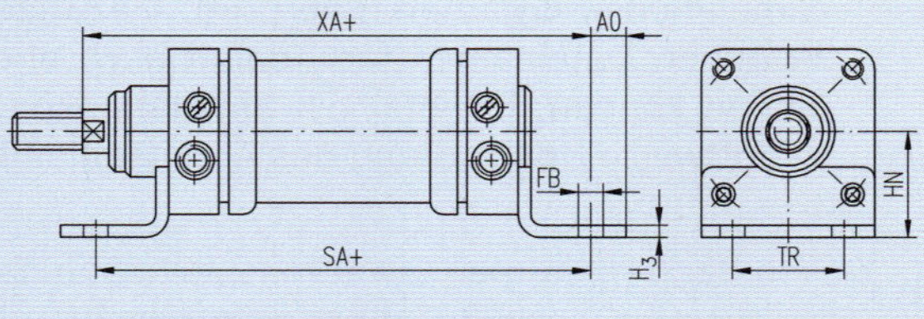

Bei Bestellung Kolben-⌀ angeben
+ = zuzüglich Hublänge

Kolben-⌀ mm	AO	E	FB	H2	NH	RB	SA	TF	TR	UF	XA	Z F
32	8	45	7	10	32	32	142	64	32	77	144	130
40	10	54	9	10	36	36	161	72	36	90	163	145
50	10	65	9	12	45	45	170	90	45	110	175	155
63	15	80	9	15	50	50	185	100	50	125	190	170
80	17	96	12	18	63	63	210	126	63	154	215	190
100	14	126	14	18	71	75	220	150	75	186	230	205

▸ Um das Arbeitselement mit der notwendigen Druckluft in entsprechender Zeit zu versorgen, bestimmt der Fachmann das Stellglied und wählt entsprechende Schlauch- oder Rohrquerschnitte zur Versorgung aus. In gleicher Weise bestimmt er die Größe aller im Druckluftstrom des Leistungsteils liegenden Bauelemente.

Bestimmung der Nennweiten für Leitungen, Ventile u. a.

Da die Zeit zum Aus- und Einfahren des Zylinders der Spannvorrichtung im Beispiel keine Bedeutung hat, kann der Fachmann zwischen den in der Tabelle angegebenen Nennweiten frei wählen. Er wird eine mittlere Nennweite, z. B. NW4 wählen. Entsprechend wählt er die übrigen Bauelemente der Anlage aus.

Kolben-durch-messer in mm	Hub in mm	Zeit für einen Doppelhub bei verschiedenen Nennweiten in s				
		NW 2,2	NW 4	NW 7	NW 12	NW 19
40	-100 100–250 250–500	– 1,3 1,3– 3,0 3,0– 4,8	– 0,6 0,6– 1,2 1,2– 2,0	– 0,5 0,5– 1,0 1,0– 1,7	-0,4 0,4–0,8 0,8–1,4	--
50	-100 100–250 250–500	– 1,7 1,7– 3,9 3,9– 7,8	– 0,8 0,8– 1,8 1,8– 3,5	– 0,7 0,7– 1,5 1,5– 2,8	-0,5 0,5–1,2 1,2–2,0	--
63	-100 100–250 250–500	– 2,2 2,2– 5,2 5,2–10,0	– 1,0 1,0– 2,5 2,5– 4,7	– 0,8 0,8– 1,9 1,9– 3,6	-0,6 0,6–1,3 1,3–2,4	--
80	-100 100–250 250–500	– 3,9 3,9– 9,0 9,0–16,0	– 1,4 1,4– 3,2 3,2– 6,0	– 1,1 1,1– 2,3 2,3– 4,4	-0,7 0,7–1,2 1,2–2,4	--
100	-100 100–250 250–500	--	– 1,8 1,8– 3,7 3,7– 7,2	– 1,4 1,4– 2,8 2,8– 8,0	-1,0 1,0–2,1 2,1–3,9	--
125	-100 100–250 250–500	--	– 2,6 2,6– 6,0 6,0–12,0	– 2,3 2,3– 4,3 4,3– 5,5	-1,0 1,0–2,1 2,1–3,9	--
160	-100 100–250 250–500	--	--	– 3,2 3,2– 9,0 9,0–17,0	-1,8 1,8–4,7 4,7–8,5	-1,6 1,6–3,7 3,7–7,5

- Zur Betätigung des Stellglieds wählt der Fachmann geeignete Signalglieder aus.
  Falls zur Betätigung des Stellglieds Druckluft herangezogen wird, können im Steuerteil geringere Querschnitte für Leitungen und Bauteile verwendet werden.
- Nach Festlegung der Bauelemente kennt der Fachmann deren Abmessungen und er kann in den **Anlageplan** die Lage der Bauelemente und ggf. die Leitungsführung eintragen.

Anlageplan

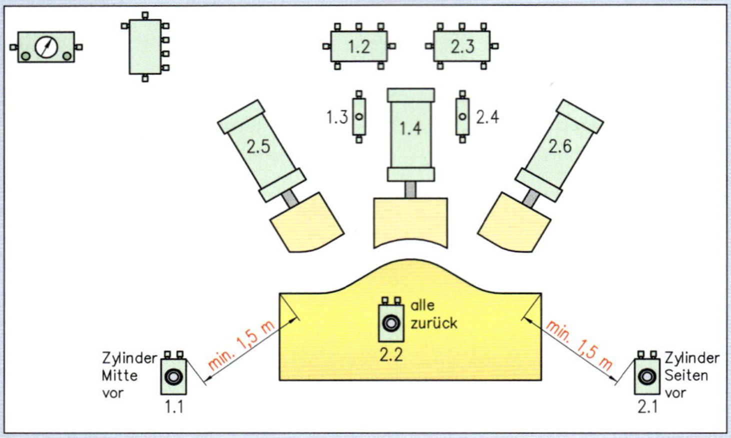

Entsprechend den Erfordernissen bei der Montage ermittelt der Fachmann, welche **Spezialwerkzeuge und Hilfsmittel** zur Montage, Prüfung und Inbetriebnahme notwendig sind.

3. Anlage erstellen

Nach der Beschaffung der Bauteile ist die Steuerung zu installieren.

- Der Fachmann vergleicht zunächst die angelieferten Bauelemente mit der Stückliste.
- Anschließend montiert er die Bauteile entsprechend dem Anlageplan.
  Danach verdrahtet oder verschlaucht er die Anlage nach dem Schaltplan.
- Alle Bauteile werden entsprechend dem Schaltplan dauerhaft gekennzeichnet.

4. Anlage in Betrieb nehmen

Die Inbetriebnahme durch den Fachmann erfolgt zweckmäßig in folgender Weise:

- Zuerst nimmt der Fachmann die Steuerung nochmals in Augenschein und prüft, ob lose Anschlüsse oder ähnliche sichtbare Mängel vorliegen.
- Ferner prüft er durch Sichtprüfung und ggf. durch Bewegen der Bauelemente, ob diese in ihrer Ausgangsposition sind.
- Er fährt die Anlage mit geringer Geschwindigkeit ein.
- Anschließend bestimmt der Fachmann, an welchen Schnittstellen Trennungen vorzunehmen sind, damit die verschiedenen Funktionsgruppen aufeinanderfolgend geprüft werden können.

Inbetriebnahme

Bei der ersten Überprüfung der Steuerung werden zunächst keine Formteile in die Vorrichtung eingelegt.

Die Druckversorgung wird eingeschaltet und der Zylinder „Vorpressen" wird mit der Handhilfsbetätigung in seiner Bewegung kontrolliert. Die beiden Zylinder „Pressen" werden anschließend entsprechend kontrolliert.

Der Signalfluss von Signalglied 2.2 zum Stellglied 2.3 für die zweite Steuerkette wird unterbrochen. Dadurch kann der Zylinder „Vorpressen" allein angesteuert werden. Durch das Verstellen der Drossel von „zu" nach „auf" wird die Ausfahrgeschwindigkeit gesteigert bis sie den Erfordernissen entspricht.

Nachdem die Unterbrechung der Steuerung rückgängig gemacht wurde, wird entsprechend die Funktion der Zylinder „Pressen" überprüft und ihre Geschwindigkeit eingestellt.

In die auf den richtigen Steuerungsablauf überprüfte Anlage wird ein Werkstück eingelegt und die Gesamtfunktion nochmals überprüft.

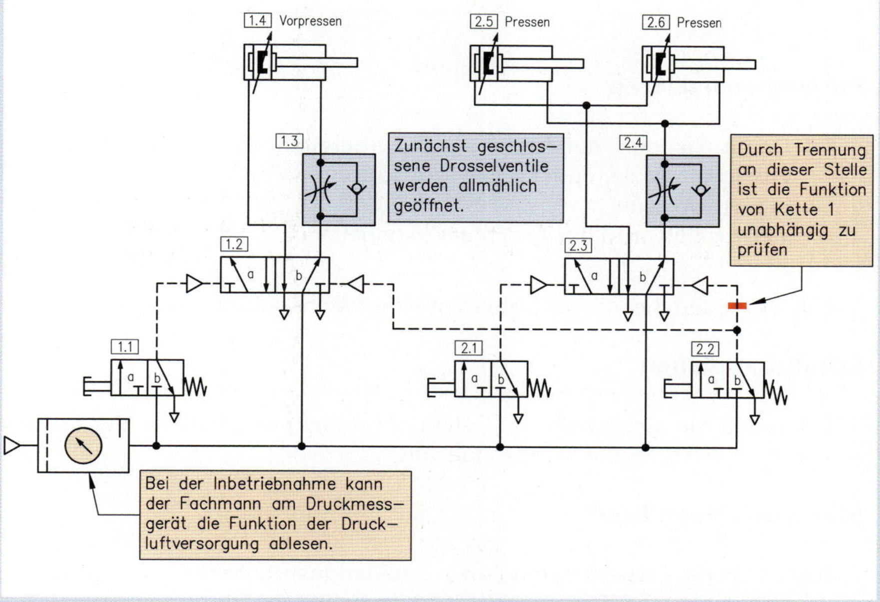

- Zum Abschluss prüft er die Funktion der Sicherheitseinrichtungen.
- Zur späteren Dokumentation der Erprobung fertigt er ein entsprechendes Protokoll an.

Lernsituation

3.2.1 Lernsituation
Entwickeln einer Steuerung für eine Spannvorrichtung

Situation:
In der dargestellten Vorrichtung werden Werkstücke mithilfe eines Pneumatikzylinders gespannt ($p = 8$ bar).
Sie haben die Aufgabe, eine geeignete Schaltung zu entwickeln.

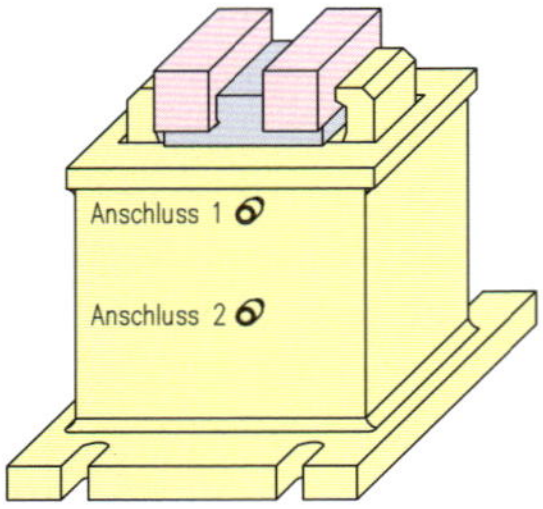

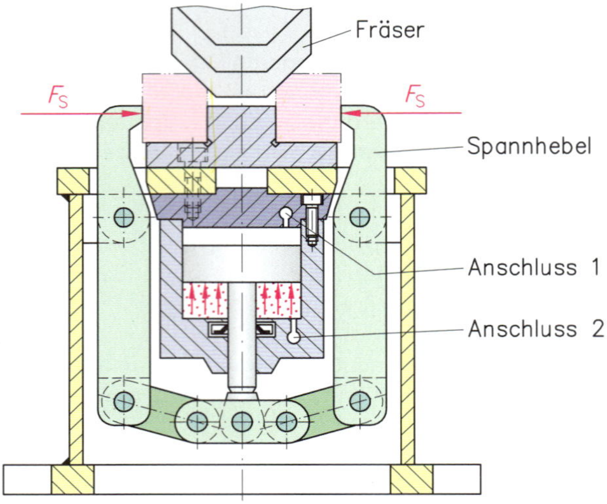

1. Auftrag analysieren

1.1 Damit Sie den Auftrag sinnvoll vorbereiten können, machen Sie sich zunächst mit der Funktion der Vorrichtung vertraut. Beschreiben Sie diese in Stichworten.
1. Druckluft wird auf Anschluss ... gegeben.
2. ...

1.2 Überlegen Sie, ob zur Sicherheit eine Zweihandbedienung notwendig ist.

2. Schaltung planen

Entwerfen Sie die Schaltung. Gehen Sie dabei entsprechend der im vorigen Abschnitt dargelegten Schrittfolge vor.

3. Steuerung ausführen

Testen Sie die Steuerung mit einem Simulationsprogramm.
Bauen Sie auf einem Pneumatikstand die Schaltung auf.

4. Schaltung bewerten

Sicherheitsmaßnahmen überprüfen.

3.2.2 Lernsituation
Entwickeln einer Steuerung für eine Abfüllanlage

Situation:
Eine Abfüllanlage soll mechanisiert werden. Auf Knopfdruck soll ein Schieber einfahren und das Material in den Behälter fließen lassen. Sobald das gewünschte Gewicht erreicht ist, soll der Schieber selbsttätig schließen.
Wenn kein Behälter unter der Anlage steht, darf keine Betätigung möglich sein.

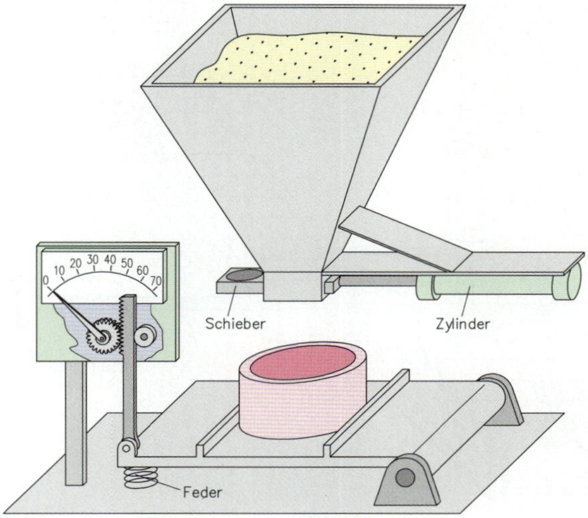

1. Auftrag analysieren

Stellen Sie die Bedingungen auf, die für die Auslegung der Steuerung wichtig sind.

2. Schaltung planen

2.1 Festlegung der Sensoren und ihre logische Zuordnung.

2.2 Legen Sie fest, wo die Sensoren einzubauen sind und zeichnen Sie diese in das Technologieschema ein. Stellen Sie den Logikplan jeweils für das Öffnen und Schließen des Trichters auf.

2.3 Zeichnen Sie den Schaltplan.

3. Steuerung ausführen

Testen Sie die Steuerung mit einem Simulationsprogramm.
Bauen Sie auf einem Pneumatikstand die Schaltung auf.

4. Schaltung bewerten

Startbedingung und Füllgenauigkeit prüfen.

Lernsituation

3.2.3 Lernsituation
Entwickeln einer Steuerung für eine Sortieranlage

Situation:
Eine Einrichtung zum Ordnen von Hülsen soll pneumatisch betätigt werden. Die ankommenden Hülsen liegen mit dem Boden zu unterschiedlichen Seiten. Sie sollten entsprechend der Lage des Bodens in zwei Reihen geordnet werden. Planen Sie die Schaltung für eine selbsttätig arbeitende Einrichtung.

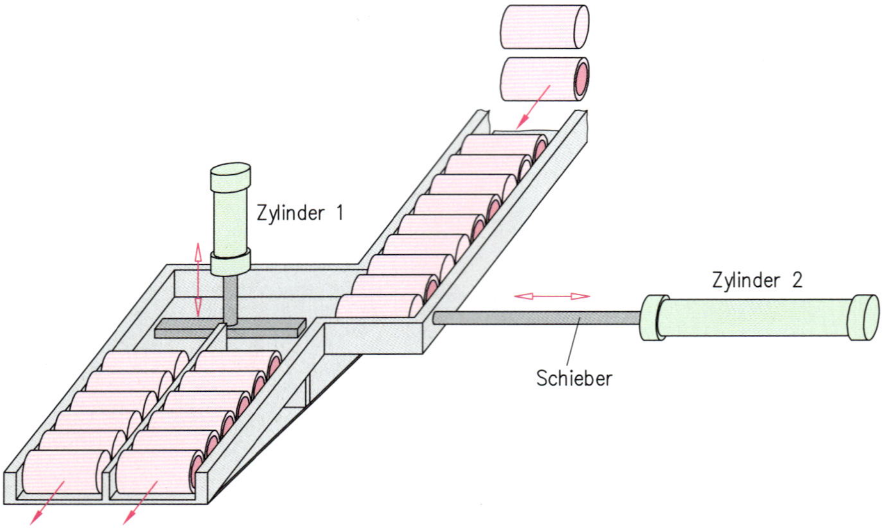

1. Auftrag analysieren

1.1 Formulieren Sie die Bedingungen, unter denen der Schieber ausfahren darf.

1.2 Listen Sie Störungsmöglichkeiten auf und machen Sie Vorschläge zu deren Vermeidung.

2. Schaltung planen

Entwerfen Sie die Schaltung:

2.1 Schrittfolge planen

2.2 Technologieschema mit Sensoren

2.3 Funktionsdiagramm

2.4 Pneumatikschaltplan

3. Steuerung ausführen

Testen Sie die Steuerung mit einem Simulationsprogramm.
Bauen Sie auf einem Pneumatikstand die Schaltung auf.

4. Schaltung bewerten

Automatikbetrieb prüfen, Geschwindigkeiten bei der Sortierung optimieren.

4 Handlungssituation
Wartungsarbeiten an einer Säulenbohrmaschine

Damit die Betriebssicherheit und die Funktion von Werkzeugen und Maschinen sichergestellt werden kann, müssen in festgelegten Zeitabständen Instandhaltungsarbeiten durchgeführt werden.
Zu den **Instandhaltungsarbeiten** gehören folgende Bereiche:

- Die **Wartung**, sie dient der Erhaltung des Istzustands.
- Die **Inspektion**, sie dient der Feststellung des Istzustands.
- Die **Instandsetzung**, sie dient der Herstellung des Sollzustands.

Da der Fachmann für die ihm anvertrauten Werkzeuge und Maschinen verantwortlich ist, überprüft er nach Beendigung der Arbeit den Zustand seines Werkzeugs und seiner Maschinen und führt Wartungsarbeiten sowie kleine Ausbesserungsarbeiten durch.
In regelmäßigen Abständen nimmt er eine umfassende Wartung und eine gründliche Inspektion vor, um ggf. notwendige Instandsetzungsmaßnahmen zu veranlassen.
Im folgenden Beispiel werden die einzelnen Schritte für die Wartung und Inspektion einer Säulenbohrmaschine aufgezeigt.

Beispiel:

Ein Mitarbeiter ist im kommenden Monat für die ordnungsgemäße Wartung der Säulenbohrmaschine verantwortlich. Bei der Wartung am 30.09. wurde von seinem Vorgänger eine vollständige Wartung durchgeführt. In der Firma wird von Montag bis Freitag an jedem Tag 8 Stunden lang gearbeitet. Die Säulenbohrmaschine wird aber nur in $^3/_4$ der Zeit eingesetzt.
Der Mitarbeiter hat für die Woche von Montag (06.10.) bis Samstag (11.10.) einen Wartungsplan aufzustellen. Die Durchführung der Wartung am 06.10. ist näher zu beschreiben und zu dokumentieren.

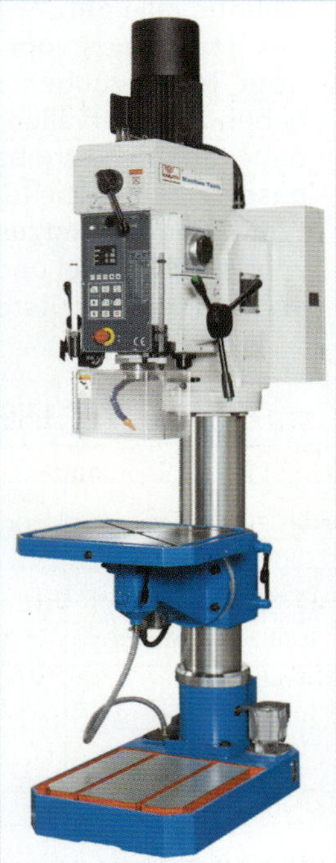

1. Auftrag analysieren

Der Fachmann:

- beschafft sich Informationen zur Wartung, indem er Betriebsanleitungen und betriebliche Zusatzanweisungen (z. B. Abfallentsorgungsvorschriften) heranzieht.

Auszug aus der Betriebsanleitung der Bohrmaschine

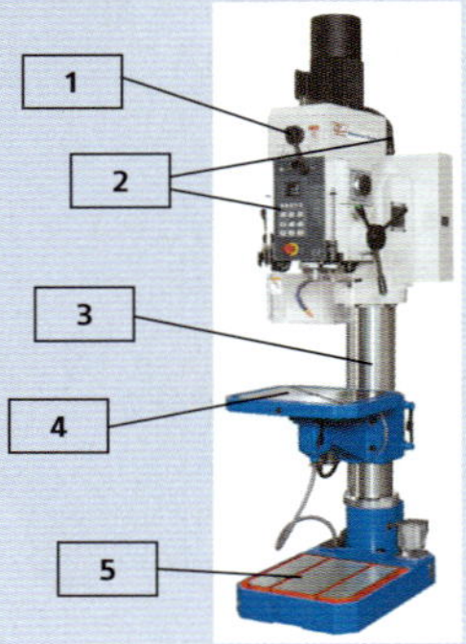

Nr.	Wartungsstelle	Betriebsmittel/ Schmierstoff	Intervall [h]
1	Riemenantrieb	Kontrolle	120
2	Anschlussleitungen + Schutzvorrichtungen	Kontrolle	Täglich
3	Rundsäule	Gleitbahnöl	30
4	Werkstücktisch	Gleitbahnöl	Täglich
5	Grundplatte	Gleitbahnöl	18
:	:	:	:
19	Spiel Rundlauf	Prüfen	Jährlich

2. Wartung planen

Der Fachmann:

- entnimmt aus Bedienungsanleitungen und betrieblichen Anweisungen die Zeitintervalle für Wartungsmaßnahmen sowie die zulässige Abweichung des Istzustands vom Sollzustand,
- trägt Markierungen für die Wartungsarbeiten entsprechend den vorgegeben Zeitintervallen in einen Kalender ein. Die Zeitintervalle beziehen sich dabei auf die Betriebsstunden der Maschine, nicht auf die Arbeitszeit,
- beschreibt im Arbeitsplan die notwendigen Arbeitsgänge und Methoden zur Ermittlung des Istzustands anschließend legt er die erforderlichen Werkzeuge, Hilfsmittel und Prüfmittel fest,
- sorgt für die Bereitstellung der notwendigen Ersatz- und Hilfsstoffe.

Wartungsplan der Bohrmaschine für die 41. Kalenderwoche

	Monat Oktober						
Datum	MO 06.10.	DI 07.10.	MI 08.10.	DO 09.10.	FR 10.10.	SA 11.10.	SO 12.10.
Wartungsstelle							
1) Riemenantrieb							
2) Anschlussleitungen u. Schutzvorrichtungen	☐ ☐ OK def gez: ___	☐ ☐ OK def gez: ___	☐ ☐ OK def gez: ___	☐ ☐ OK def gez: ___	☐ ☐ OK def gez: ___		
3) Rundsäule		☐ ☐ OK def gez: ___					
4) Werkstücktisch	☐ ☐ OK def gez: ___	☐ ☐ OK def gez: ___	☐ ☐ OK def gez: ___	☐ ☐ OK def gez: ___	☐ ☐ OK def gez: ___		
5) Grundplatte			☐ ☐ OK def gez: ___				

3. Wartung durchführen

Der Fachmann:

- säubert die Oberflächen, indem er Feststoffe (Staub, Späne u. a.) und klebrige Ablagerungen (Fette, Öl, Kühlschmiermittelreste) mit geeigneten Reinigungsmitteln entfernt,
- konserviert empfindliche Oberflächen, indem er den Korrosionsschutz erneuert (Einölen, Schutzanstrich erneuern),
- stellt die Riemenspannung nach,
- schmiert entsprechend dem Schmierplan mit verschiedenen Schmiermitteln die Lager und Gleitstellen,
- tauscht Verschleißteile aus,
- entsorgt verbrauchte Hilfsstoffe unter Beachtung des jeweiligen Abfallentsorgungsgesetzes und der betrieblichen Bestimmungen,
- beachtet bei der Wartung die erforderlichen Sicherheitshinweise.

Wartung der Säulenbohrmaschine am 06.10.

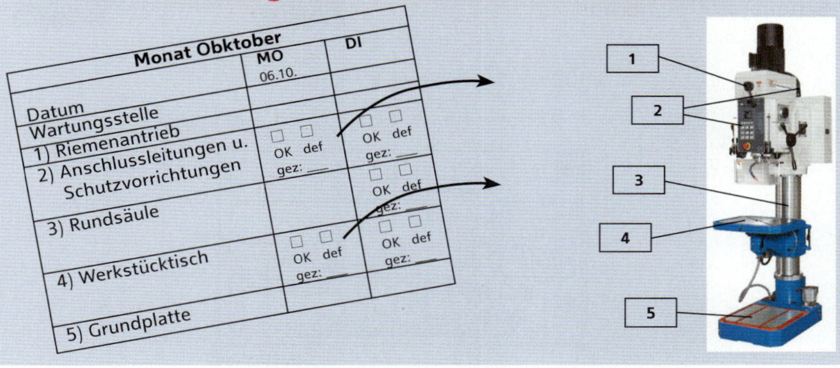

4. Wartung kontrollieren/dokumentieren

Der Fachmann:

- protokolliert die Durchführung der Arbeit,
- dokumentiert und bewertet den Zustand des gewarteten Objekts,
- gibt Hinweise auf evtl. notwendige weitere Instandsetzungsmaßnahmen,
- gibt die gewartete Maschine oder Anlage frei.

Protokoll der Bohrmaschinenwartung

Monat Oktober		
Datum	MO 06.10.	DI
Wartungsstelle		
1) Riemenantrieb		
2) Anschlussleitungen u. Schutzvorrichtungen	☐ ☒ OK def gez: ___	☐ ☐ OK def gez: ___
3) Rundsäule		☐ ☐ OK def gez: ___
4) Werkstücktisch	☒ ☐ OK def gez: ___	☐ ☐ OK def gez: ___
5) Grundplatte		

Anlage zur Wartung am 06.10.2014:

Das Kabel der elektrischen Anschlussleitung ist am Netzanschluss defekt, die Maschine wurde stillgelegt. 06.10. Ven

4.1 Lernsituation
Planen von Wartungsarbeiten an einer Drehmaschine

Sie arbeiten in einer Maschinenbaufirma, die an 5 Tagen in der Woche in drei Schichten produziert. Eine Schicht umfasst 8 Arbeitsstunden, in denen die Drehmaschine mit ca. 50 % ausgelastet ist. Am Wochenende ist nur eine Schicht in der Produktion. Sie markieren im Wartungsplan für die kommende Woche, für die jeweilige Schicht die Wartungsstellen, an denen Wartungsarbeiten durchgeführt werden müssen.
Sie suchen den geeigneten Schmierstoff für die Wartungsstelle aus den im Lager zur Verfügung stehenden Schmierstoffen heraus.

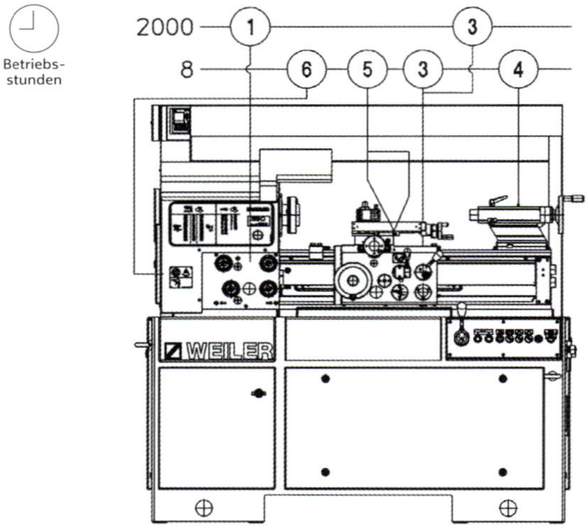

Maschinenteile	Vorschub-getriebe	Schlosskasten		Wechsel-radgetriebe	Oberschlitten	Reitstock
Nr. d. Eingriffstelle	1	3		4	5	6
Bildzeichen des Eingriffs, Art des Eingriffs						
Nachfüllen (h)						
Prüfen – Auffüllen (h)		8				
Abschmieren (h)					8	
Austauschen (h)	2000					
Füllmenge (l)	1,2	0,5	1,0			
Schmierstoff DIN/ISO	DIN 51517 – CLP 46					

1. Auftrag analysieren

1.1 Analysieren Sie den Schmierplan, indem Sie die Tätigkeiten in Worten auflisten.

Wartungsstelle	Arbeit	Intervall	Betriebsmittel	Menge	Bemerkung

1.2 Wo finden Sie Hinweise zur fachgerechten Entsorgung des ausgewechselten Altöls?

2. Wartung planen

2.1 Stellen Sie einen Zeitplan auf. Beginn aller Maßnahmen ist der Montag der kommenden Woche. Die letzten Wartungen an den Wartungsstellen 1–6 waren am Freitag der vergangenen Woche. Die Wartung des Vorschubgetriebes muss ab Montag in 24 h erfolgen.

a) Berechnen Sie, mit wie vielen Stunden die Drehmaschine bei einer 50 %-Auslastung pro Schicht im Einsatz ist.

b) Mit wie vielen Stunden ist die Drehmaschine an jedem Tag im Einsatz?

c) Mit wie vielen Stunden ist die Drehmaschine am Wochenende im Einsatz?

Beispiel für einen Zeitplan der Wartungsstellen 1 und 2 für die 42. KW

42. KW							
Wartungsstelle	**Mo** 13.10	**Di** 14.10	**Mi** 15.10	**Do** 16.10	**Fr** 17.10	**Sa** 18.10	**So** 19.10
1							
2							
3							
4							

2.2 Für die Wartungsarbeiten müssen Sie einen geeigneten Schmierstoff auswählen.

a) Was sind die wichtigsten Aufgaben eines Schmierstoffs?

b) Im Wartungsplan wird für einige Wartungsstellen Gleitbahnöl verlangt. Welche Kennbuchstaben werden für die Kennzeichnung von Gleitbahnöl verwendet?

c) Mit welchen Zusatzbuchstaben muss ein Schmierstoff gekennzeichnet sein, der eine Erhöhung des Korrosionsschutzes bewirkt?

d) Wie verändert sich die Viskosität bei steigender Temperatur?

e) Was passiert mit dem Gleitbahnöl, wenn die Temperatur so weit ansteigt, dass sie den Flammpunkt überschreitet?

f) Im Materiallager stehen mehrere Ölbehälter. Wählen Sie ein geeignetes Öl und begründen Sie die Auswahl.

CGLP 68	HFCL 46	HFA 32	L 46	DL 46	SEM 68

g) Wie ist mit dem Altöl zu verfahren?

4.2 Lernsituation
Planen von Wartungsarbeiten an einem Fahrrad

Für die Fahrten auf dem Betriebsgelände haben Sie in Ihrer Abteilung ein Betriebsfahrrad. Sie führen die notwendigen Wartungen an diesem Fahrrad durch.

In Ihrer Firma wird an jedem Tag in drei Schichten gearbeitet. Mit dem Fahrrad werden pro Kalendertag ca. 10 km zurückgelegt. Da nur relativ kurze Strecken gefahren werden und das Fahrrad von verschiedenen Personen benutzt wird, gehen Sie bei der Berechnung von Fahrstunden von einem täglichen Gebrauch von 2 Fahrstunden aus. Alle Wartungen wurden am Freitag der letzten Woche durchgeführt.

Bei der nächsten Wartung muss die Feder der Sattelstütze ausgetauscht werden.

Wartungsplan						
Nr.	Bauteil	Tätigkeit	vor jeder Fahrt	monatl.	jährlich	Intervall
1	Beleuchtung	kontrollieren	X			
2	Bremsen	Hebelweg kontrollieren Bremsprobe im Stand	X			
3	Federgabel	Führungsbuchse/Standrohre kontrollieren und fetten, Elastomere fetten				60 h
4	Innenlager	Lagerspiel kontrollieren				500 km
5	Kette	kontrollieren/schmieren				500 km
6	Kette	kontrollieren/wechseln				ab 1000 km
7	Lenkungslager	fetten			X	
8	Naben	fetten			X	
9	Naben	Lagerspiel kontrollieren				1500 km
10	Felgen	Lauf kontrollieren		X		
11	Bereifung	Luftdruck kontrollieren		X		
12	Schrauben & Muttern	kontrollieren und nachziehen				1000 km
13	Bremsbeläge	wechseln				1500 km

1. Auftrag analysieren

1.1 Woher bekommt man Angaben über erforderliche Anzugsmomente, Hebelwege bei Bremsen, Lagerspiel, Schmiermittel u. a.?

1.2 Welche Aufgabe hat die auszutauschende Feder der Sattelstütze?

2. Wartung planen

2.1 Erstellen Sie einen Zeitplan mit allen erforderlichen Wartungsarbeiten für den kommenden Monat.

2.2 Erstellen Sie eine Liste mit den für die Wartung benötigten Schmierstoffen. Die Schmierstoffe müssen für eine ordnungsgemäße Bestellung sowohl mit Kennbuchstaben als auch mit der entsprechenden DIN-Nummer bezeichnet sein.

2.3 Tragen Sie im Wartungsplan ein, welchen Schmierstoff Sie für die jeweilige Wartungsarbeit vorgesehen haben.

2.4 Beschreiben Sie die nötigen Arbeitsschritte zum Austausch der Feder der Sattelstütze. Stellen Sie das dafür notwendige Werkzeug in einer Liste zusammen.

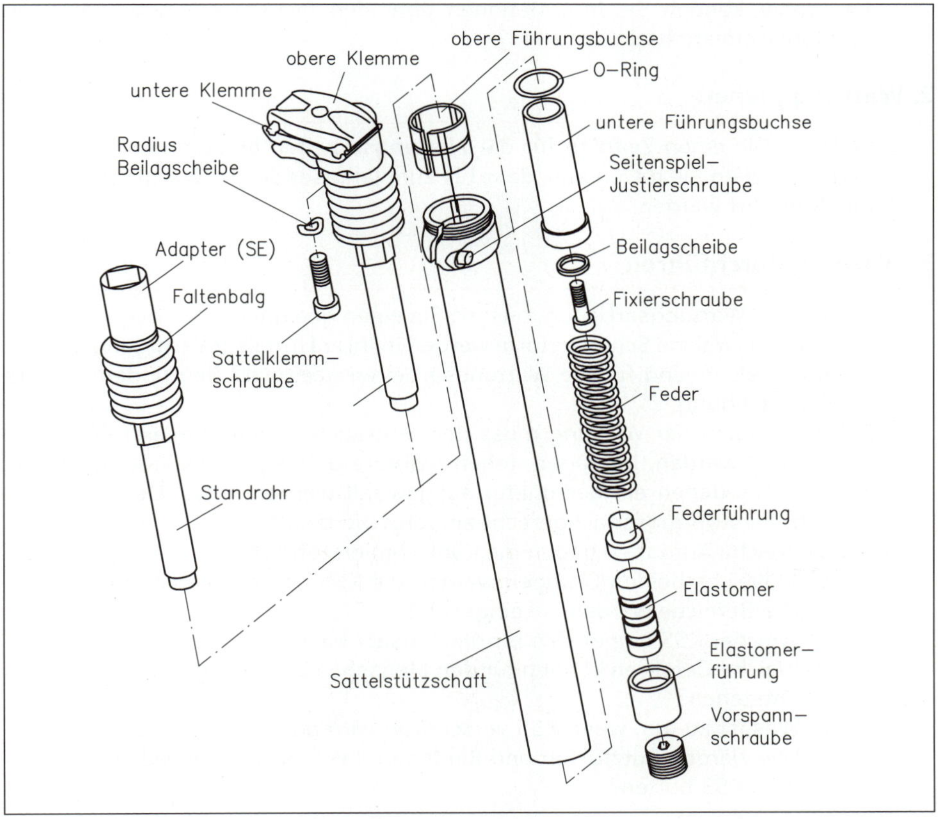

4.3 Lernsituation
Planen von Wartungsarbeiten an einer Sägemaschine

Lernsituation

In Ihrem Ausbildungsbetrieb werden u. a. Sägemaschinen eingesetzt. Besorgen Sie sich von einer dieser Maschinen die Betriebsanleitung. Erstellen Sie aufgrund der Angaben in der Betriebsanleitung einen Wartungsplan für die Maschine.

1. Auftrag analysieren

1.1 Wie viele Stunden wird die Sägemaschine in Ihrer Firma jeden Tag eingesetzt?

1.2 Welche Wartungsintervalle sind laut Herstellerangaben vorgesehen und welche Wartungsintervalle werden in Ihrer Firma eingeplant?

1.3 Aus welchen Gründen weichen die Wartungsintervalle Ihrer Firma von den Wartungsintervallen des Herstellers ab?

1.4 Woher können Sie Informationen über den fachgerechten Umgang mit Kühlschmiermitteln beziehen?

2. Wartung planen

Erstellen Sie einen Zeitplan für die Wartungsarbeiten im kommenden Kalenderjahr. Gehen Sie davon aus, dass bis zum Jahresende alle Wartungsarbeiten durchgeführt werden.

3. Wartung durchführen

3.1 Für die Wartungsarbeiten müssen Sie einen geeigneten Schmierstoff auswählen. Welche Schmierstoffe werden in Ihrer Firma zur Verfügung gestellt und welche sind für die Wartungsarbeiten geeignet? Begründen Sie Ihre Entscheidung.

3.2 Im Rahmen der Wartung muss der verbrauchte Kühlschmierstoff ausgetauscht werden. Im Lager stehen mehrere Behälter mit Kühlschmierstoffen, aus denen ein geeigneter ausgewählt werden muss. Der alte Kühlschmierstoff muss fachgerecht entsorgt werden.

a) Welche Aufgaben haben die Kühlschmierstoffe (KSS)?

b) In welche beiden Gruppen werden die KSS unterschieden und für welche Bereiche werden sie eingesetzt?

c) Welcher KSS eignet sich für den Einsatz bei der Sägemaschine?

d) Welche Gefahren können für den Menschen beim Umgang mit dem KSS entstehen?

e) Was ist zu tun, wenn KSS verschüttet wird oder ausläuft?

f) Wie werden Putztücher und Bindemittel entsorgt, wenn sie Kontakt mit dem KSS hatten?

Prüftechnik

1 Grundbegriffe

1/1 In einer Fabrik werden bei der Endkontrolle verschiedene Prüfungen am Produkt Schraubstock vorgenommen.

a) Der parallele Abstand zwischen den Spannbacken wird mit einem Messgerät geprüft.
b) Der Farbanstrich wird vom Kontrolleur auf Bläschenbildung geprüft.
c) Durch Öffnen und Schließen des Schraubstockes wird geprüft, ob das Gewinde zu locker oder zu stramm ist.
d) Mit einer Feile wird geprüft, ob die Schraubstockbacken gehärtet sind.

Schreiben Sie aus den angegebenen Prüfungen die subjektiven und objektiven Prüfungen getrennt heraus.

Teile und Vielfache von Einheiten im metrischen Maßsystem

	Zahl	**Bedeutung**	**Zehner-potenz**	**Vorsatz-**	
				Silbe	**Zeichen**
Vielfache	1 000 000	Million	10^6	Mega	M
	1 000	Tausend	10^3	Kilo	k
	100	Hundert	10^2	Hekto	h
	10	Zehn	10^1	Deka	da
	1	Eins	10^0		
Teile	0,1	Zehntel	10^{-1}	Dezi	d
	0,01	Hundertstel	10^{-2}	Zenti	c
	0,001	Tausendstel	10^{-3}	Milli	m
	0,000 001	Millionstel	10^{-6}	Mikro	µ

1/2 Lösen Sie folgende Aufgaben zum metrischen Maßsystem.

1. Üben Sie sich in den Umrechnungen von Einheiten. Zeichnen Sie dazu folgende Tabelle ab, und vervollständigen Sie diese.

	m	dm	cm	mm	µm
a)	0,1	1	?	?	?
b)	0,01	?	1	?	?
c)	0,001	?	?	1	?

2. Geben Sie die folgenden Längen jeweils in mm an.

a) 33,8 cm
b) 0,084 dm
c) 720 µm
d) $0{,}8 \cdot 10^{-2}$ m
e) $2{,}19 \cdot 10^{-2}$ m
f) $1{,}24 \cdot 10^{-5}$ dm

3. Schreiben Sie die folgenden Größen in der Einheit m in Normal- und in Potenzschreibweise. In der Potenzschreibweise soll der Faktor jeweils nur eine Stelle vor dem Komma haben.

a) 134 mm
b) 738 cm
c) 19 800 dm
d) $2{,}7 \cdot 10^{-2}$ km
e) 0,034 km
f) 17,38 mm

4. Wandeln Sie die folgenden Angaben in Zehnerpotenzen der Basiseinheit um.

a) 1 500 m
b) 450 mm
c) 0,5 kg
d) 3 500 A
e) 0,02 s
f) 0,3 h

5. Schreiben Sie als Dezimalzahlen:

a) 1/10 m **c)** 6/20 kg **e)** 50/10 g
b) 1/2 s **d)** 1 1/5 km **f)** 1/5 h

6. Geben Sie als Brüche an:

a) 0,05 kg **c)** 0,04 s **e)** 0,0550 m
b) 2,25 m **d)** 0,0050 A **f)** 0,8 h

1/3 Rechnen Sie die gegebene Einheit jeweils in die gesuchten Einheiten um.

1. $\rho = 15\,\frac{g}{cm^3}$	$?\,\frac{kg}{dm^3}$	$?\,\frac{kg}{m^3}$	$?\,\frac{mg}{mm^3}$
2. $v = 96\,\frac{km}{h}$	$?\,\frac{m}{s}$	$?\,\frac{cm}{s}$	$?\,\frac{m}{min}$
3. $V = 4\,320\ mm^3$	$?\ cm^3$	$?\ dm^3$	$?\ m^3$
4. $p = 200\,\frac{N}{cm^2}$	$?\,\frac{N}{m^2}$	$?\,\frac{mN}{mm^2}$	$?\,\frac{da\,N}{cm^2}$

1/4 Ein Auszubildender erhält für seinen Arbeitsplatz folgende Teile: Stahlstabmaß, Messschieber, Zirkel, Anschlagwinkel, Meißel, Flachwinkel, Anreißnadel.
Mit welchen Teilen kann man messen und mit welchen Lehren?

1/5 Bilden Sie jeweils einen Satz über Messen und Lehren unter Zuhilfenahme der gegebenen Begriffe: Messgeräte, Maßverkörperung, Maßeinheit, Vergleichen, Messen, Prüfgröße, Lehren, Formverkörperung.

1/6 Das Gewinde für eine Spindel soll auf einer Drehmaschine geschnitten werden. Der Dreher benötigt dazu folgende Prüfgeräte: Messschieber, Messschraube, Gewindeprofilschablone, Gewindeprüfmutter.
Schreiben Sie die Prüfgeräte für das Messen und für das Lehren getrennt heraus.

2 Prüfen von Längen

2/1 Berechnen Sie die Gesamtlängen von Stäben mit folgenden Teillängen:
a) 1,585 m + 1,25 dm + 88,4 cm = ? m
b) 0,62 dm + 0,05 m + 85 cm + 580 m = ? mm
c) 2,12 m + 345 mm + 87,4 cm = ? dm
d) 0,45 m + 48,8 cm + 3,2 dm + 240 µm = ? cm

Prüfmaße, Teilungen, Lochabstände

Ermittlung des Mittenabstands l_m von Bohrungen aus Prüfmaßen:

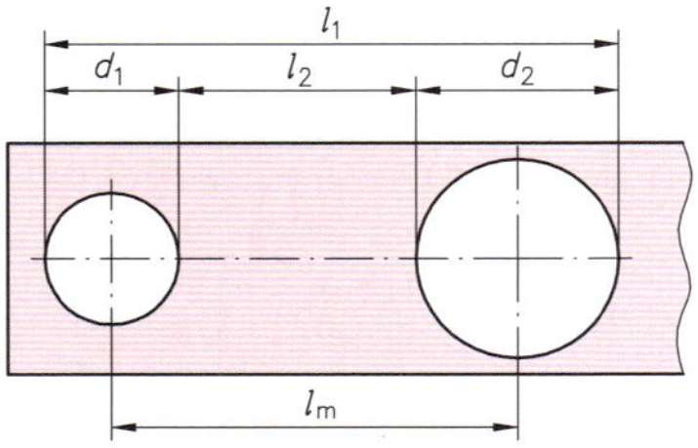

$$l_m = l_1 - \frac{d_1}{2} - \frac{d_2}{2}$$

oder

$$l_m = l_2 + \frac{d_1}{2} + \frac{d_2}{2}$$

oder

$$l_m = \frac{l_1 + l_2}{2}$$

Teilungen
Lochzahlen z
Abstände a

$a = z - 1$
$z = a + 1$

2/2 Lösen Sie folgende Aufgaben zu Prüfmaßen, Teilungen und Lochabständen.

1. An einer Lasche sollen die Mittenabstände a_1 bis a_4 überprüft werden. Gemessen wurden mit einem Messschieber die Maße gemäß Skizze.
   Berechnen Sie die Mittenabstände.

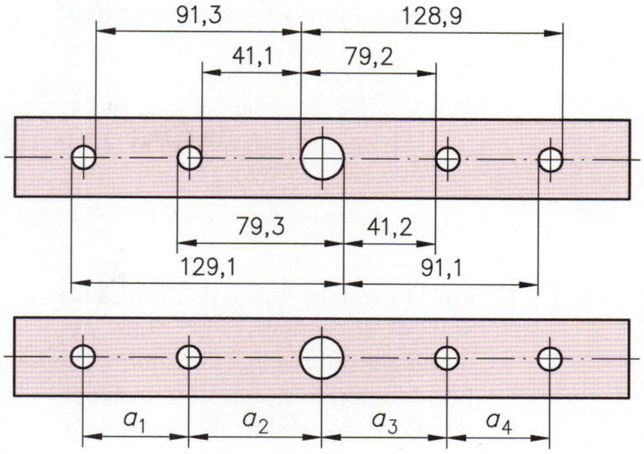

2. Bei der Maßkontrolle wurde der Außendurchmesser mit 120,12 mm bestimmt. Die Bohrung hat einen Durchmesser von 20,1 mm. Zur Überprüfung der Exzentrizität wurde das Maß *x* gemessen. Es beträgt 4,95 mm.
   Wurde die Exzentrizität mit $45^{+0,05}_{-0,12}$ eingehalten?

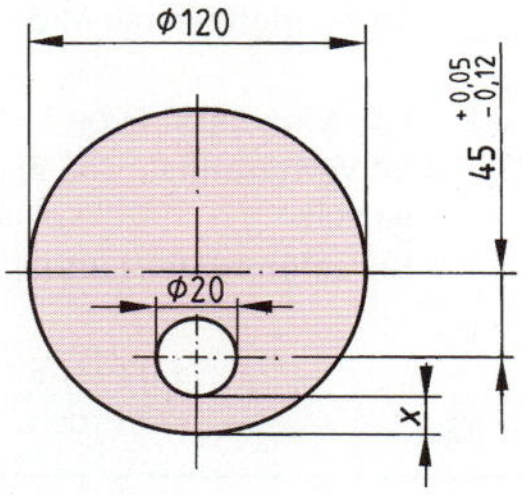

3. In Flachmaterial 0,6 m lang, 60 mm breit und 20 mm dick sollen 10 Löcher mit je 10 mm Durchmesser gebohrt werden. An beiden Enden sollen die Randabstände 30 mm betragen.
   a) Berechnen Sie die Mittenabstände für das Anreißen der Bohrungen.
   b) Fertigen Sie eine Zeichnung im Maßstab 1:5 an.

4. Bei einem Werkstück soll der Mittenabstand für zwei Bohrungen gemäß Zeichnung eingehalten werden.
   Berechnen Sie die Kontrollmaße *a* und *b*.
   Istmaße der Bohrung:
   15,1 mm und 25,2 mm.

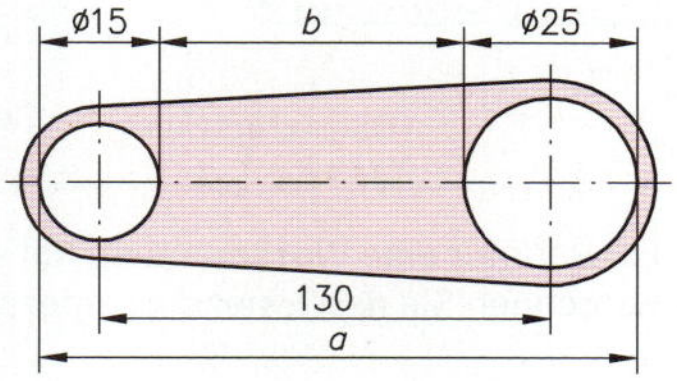

5. Berechnen Sie für das Maß *x* den größten und kleinsten zulässigen Wert, wenn die Bohrungen ±0,05 mm Abweichung haben dürfen.

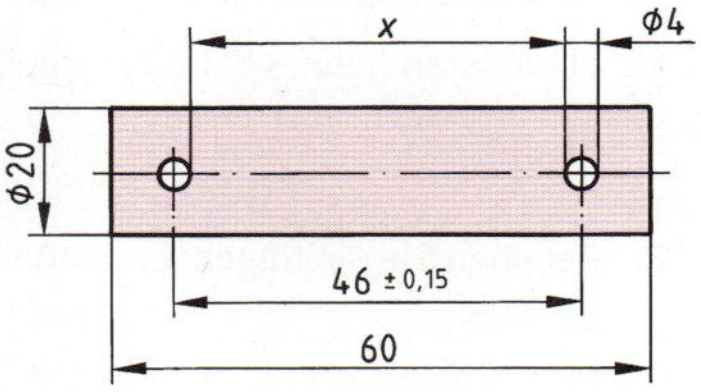

2/3 1. Berechnen Sie mithilfe des Lehrsatzes des Pythagoras den Mittenabstand *m* und die Kontrollmaße *a* und *b* für die Bohrungen in dem dargestellten Flansch. Der Teilkreisdurchmesser beträgt 120 mm (340 mm) und die Bohrungen haben einen Durchmesser von 14 mm (22 mm).

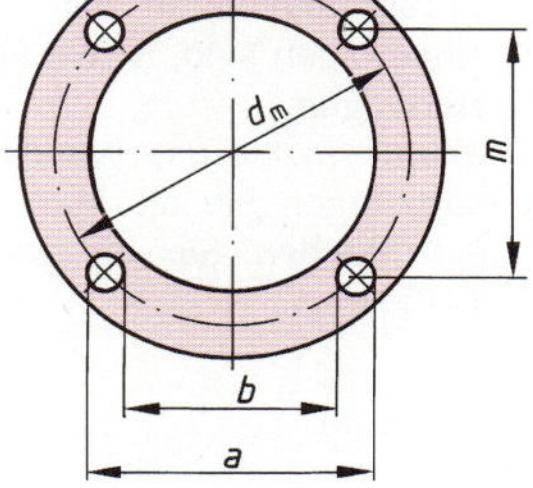

2. Ermitteln Sie mithilfe des Lehrsatzes des Pythagoras das Prüfmaß *x* für das nebenstehende Werkstück.

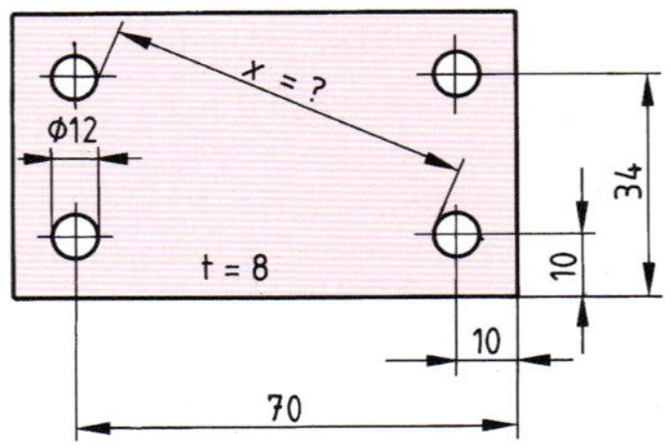

2/4

1. Ein Flachstahl von 215 mm Länge soll 4 Bohrungen mit dem Abstandsverhältnis 2:3:4 erhalten. Die Randabstände der ersten und letzten Bohrung sollen 40 mm betragen.
   Berechnen Sie die Mittenabstände.

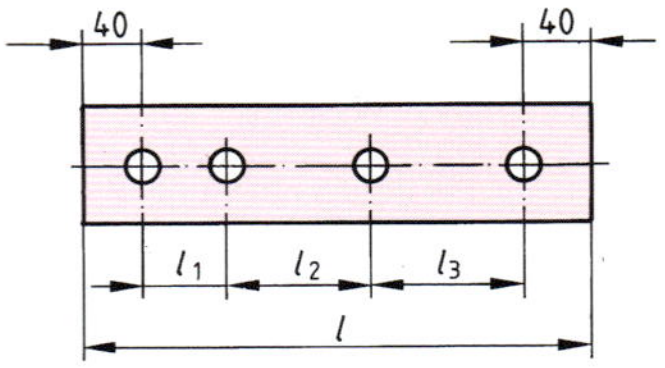

2. Ein Winkelstahl von $l = 2{,}5$ m wird im Verhältnis $l_1 : l_2 = 3{,}1 : 1{,}9$ geteilt.
   Berechnen Sie l_1 und l_2.

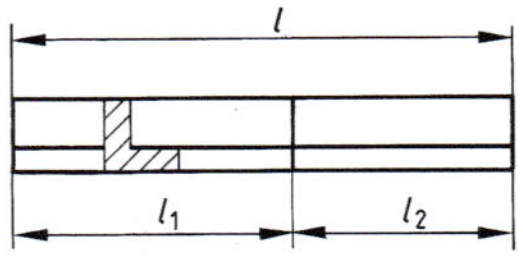

Einheit Zoll

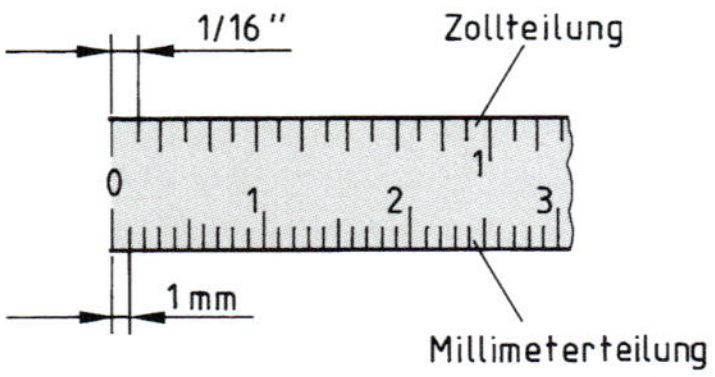

1 Zoll (1") ≙ 25,4 mm

Teile eines Zolls werden immer als Brüche angegeben.

Beispiele: $\frac{1}{4}''$; $\frac{1}{8}''$

Die Nenner der Brüche sind stets Potenzen von 2.

Beispiele: $\frac{1}{2^2}'' = \frac{1}{4}''$; $\frac{1}{2^3}'' = \frac{1}{8}''$

2/5

Ein Rohr für eine Wasserleitung hat einen Innendurchmesser von $1^1/_2$" und ist 20,3 dm lang. Berechnen Sie den Innendurchmesser in mm und die Länge in m.

2/6

Lösen Sie die folgenden Aufgaben zu Zollmaßen.

1. Vervollständigen Sie die vorgegebenen Reihen der Teile von Zollmaßen.
   a) $\frac{1}{2^1}''$; $\frac{1}{2^2}''$; ... $\frac{1}{2^8}''$ **b)** $\frac{1}{2}''$; $\frac{1}{4}''$; ... $\frac{1}{256}''$

2. Rechnen Sie die folgenden Maße in mm um.
   a) 1/4" **b)** 1 1/2" **c)** 3/4" **d)** 5/8" **e)** 2 5/16"

3. Nach einer alten Zeichnung aus Großbritannien, in der Zollmaße eingetragen sind, ist ein Ersatzteil zu fertigen.
   Skizzieren Sie das Werkstück ab, und tragen Sie die Maße in mm ein. Runden Sie die Maße auf 1/100 mm.

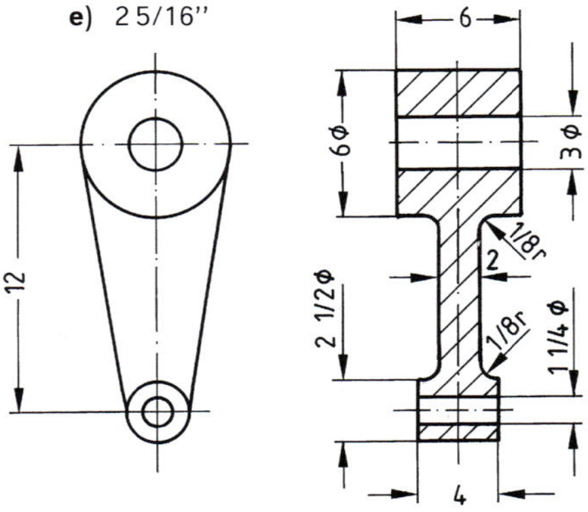

Maße, Grenzabmaße, Toleranzen

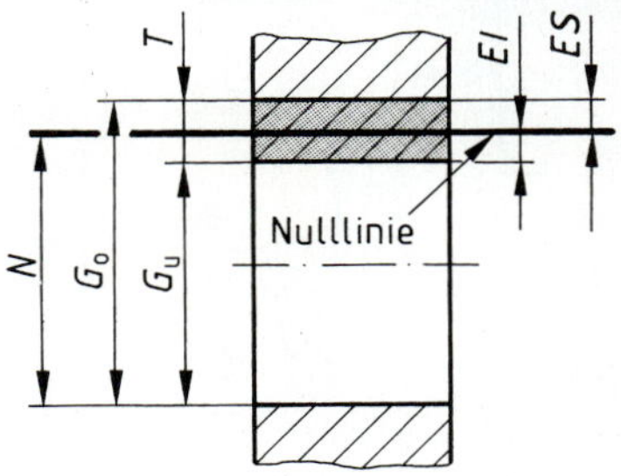

Formeln

Bohrungen:

$G_o = N + ES$
$G_u = N + EI$
$T = G_o - G_u$

Wellen:

$G_o = N + es$
$G_u = N + ei$
$T = G_o - G_u$

Bezeichnungen

N	Nennmaß
G_u	Mindestmaß
G_o	Höchstmaß
T	Toleranz
$EI; ei$	unteres Abmaß
$ES; es$	oberes Abmaß

2/7 Übernehmen Sie die nachstehende Tabelle, und berechnen Sie die fehlenden Maße.

Maßangabe	N	$ES; es$	$EI; ei$	G_o	G_u	T
120 ± 0,5	?	?	?	?	?	?
35+0,3/+0,1	?	?	?	?	?	?
8+0,07/−0,02	?	?	?	?	?	?
?	70	+ 0,2	?	?	?	0,3
?	?	?	− 0,06	21,43	21,34	?

2/8 Zeichnen Sie die nebenstehende Tabelle ab und vervollständigen Sie diese, indem Sie die Allgemeintoleranzen nach DIN ISO 2768 benutzen.

Nennmaß	Genauigkeit	Passmaß	Höchstmaß	Mindestmaß	Toleranz
320	m	?	?	?	?
53	f	?	?	?	?
2500	c	?	?	?	?
3	f	?	?	?	?
17,8	m	?	?	?	?

2/9 Bei der Zwischenkontrolle eines Werkstückes wurden folgende Istmaße (siehe Tabelle) festgestellt. Vergleichen Sie die Istmaße mit den gegebenen Zeichnungsmaßen, unter der Voraussetzung, dass alle Maße des Werkstückes mit Allgemeintoleranzen nach DIN ISO 2768 (fein) zu fertigen waren.
Treffen Sie die Entscheidung „Gut“ – „Ausschuss“.

Istmaß	Zeichnungsmaß	Höchstmaß	Mindestmaß	Entscheidung
125,5	125	?	?	?
45,07	45	?	?	?
7,98	8	?	?	?

2/10 Ein Messschieber soll mithilfe eines Parallelendmaßes von 20 mm überprüft werden. Der Messschieber zeigt einen Wert von 19,95 mm an.
Bestimmen Sie die Messgröße, den Messwert und die Messabweichung.

2/11 Zur Prüfung eines Messschiebers im Bereich von 12 bis 15 mm wurden drei Endmaße (10 mm, 2 mm und 1,5 mm) zusammengeschoben.
Der Messschieber zeigte die abgebildete Anzeige.
Bestimmen Sie

a) Messwert,
b) Wert der Messgröße,
c) Skaleneinteilungswert und
d) Messabweichung

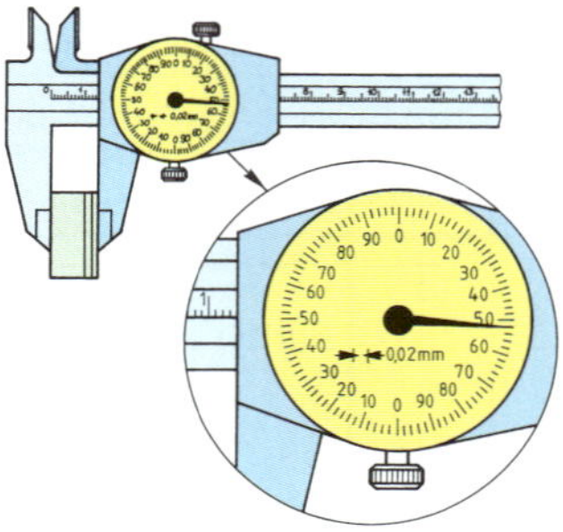

2/12 Geben Sie an, welche Messgröße jeweils mit welcher Maßeinheit ermittelt wird.

a) Ein Automobilmechaniker prüft mit einer Fühlerlehre den Abstand der Zündkerzenkontakte.
b) Im Walzwerk wird die Blechdicke fortlaufend mit Ultraschall gemessen.
c) Ein Bankbeamter kontrolliert eine Rolle mit 2-EUR-Stücken durch Wiegen.
d) Mit einem Messschieber wird der Durchmesser einer Welle gemessen.
e) Die Außentemperatur wird mit einem Quecksilberthermometer ermittelt.

2/13 Der Nonius ist eine Ablesehilfe für Bruchteile von Millimetern. Welche Aussage ist richtig über den Zehntel-Nonius?

a) 9 mm sind in 10 Teile eingeteilt.
b) 10 mm sind in 9 Teile eingeteilt.
c) 10 mm sind in 10 Teile eingeteilt.

2/14 Ermitteln Sie den Abstand von Teilstrich zu Teilstrich bei einem Nonius

a) für 1/10 mm Ablesegenauigkeit,
b) für 1/20 mm Ablesegenauigkeit.

2/15 Messschieber gibt es mit verschiedenen Nonien.
Lesen Sie bei den skizzierten Beispielen jeweils den Messwert ab und stellen Sie fest, um welchen Nonius es sich jeweils handelt.

a)

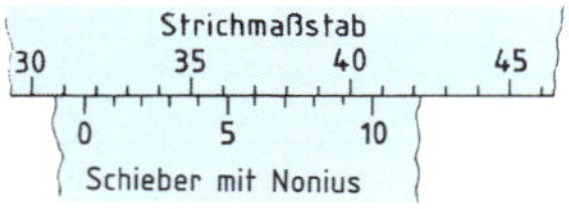

b)

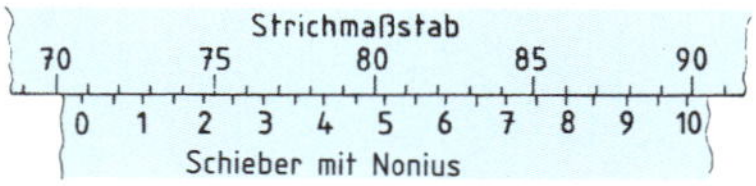

2/16 Der Abstand zweier Lagerbohrungen eines Zahnradgetriebes wird in der Endkontrolle mittels Digitalmessschieber überprüft.
Das Nennmaß des Mittenabstands ist in der Zeichnung mit 67 + 0,06/− 0,02 angegeben.
Gemessen wurden die beiden Bohrungsabstände l_1 und l_2, wie auf den Fotos dargestellt.
Entnehmen Sie die entsprechenden Messwerte der Darstellung auf den Fotos und bestimmen Sie:

a) das Höchst- und Mindestmaß des Mittenabstands l_m,
b) das Ist-Maß des Mittenabstands l_m.
c) Stellen Sie fest, ob das Ist-Maß innerhalb der Toleranz liegt.

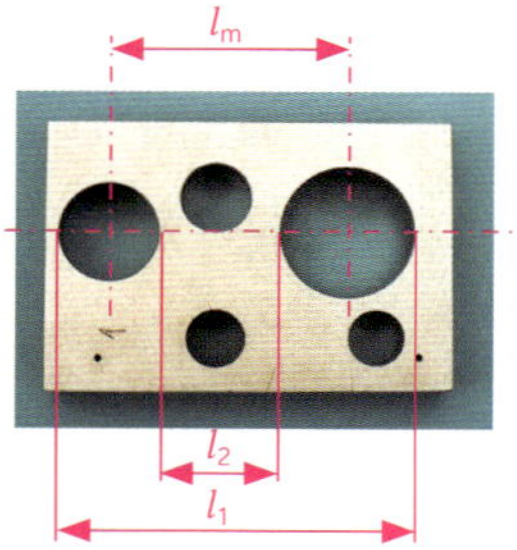

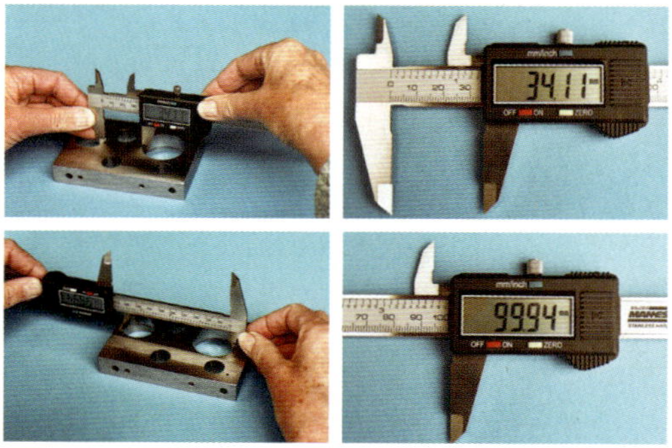

2/17 Die Maße des gezeichneten Werkstückes sollen geprüft werden.
Welche Maße lassen sich durch Außenmessung, Innenmessung oder Tiefenmessung mit dem Universalmessschieber bestimmen?

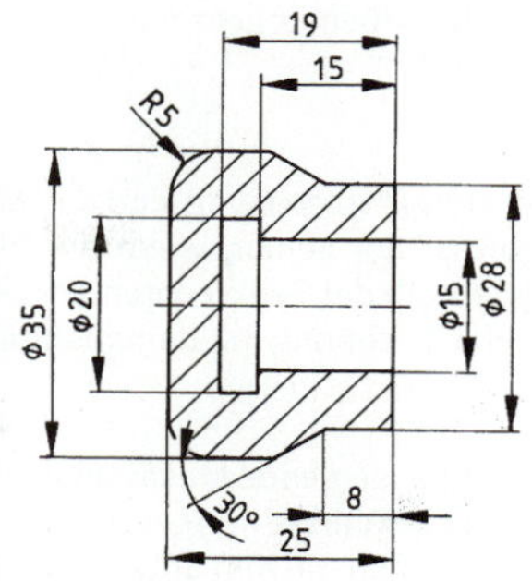

2/18 Alle Bohrungen haben 8 mm Durchmesser. Auf welches Maß ist die Nullstellung eines digital anzeigenden Messschiebers einzustellen, damit bei der Messung zwischen A und B_1; A und B_2; usw. der Zahlenwert der Mittenabstände am Messschieber abzulesen ist?

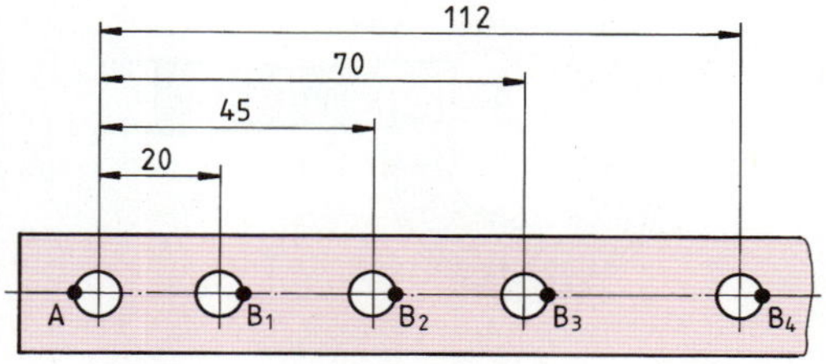

2/19 **a)** Die Messspindel einer Messschraube hat eine Steigung von 0,5 mm und die Messtrommel am Umfang eine Skala mit 50 Skalenteilen.
Weisen Sie durch Rechnung nach, dass bei dieser Messschraube eine Drehbewegung um ein Skalenteil zu einer Längsbewegung von 1/100 mm führt.

b) Wie groß sind die Messwerte bei den skizzierten Beispielen? Die Messspindel hat jeweils die Steigung von 0,5 mm.

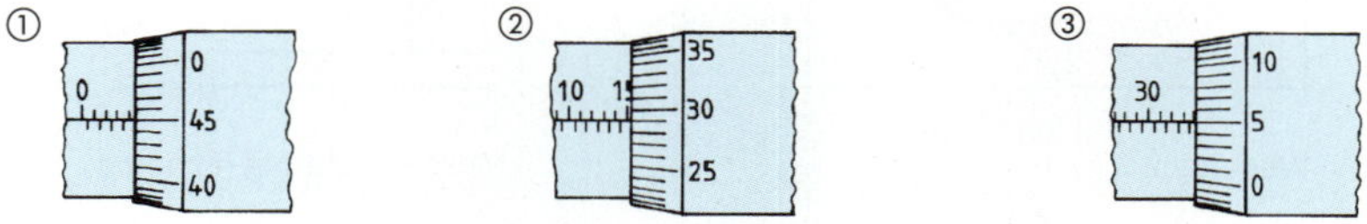

2/20 Messschrauben müssen von Zeit zu Zeit auf ihre Genauigkeit überprüft werden.

a) Mit welchem Messgerät kann die Überprüfung vorgenommen werden?
b) Beschreiben Sie, wie man diese Überprüfung durchführt.

2/21 In einer Kleinserie werden Bolzen mit dem Durchmesser $19{,}6^{+0{,}04}_{-0{,}02}$ mm gefertigt. Für die Endkontrolle sollen zwei fest eingestellte Messschrauben wie Lehren eingesetzt werden.

a) Auf welche Maße sind die Messschrauben einzustellen?
b) Beschreiben Sie die Handhabung beim Prüfen. Geben Sie dabei an, unter welchen Umständen die Nichteinhaltung der Maße erkannt werden kann.

2/22 Welche Arbeitsregeln muss man beim Messen von Bohrungen mit einer Innenmessschraube beachten?

2/23 Bei korrekter Messung wird das Maß 100 mm festgestellt. Wie groß ist der Fehler, wenn die Innenmessschraube um 3 mm außerhalb der Senkrechten angesetzt wird?
(siehe Zeichnung mit unmaßstäblicher Darstellung)

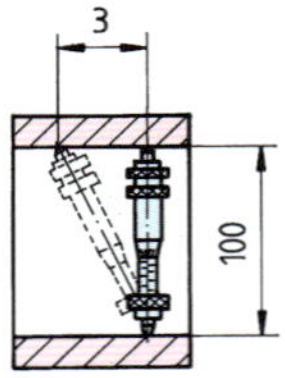

2/24 „Digitalanzeigende Messschieber zeigen auch 1/100 mm an – wozu dann noch Messschrauben?“ So sagte ein Kollege.
Was werden Sie ihm antworten? Betrachten Sie die Skizzen zur Verdeutlichung der Messprinzipien beider Messgeräte und analysieren Sie mögliche Fehlerquellen.

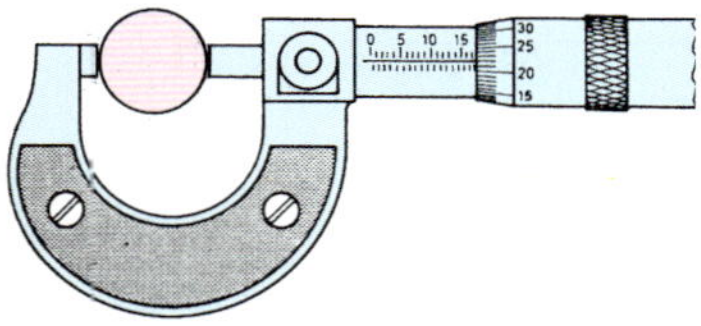

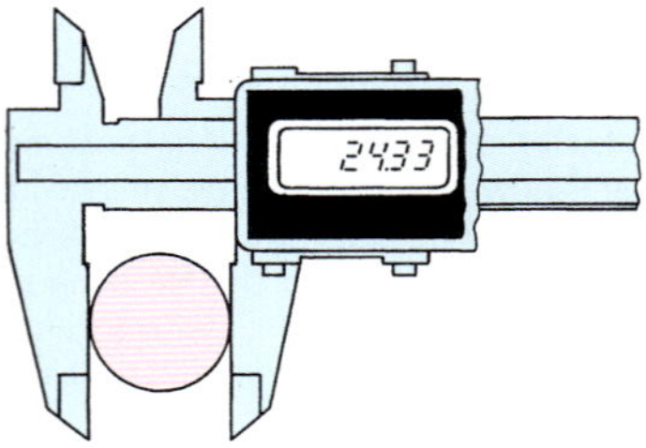

2/25 Das Maß 14,6 ±0,02 mm soll mithilfe der Messuhr an einer Serie von Werkstücken geprüft werden. Wie ist bei der Prüfung vorzugehen?

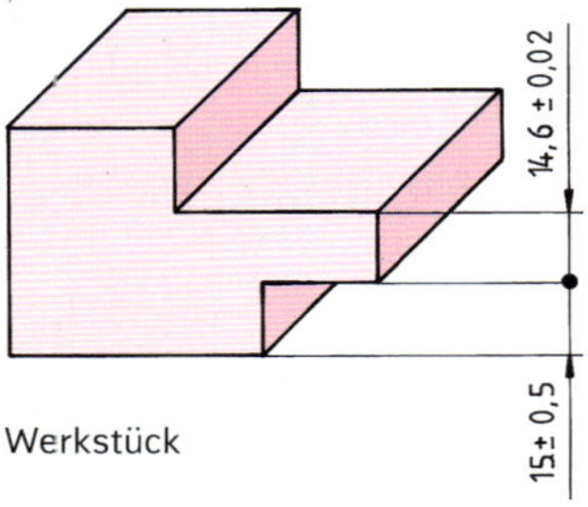

Werkstück

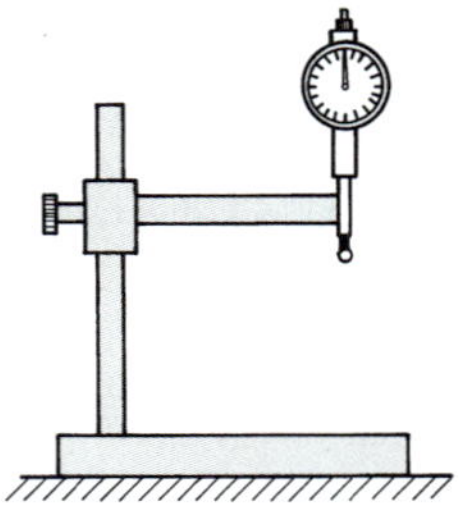

Messeinrichtung (Schema)

2/26 Die Messuhr ist mit Endmaßen bei 35,00 mm auf Null gestellt worden. Bei der Messung eines Werkstückes weist der Zeiger auf den 16. Skalenteil. Ein Skalenteil entspricht bei dieser Uhr 0,01 mm.

a) Berechnen Sie den Messwert.
b) Wie bezeichnet man das angewandte Messverfahren?
c) Mit welchen weiteren Längenmessgeräten lässt sich das Werkstück messen?

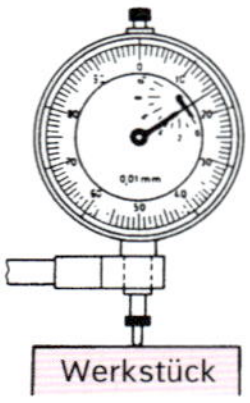

2/27 Für welche Aufgaben werden Endmaße verwendet?

2/28 Ermitteln Sie, welche Endmaße für folgende Maße aneinandergeschoben werden müssen. (Normalsatz von Endmaßen gemäß Angaben im Buch zugrunde legen)

a) 100,637 mm **b)** 50,021 mm **c)** 32,101 mm

2/29 a) Weshalb bezeichnet man eine Doppellehre auch als Grenzlehre?
b) Warum kann man mit einer Grenzlehre das Istmaß eines Werkstückes nicht feststellen?

2/30 Zum Prüfen des dargestellten Profils ist eine Formlehre herzustellen.
Entwerfen Sie die Lehre im Maßstab 1:1.
Bemaßen Sie die Lehre, damit sie nach Ihrer Zeichnung gefertigt werden kann.

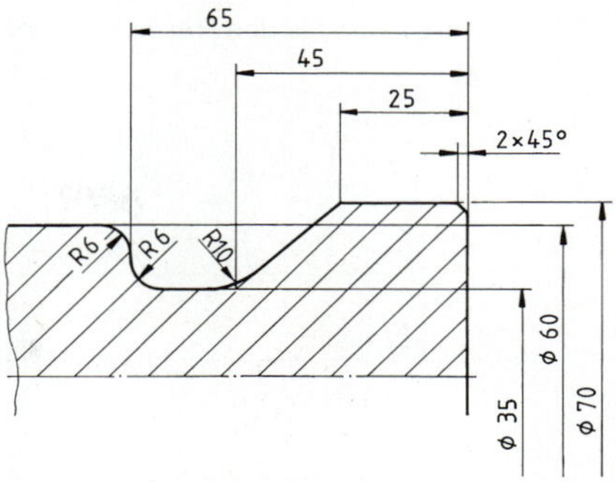

3 Prüfen von Winkeln

Winkelmaße

Vollkreis = 360°
1° = 60'
1' = 60''

Vollkreis unterteilt in 360 Teile

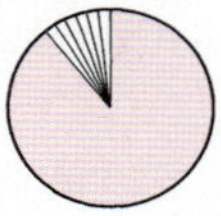

1 Teil entspricht 1 Grad

1 Grad = 1°

3/1 Lösen Sie die folgenden Aufgaben zu Winkelmaßen.

1. Berechnen Sie *x*.

a) $x + 27°15'56'' = 90°$ **c)** $90° - x = 66°15'30''$
b) $x + 59°28'57'' = 180°$ **d)** $180° - x = 126°28'2''$

2. Berechnen Sie die Winkel.

a) $227° : 3 = ?$ **c)** $27°40' \cdot 4 = ?$
b) $115°40'24'' : 4 = ?$ **d)** $38°5'35'' \cdot 5 = ?$

3. Schreiben Sie als Dezimalzahl.

a) 25°36' **b)** 40°12'45'' **c)** 40°30'30'' **d)** 22°24'40''

4. Schreiben Sie die Dezimalzahlen der Winkel in Grad, Minuten und Sekunden.

a) 41,5° **b)** 24,25° **c)** 37,36° **d)** 40,41°

5. Berechnen Sie den Gesamtwinkel in Grad, Minuten und Sekunden.

a) $21{,}5° + 45°10' - 0{,}05° = ?$ **b)** $0{,}5' + 30°10'40'' - 12{,}2° = ?$

6. Übernehmen Sie die Tabelle, und führen Sie die entsprechenden Berechnungen aus.

Winkelwert in °; '; ''	35°7'18''	?	?	?	?
Winkelwert nur in °	?	?	4,485°	?	?
Winkelwert nur in '	?	428'	?	?	114,8'
Winkelwert nur in ''	?	?	?	$(3{,}4 \cdot 10^6)''$	?

3/2 Berechnen Sie den Freiwinkel α der Feilen.

a)

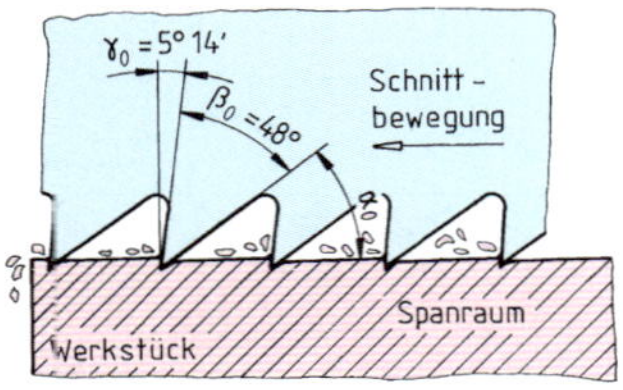

b)

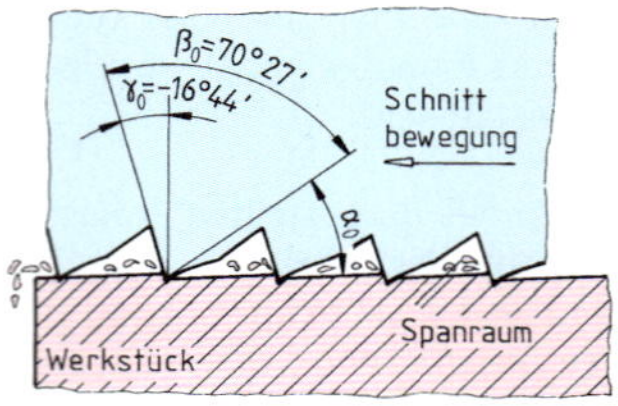

3/3 An den dargestellten Blechen wurde mit einem Winkelmesser der Winkel α gemessen. Berechnen Sie jeweils den Winkel α_1.

a)

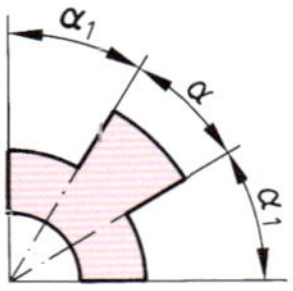

$\alpha = 28°30'$

b)

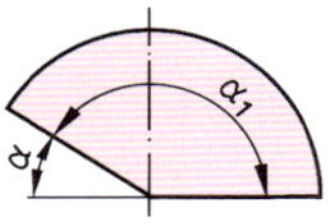

$\alpha = 32°15'$

c)

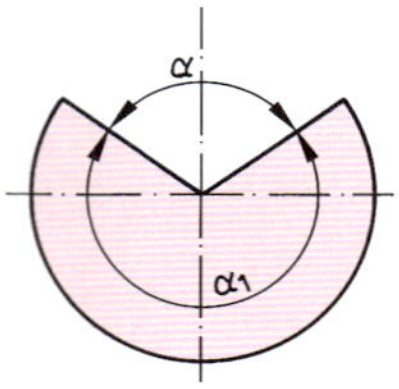

$\alpha = 110°40'$

d)

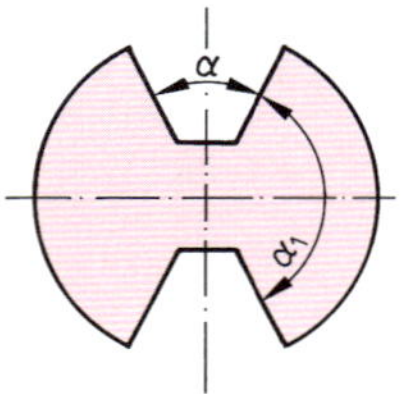

$\alpha = 54°10'$

3/4 In einer Zeichnung ist der Winkel von 43°25' bemaßt. Am Werkstück selbst kann man jedoch nur den Winkel messen, der den geforderten Winkel zu 180° ergänzt. Berechnen Sie diesen Ergänzungswinkel.

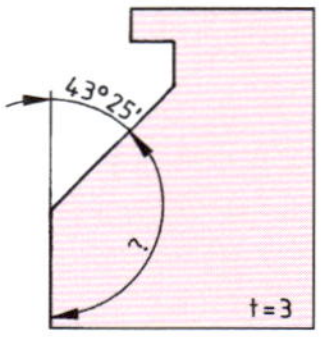

3/5 An einem Werkstück wird der Winkel α gemessen.

a) Wie groß ist der Winkel α?

b) Wie heißt das benutzte Messgerät?

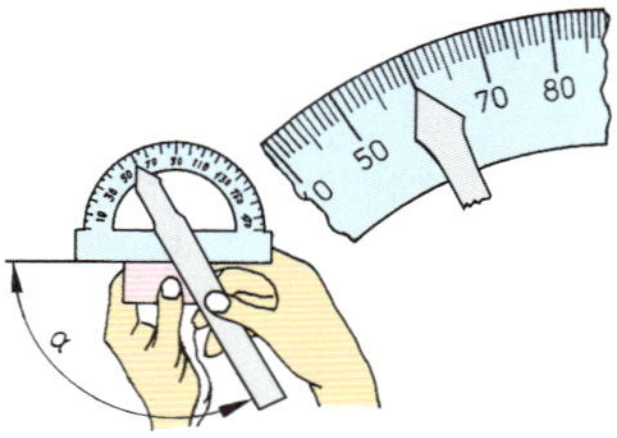

3/6 Mit einem Universalwinkelmesser wurde eine Führungsnut ausgemessen. Gemessen wurden die Winkel β mit 130° und γ mit 129°55'. Der Öffnungswinkel α soll 80° ± 10' betragen.

a) Ermitteln Sie das Istmaß des Winkels α.

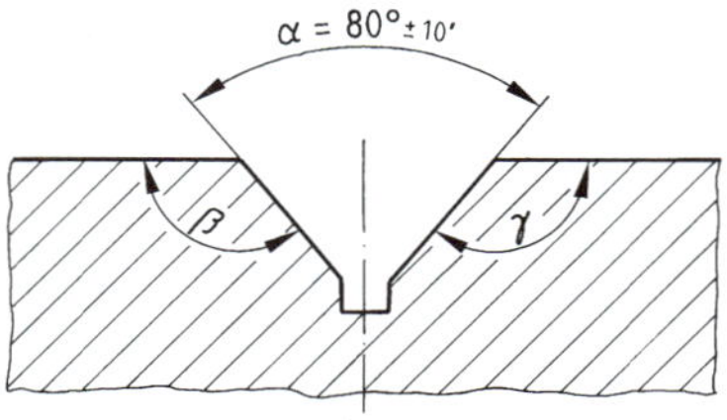

b) Entscheiden Sie, ob bei einer Messunsicherheit von ± 5' bei der Messung mit dem Universalwinkelmesser das Istmaß des Öffnungswinkels dem Sollmaß entspricht.

4 Prüfen der Rauheit von Oberflächen

4/1 Rundmaterial wird auf einer Drehmaschine in ein Dreibackenfutter gespannt und zu einem Drehteil mit einem langen, zylindrischen Zapfen mit kleinem Durchmesser im Endbereich bearbeitet. Bei der Kontrolle wird festgestellt, dass der Zapfen im vorderen Bereich einen etwas zu großen Durchmesser hat.

a) Wie erklären Sie die Abweichung von der Zylindrizität und wodurch könnte der Bearbeitungsfehler abgestellt werden?

b) Wie wird normgerecht diese Gestaltabweichung allgemein benannt?

4/2 Beim Drehen wird die Rauheit durch die Wahl des Vorschubs und des Schneidenradius beeinflusst. Machen Sie eine Aussage darüber, wie die Rauheit von der Größe des Vorschubs und der Größe des Schneidenradius abhängig ist.

4/3 Zur Bestimmung der Oberflächenbeschaffenheit wurde ein Oberflächenprofil abgetastet und auf einem Papierstreifen stark vergrößert dargestellt. Bestimmen Sie die Rauheitskenngröße *Rz* aus diesem aufgezeichneten Oberflächenprofil.

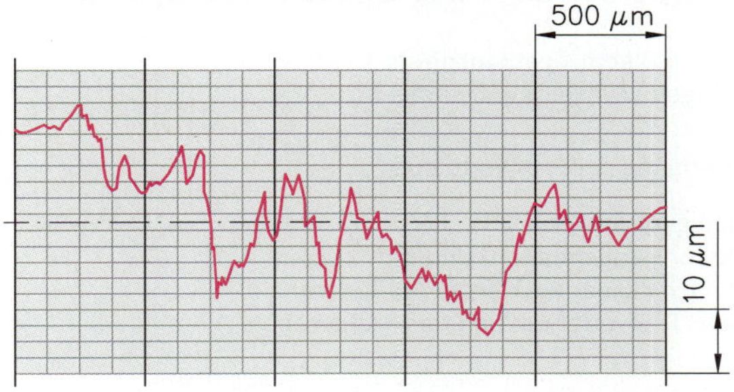

4/4 Beschreiben Sie, wie folgende Rauheitskenngrößen festgelegt wurden:

a) Rauheitskenngröße *Rz* **b)** Rauheitskenngröße *Ra*

5 Messabweichungen

5/1 Eine Messschraube wird mit Endmaßen auf Genauigkeit überprüft (siehe Tabelle).

a) Wie groß ist jeweils die Messabweichung?

b) Beurteilen Sie, ob bei der Messung eine systematische oder eine zufällige Messabweichung vorliegt?

c) Welche Ursachen kann die Messabweichung haben?

Endmaß	gemessener Wert mit Messschraube
20,00 mm	20,01 mm
30,00 mm	30,01 mm
40,00 mm	40,01 mm

5/2 Eine Messschraube weist einen Nullpunktfehler von + 0,02 mm auf.

a) Wie kann man diese Messabweichung berücksichtigen?

b) Welchen Durchmesser hat ein Bolzen tatsächlich, wenn auf der Messschraube der Wert 30,09 mm abgelesen wurde?

5/3 Der Durchmesser eines Bolzens wurde mit einer Messschraube direkt nach der Fertigung auf der Drehmaschine gemessen. Das Istmaß betrug 136,04 mm. In der Zeichnung war das Nennmaß $136^{+0,06}_{+0,02}$ mm angegeben.

Als der Bolzen nach einigen Tagen eingebaut wurde, saß er in der Bohrung zu locker. Man überprüfte den Bolzendurchmesser nochmals und stellte ein Istmaß von 135,98 mm fest.
Welche Ursachen von Messabweichungen können bei der ersten Messung vorgelegen haben?

5/4 Die Messflächen von Messschiebern und Messschrauben können durch unsachgemäße Behandlung abnutzen.
Wie kann man diese Messabweichung feststellen?

5/5 Eine gedrehte Welle wurde im erwärmten Zustand gemessen. Der Messwert betrug 120,02 mm.
Wie groß ist das Werkstück bei einer Temperatur von 20 °C, wenn die durch die Erwärmung hervorgerufene Messabweichung 0,05 mm beträgt?

5/6 Welche Messabweichungen, die durch die Person des Prüfers bedingt sind, können auftreten:
a) beim Bedienen einer Messschraube, **b)** beim Ablesen einer Messuhr?

5/7 Genaue Messungen müssen bei einer bestimmten Temperatur durchgeführt werden.
a) Wie nennt man diese Temperatur?
b) Welche Höhe hat diese Temperatur?
c) Warum müssen Werkstück und Messzeug diese Temperatur aufweisen?

6 Auswahl von Prüfverfahren und Prüfgeräten

6/1 Ein Werkzeugstempel mit regelmäßigem Achtkant-Profil ist zu überprüfen. Es sollen Längen, Winkel und Symmetrie kontrolliert werden.
Stellen Sie einen Prüfplan mit Angabe der Prüfwerte auf.

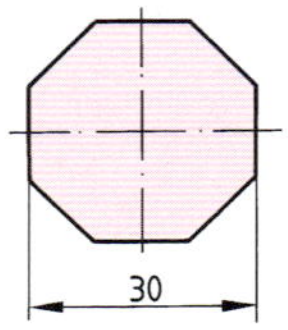

6/2 Das gezeichnete Werkstück soll geprüft werden.
a) Erfassen Sie alle Maße (außer Radienmaßen) und ordnen Sie diese tabellarisch nach kleiner werdender Maßtoleranz.
b) Geben Sie zu jedem Maß das Prüfverfahren und das Prüfgerät an.

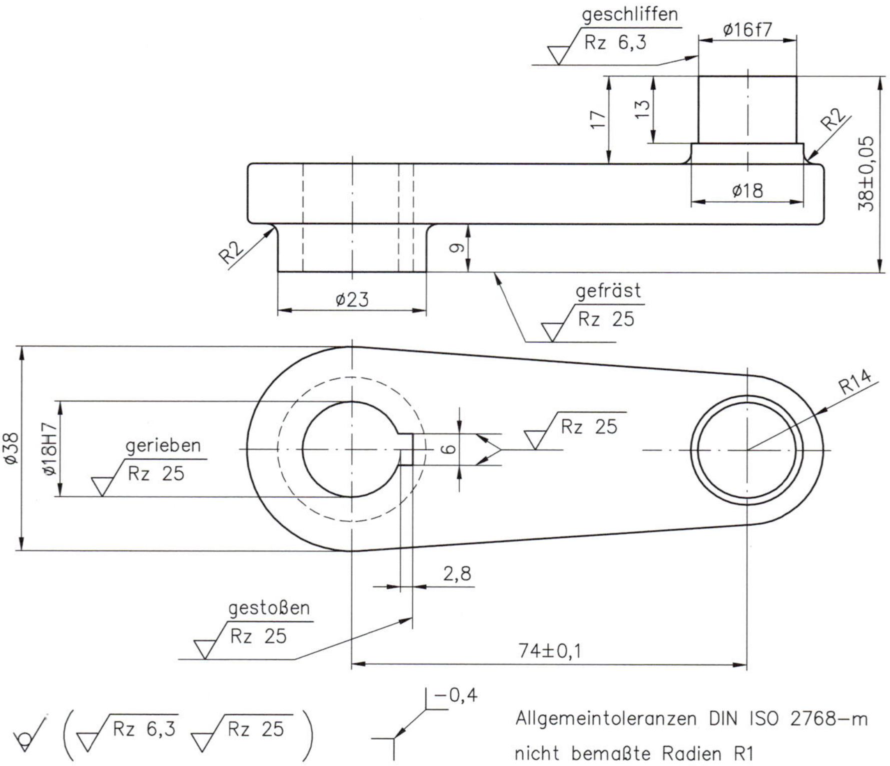

Fertigungstechnik

1 Einteilung der Fertigungsverfahren

1/1 Nach DIN 8580 werden die Fertigungsverfahren in folgende Hauptgruppen eingeteilt: Urformen, Umformen, Trennen, Fügen, Beschichten, Stoffeigenschaft ändern.
Schreiben Sie diese Hauptgruppen ab, und ordnen Sie die folgenden Fertigungsvorgänge entsprechend zu:

a) Biegen eines Fahrradlenkers,
b) Fräsen eines Zahnrades,
c) Verchromen einer Autostoßstange,
d) Löten einer Dachrinne,
e) Härten einer Reißnadel,
f) Schmieden eines Garderobenhakens,
g) Verschrauben eines Türschlosses,
h) Abscheren eines Blechstreifens,
i) Lackieren eines Pkw,
j) Walzen eines U-Profils,
k) Einsetzen und Befestigen eines Mopedrades,
l) Grundieren eines Gitters mit Rostschutzfarbe,
m) Gießen eines Motorblockes,
n) Feilen eines Vierkantes an einer Welle.

1/2 Ein Maschinenständer wird hergestellt, indem man mit einer Metallschmelze einen Formhohlraum füllt.

a) Wie heißt das Fertigungsverfahren?
b) Zu welcher Hauptgruppe gehört dieses Verfahren?

1/3 Werkstücke werden häufig beschichtet.

a) Nennen Sie mindestens drei verschiedene Stoffe, die beim Beschichten auf Werkstückoberflächen aufgetragen werden.
b) Nennen Sie zwei Gründe, weshalb Bauteile beschichtet werden.

1/4 Die Schneide eines geschmiedeten Meißels muss die notwendige Gebrauchshärte erhalten.

a) Durch welche Verfahren erhält die Meißelschneide ihre geeignete Härte?
b) Wie bezeichnet man alle Verfahren dieser Hauptgruppe?

2 Vorbereitende Arbeiten zur Fertigung von Werkstücken

2/1 Die dargestellten Werkstücke sollen aus den angegebenen Rohlingen hergestellt werden. Skizzieren Sie die Rohlinge ab und kennzeichnen Sie jeweils die Maßbezugskanten bzw. Maßbezugsebenen durch eine farbige Linie.
Geben Sie an, wie Sie diese Kanten bzw. Ebenen bearbeiten würden.

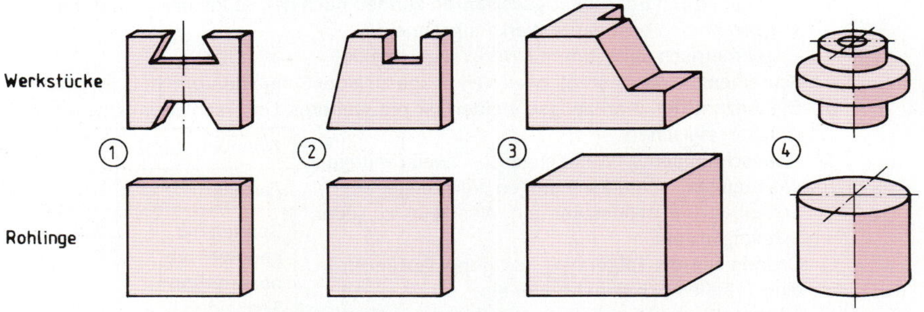

2/2 Mit welchen Hilfsstoffen können folgende Werkstücke vor dem Anreißen beschichtet werden?

a) Eine Schablone soll auf 4 mm dickem Blech angerissen werden.
b) An einem leicht angerosteten Behälter aus Stahlblech soll die Position eines anzuschweißenden Stutzens angerissen werden.
c) An einem gegossenen Hebel sind die Mitten von Bohrungen anzureißen.

2/3 Übertragen und ergänzen Sie die nebenstehende Tabelle über die Benutzung von Reißnadel bzw. Bleistift zum Anreißen.

a) Kennzeichnen Sie in der ersten Zeile durch „ja“ oder „nein“, ob das Werkstück geritzt wird.

b) Geben Sie in der zweiten Zeile die Werkstoffe bzw. die Art der Werkstücke an, für die die Anreißwerkzeuge verwendet werden.

	Bleistift	Messingreißnadel	Stahlreißnadel – gehärtet	Reißnadel mit Hartmetallspitze
Werkstück wird geritzt	ja/nein	ja/nein	ja/nein	ja/nein
Verwendung für	?	?	?	?

2/4 Warum erreicht man beim Anreißen auf der Anreißplatte mit einem Parallelreißer mit Nonius eine höhere Genauigkeit als mit dem Parallelreißer, der an einem Standmaß eingestellt wird?

2/5 Für das nebenstehende U-Profil soll eine Bohrlehre mit einem Längs- und einem Queranschlag gefertigt werden.

a) Skizzieren Sie die Bohrlehre.

b) Berechnen Sie dafür die Anreißmaße, wenn die Bohrungen mit einem Parallelreißer auf einer Anreißplatte angerissen werden. Als Bezugsebenen dienen die beiden Anschlagflächen der Lehre.

c) Bemaßen Sie die Bohrungsmitten mit einer Bezugskantenbemaßung.

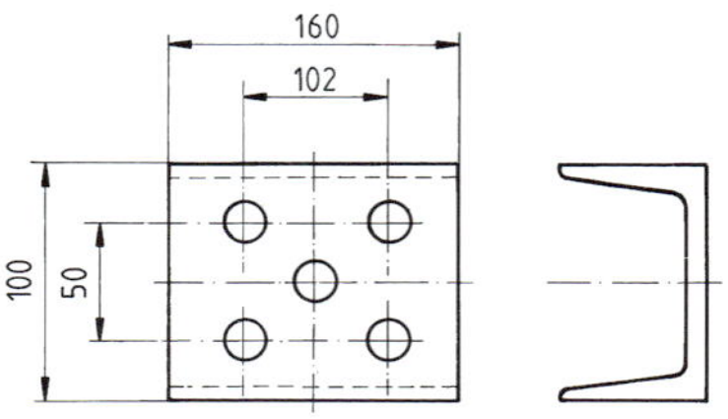

2/6 Mit welchem Anreißwerkzeug können an einem 4 m langen U-Profil kantenparallele Längsrisse erzeugt werden?

2/7 Mit welchem Anreißwerkzeug reißt man auf Wellenenden oder anderen runden Werkstücken Kreismittelpunkte an?

2/8 Das dargestellte Werkstück ist anzufertigen.
Wie kann man bei einer einfachen Schablone das Anreißen erleichtern?
Fertigen Sie sich eine Schablone aus Zeichenpapier an und demonstrieren Sie damit den Anreißvorgang.

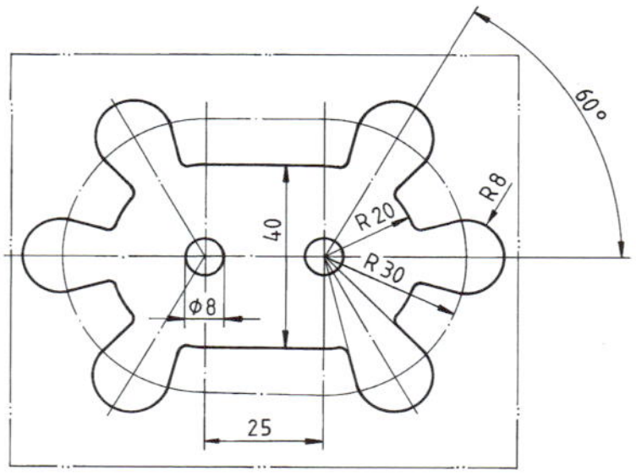

3 Verfahren des Trennens

3/1 a) Die spanenden Bearbeitungsverfahren können nach der Schneidenform unterteilt werden:
- geometrisch bestimmte Werkzeugschneide,
- geometrisch unbestimmte Werkzeugschneide.

Schreiben Sie mindestens zwei Werkzeuge zu jeder Schneidenform auf.

b) Die Anzahl der Werkzeugschneiden ist ein weiteres Unterscheidungsmerkmal. Man unterscheidet zwischen
– einschnittigen Werkzeugen, – zweischnittigen Werkzeugen, – mehrschnittigen Werkzeugen.
Schreiben Sie mindestens ein Werkzeug zu jeder Schnittigkeit auf.

c) Ordnen Sie die folgenden Fertigungsverfahren in eine Tabelle nach dem Muster ein:
Flachstahl winklig feilen, Werkstück entfetten, Blech mit Schere auf Maß schneiden, Getriebe auseinandernehmen, Drehen, Brennschneiden.

d) Suchen Sie zu den Gruppen Zerteilen und Spanen noch je zwei weitere Verfahren und tragen Sie diese ebenfalls in die Tabelle ein.

Trennverfahren	Beispiele
Zerteilen	?
Spanen mit geometrisch bestimmten Schneiden	?
Spanen mit geometrisch unbestimmten Schneiden	?
Abtragen	?

3/2 Ordnen Sie folgende Beispiele den beiden Kraftwirkungen (Form- und Bewegungsänderung) zu. Berücksichtigen Sie die überwiegende Wirkungsart oder die genutzte Wirkung.

a) Walzkraft beim Walzen eines U-Profils
b) Kraft zum Biegen eines Rohres
c) Umfangskraft am Rad eines Autos
d) Kraft beim Auftreffen eines Fallhammers
e) Trittkraft gegen einen Fußball

Suchen Sie noch jeweils zwei Beispiele und ordnen Sie diese entsprechend den Gruppen zu.

Masse, Gewichtskraft

Masse

Jeder Körper hat eine Masse – sie ist *ortsunabhängig*. Die Masse wird in der Einheit kg angegeben.

Gewichtskraft

Die Gewichtskraft ist die Kraft, mit der eine Masse an einem bestimmten Ort zum Erdmittelpunkt gezogen wird. Die Gewichtskraft ist *ortsabhängig*.

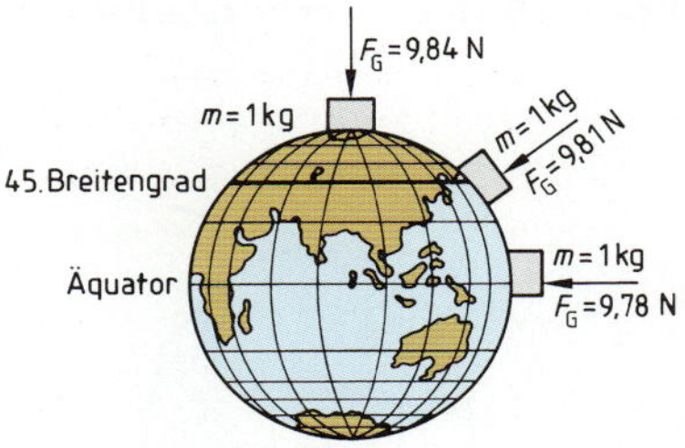

Beispiel

Auf dem 45. Breitengrad bewirkt die Erde in Meereshöhe auf einen frei fallenden Körper die Beschleunigung von 9,81 m/s^2.
Nach dem Gesetz $F = m \cdot g$ wirkt damit auf einen Körper mit der Masse 1 kg eine Kraft von

$$F_G = \frac{1\ \text{kg} \cdot 9{,}81\ \text{m}}{\text{s}^2} = 9{,}81\ \frac{\text{kg} \cdot \text{m}}{\text{s}^2}$$

Die Kraft von $1\ \frac{\text{kg} \cdot \text{m}}{\text{s}^2}$ ist 1 N (1 Newton).

$$F_G = m \cdot g$$

Formelzeichen

F_G Gewichtskraft
m Masse
g Fallbeschleunigung ($g = 9{,}81$ m/s^2)

Für Umrechnungen kann man die Fallbeschleunigung in N/kg angeben: $g = 9{,}81\ \frac{\text{m} \cdot \text{kg}}{\text{s}^2 \cdot \text{kg}} = 9{,}81$ N/kg

3/3 Auf der Erde üben alle Körper eine Gewichtskraft auf ihre Unterlage aus.
Welche Ursache hat die Gewichtskraft?

3/4 Auf eine Masse von 1 kg wirken an unterschiedlichen Standorten auf der Erde unterschiedliche Gewichtskräfte.
Wovon ist die Größe der Gewichtskraft abhängig?

3/5 Berechnen Sie die fehlenden Werte.

	a)	b)	c)	d)
Volumen V	500 dm^3	? dm^3	? m^3	365 dm^3
Dichte ϱ	7,85 kg/dm^3	2,7 g/cm^3	8,9 kg/dm^3	? g/cm^3
Masse m	? kg	945 kg	? t	2 865,2 kg
Gewichtskraft F_G	? N	? N	37 380 N	? N

3/6 Berechnen Sie die Gewichtskraft

a) einer Schraube mit der Masse von $m = 8{,}5$ g,
b) eines Mannes mit der Masse von 74 kg,
c) einer CNC-Fräsmaschine mit der Masse von 1,85 t.

Darstellung von Kräften

Kräfte gehören zu den physikalischen Größen, die als **gerichtete Größen** oder **Vektoren** bezeichnet werden.

Die Wirkungen von Kräften sind abhängig von
- der *Größe* der Kraft
- der *Richtung* der Kraft
- dem *Angriffspunkt* der Kraft.

Zur Darstellung einer Kraft verwendet man einen Pfeil.
- Die Größe der Kraft wird durch die Pfeillänge dargestellt. Es ist dazu ein geeigneter Kräftemaßstab zu wählen.
- Die Richtung der Kraft wird durch die Pfeilrichtung angegeben.
- Der Angriffspunkt der Kraft ist der Anfangspunkt des Pfeils.

Beispiel für die zeichnerische Darstellung einer Kraft

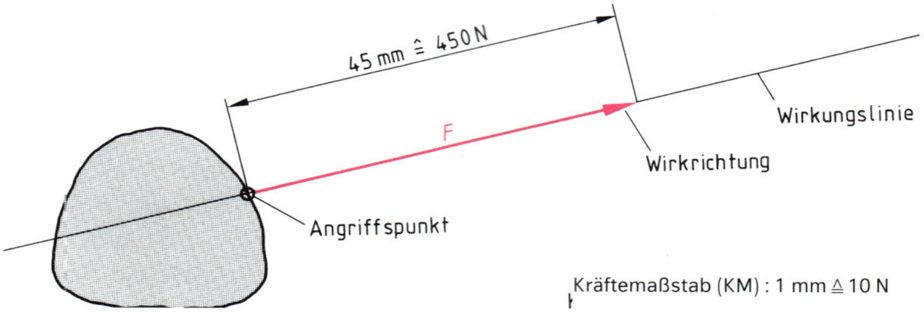

3/7 Stellen Sie folgende Kräfte mit vorgegebenen Kraftmaßstäben zeichnerisch dar.

	Größe	Richtung	Kräftemaßstab
F_1	550 N	waagerecht nach rechts	1 cm ≙ 100 N
F_2	83 N	senkrecht nach unten	1 cm ≙ 20 N
F_3	3,8 kN	45° nach rechts oben	1 cm ≙ 1 kN

3/8 Ein Wagen wird mit einer Kraft $F = 100$ N gezogen. Ein anderes Mal wird der gleiche Wagen mit der Kraft $F = 100$ N geschoben.

a) Zeichnen Sie zwei Bilder eines Wagens, und tragen Sie die Kräfte im Kräftemaßstab 1 cm ≙ 100 N an.

b) Ändert sich die Fortbewegung des Wagens, wenn die Kraft $F = 100$ N einmal als Zugkraft oder als Druckkraft wirkt?
Geben Sie eine physikalische Begründung.

Kräftezerlegung am Keil

Eine Kraft F wird mithilfe eines Parallelogramms in zwei Seitenkräfte F_1 und F_2 zerlegt. Die zu zerlegende Kraft bildet die Diagonale und die Seitenkräfte bilden die Seiten des Parallelogramms. Alle drei Kräfte haben einen gemeinsamen Angriffspunkt. Die Seitenkräfte stehen senkrecht auf den Wangen des Keiles.

Beispiele für die Zerlegung einer Kraft F in die Seitenkräfte F_1 und F_2

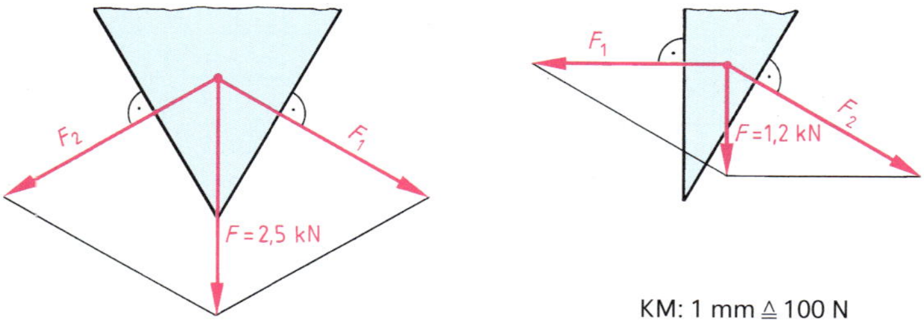

KM: 1 mm ≙ 100 N

3/9 **a)** Durch Meißeln wird Flachstahl getrennt. Im Augenblick der Rissbildung ist die Kraft auf dem Meißel 800 N.
Wie groß sind dann die Seitenkräfte?

b) Die Seitenkraft wird wieder zerlegt in eine Kraft, die das Werkstück auf die Unterlage presst und eine Kraft parallel zur Unterlage, welche das Werkstück zerreißt.
Ermitteln Sie diese Kräfte durch Kräftezerlegung der in a) ermittelten Seitenkraft.

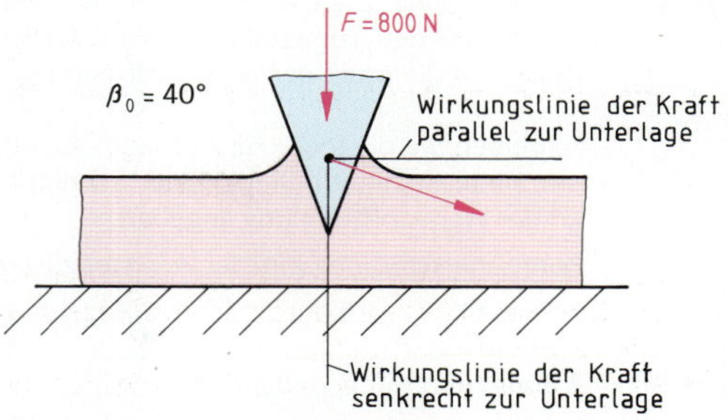

3/10 Ein hydraulisches Spaltgerät für Baumstämme erzeugt 20 000 N.
Wie groß können die Seitenkräfte werden?

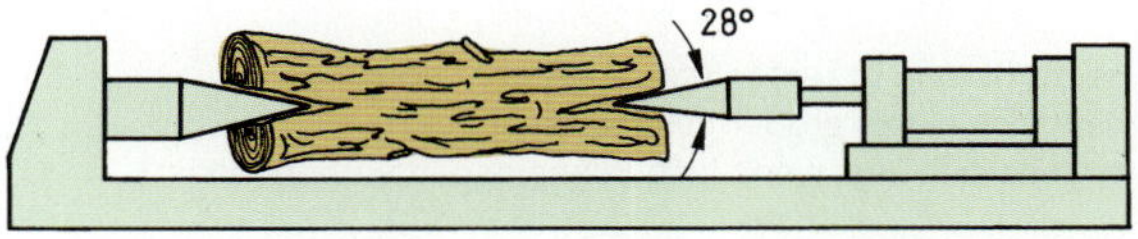

3/11 Zeichnen Sie einen Meißel mit einem Keilwinkel von $\beta_0 = 50°$.

a) Ermitteln Sie mithilfe des Kräfteparallelogramms die Seitenkräfte für die Schlagkräfte:
$F = 100$ N; $F = 200$ N, $F = 300$ N, $F = 400$ N.

b) In welchem Verhältnis stehen jeweils die Seitenkräfte zur Schlagkraft?

c) Zeichnen Sie ein Schaubild für den Keilwinkel $\beta_0 = 50°$, in dem die Abhängigkeit der Seitenkräfte $F_1 = F_2$ von der Schlagkraft F dargestellt wird.
Tragen Sie auf der senkrechten Achse die Seitenkräfte und auf der waagerechten Achse die Schlagkraft auf.

3/12 Drei Meißel mit den Keilwinkeln $\beta_{01} = 30°$, $\beta_{02} = 60°$ und $\beta_{03} = 80°$ werden mit der Schlagkraft $F = 400$ N in ein Werkstück getrieben.

a) Ermitteln Sie für jede Werkzeugschneide mithilfe des Kräfteparallelogramms die Seitenkräfte F_1 und F_2 beim Zerteilungsvorgang.

b) Formulieren Sie aus den Ergebnissen einen Merksatz, in dem folgende Wortgruppen enthalten sind: *gleicher Kraftaufwand, kleine Keilwinkel, große Keilwinkel, kleine Seitenkräfte, große Seitenkräfte.*

3/13 **a)** Wie wirkt sich ein kleiner Keilwinkel beim Trennvorgang auf
- die Größe der Seitenkräfte,
- die Schneidenstabilität aus?

b) Wie wirkt sich ein großer Keilwinkel beim Trennvorgang auf
- die Größe der Seitenkräfte,
- die Schneidenstabilität aus?

3/14 Skizzieren Sie nach der Vorlage Werkstück und Messer bei einem Schervorgang ab.

a) Markieren Sie durch Pfeile die Kraft- und Bewegungsrichtung der Schermesser.

b) Übernehmen Sie die Abbildung und tragen Sie an den gekennzeichneten Stellen folgende Angaben ein: Scherebene, Druckfläche, Werkstück, Freiwinkel α_0, Keilwinkel β_0.

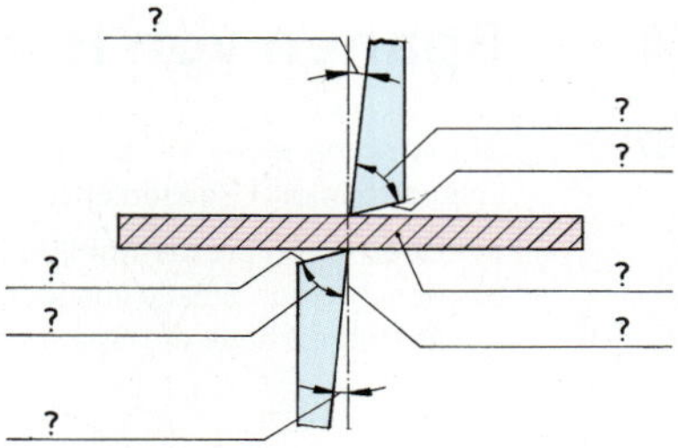

3/15 Die Abbildung zeigt die Trennfläche eines durch Scherschneiden hergestellten Loches. An der Trennstelle sind die Arten der Werkstofftrennung erkennbar.
Schreiben Sie die folgende Aussage ab und ergänzen Sie diese, indem Sie zu jeder Schnittphase die Art der Werkstofftrennung angeben.

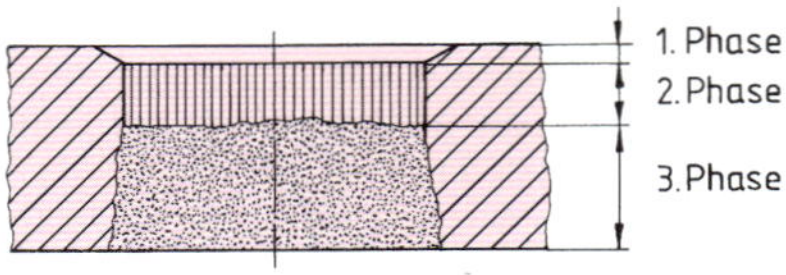

Beim Scherschneiden wird der Werkstoffzusammenhang auf drei verschiedene Arten überwunden:

1. Phase = ?
2. Phase = ?
3. Phase = ?

3/16 Der Schervorgang kann als vollkantiger oder kreuzender Schnitt ausgeführt werden.

a) In welcher Weise trifft bei den meisten Handhebelscheren das Obermesser auf das Werkstück?
b) Wie wirkt sich ein Schneiden nach diesem Verfahren auf das Werkstück aus?

3/17 **a)** Was versteht man bei einer Schere unter Schneidspalt?
b) Wie wirkt sich ein zu großer Schneidspalt aus?
c) Wie wirkt es sich aus, wenn kein Schneidspalt vorhanden ist?

3/18 Erklären Sie, weshalb mit einer Durchlaufschere problemlos lange Schnitte ausgeführt werden können.

3/19 **a)** Warum müssen Handhebel- und Tafelscheren mit einem Niederhalter ausgestattet sein?
b) Weshalb müssen Niederhalter verstellbar sein?

3/20 Im Betrieb stehen Ihnen folgende Scheren zur Verfügung:
kombinierte Handhebelschere, Handtafelschere, Tafelblechschere.
Übernehmen Sie die angegebenen Aufgaben und wählen Sie eine geeignete Schere aus.

Aufgabe	geeignete Schere
Ablängen von L-Profilen	?
lange gerade Schnitte an Dünnblechen, 0,8 mm dick	?
Trennen von Flach- und Rundmaterial	?
kurze Blechschnitte an Stahlblech, 1,5 mm dick	?

3/21 In der Massenfertigung werden Formschnitte an Werkstücken aus Blech durch Scherschneiden ausgeführt.

a) Wie werden die Teile eines zweiteiligen Schneidwerkzeuges bezeichnet?
b) Nennen Sie die Sammelbezeichnung für die zum Stanzen von Blechen erforderlichen Maschinen.

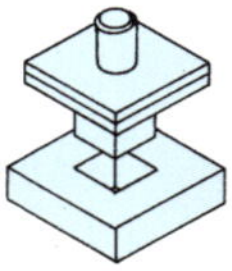

4 Spanen von Hand und mit einfachen Maschinen

4/1 Die Wirkung eines Keils bei der Spanabnahme lässt sich in drei Phasen erfassen.

a) Übertragen Sie die Abbildungen.
b) Beschreiben Sie die von jeder Abbildung dargestellte Phase der Spanbildung.

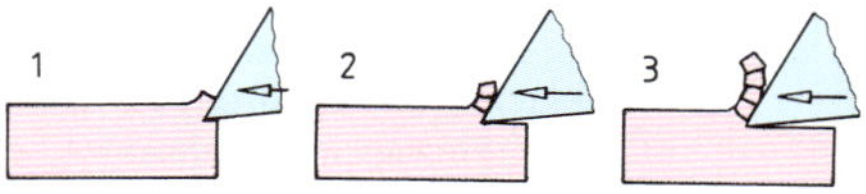

4/2 Mit einem Flachmeißel wird ein Span abgetrennt.

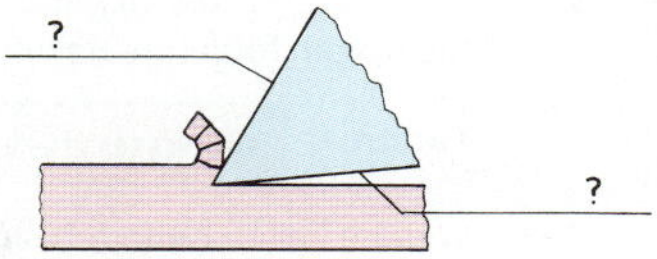

a) Skizzieren Sie den Schneidkeil des Flachmeißels mit einem Werkstück ab.
b) Tragen Sie in die Skizze die Benennung Freifläche und Spanfläche an den gekennzeichneten Stellen richtig ein.
c) Bemaßen Sie in der Skizze Freiwinkel, Keilwinkel und Spanwinkel.
d) Die Summe der Winkel an der spanabnehmenden Werkzeugschneide ergibt immer einen bestimmten Winkel. Übertragen Sie die unten stehende Zeile, und schreiben Sie die Winkelgröße ein.

Freiwinkel + Keilwinkel + Spanwinkel = ?

4/3 An einer Werkzeugschneide wirkt die Kraft $F = 4$ kN gemäß Abbildung. Bestimmen Sie zeichnerisch die senkrecht auf die Spanfläche und die Schnittfläche wirkenden Kräfte (Normalkräfte).

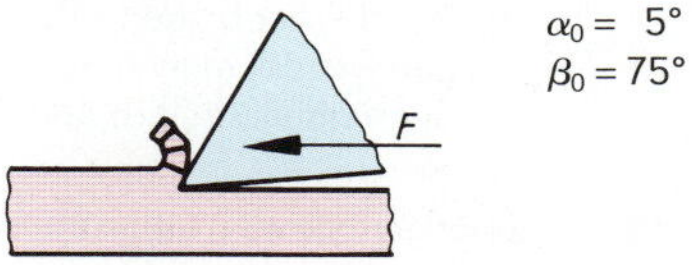

4/4 **a)** Skizzieren Sie die beiden Sägeblätter ab.
b) Benennen Sie die Sägeblätter. Geben Sie die Schnittbewegungsrichtung mit einem Pfeil an.
c) Tragen Sie die Winkel am gekennzeichneten Schneidkeil eines jeden Sägeblattes für die Bearbeitung von Stahl ein. Benutzen Sie dazu Angaben aus der Übersicht: „Schneidenwinkel an Sägeblättern".

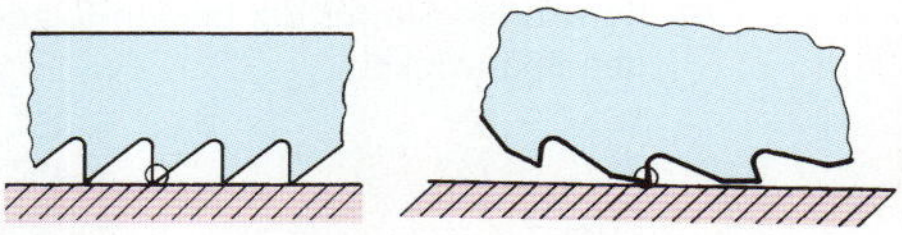

4/5 **a)** Wie kann die Teilung *t* an einem Sägeblatt gemessen werden?
b) Die Zahnteilung *t* wird für die Kennzeichnung eines Sägeblattes nicht direkt angegeben. Beschreiben Sie, wie bei Sägeblättern normgerecht erfasst wird, ob es sich um eine feine, mittlere oder grobe Zahnteilung handelt.

4/6 Für die Bearbeitung von massiven Rohteilen aus Stahl und Kupfer stehen Sägeblätter mit unterschiedlicher Zahnteilung zur Verfügung. Welche Zahnteilung muss das jeweils geeignete Sägeblatt haben? Begründen Sie Ihre Auswahl, indem Sie auf Werkstofffestigkeit, Spanform und Spanvolumen eingehen.

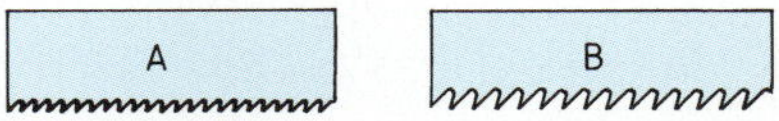

feine Zahnteilung **grobe Zahnteilung**

4/7 **a)** Welche Zahnteilung wählt man grundsätzlich zum Sägen dünnwandiger Werkstücke?
b) Beschreiben Sie anhand einer Skizze das richtige Sägeverhalten bei dünnwandigen Rohren.

4/8 Sägeblätter dürfen in der Schnittfuge nicht klemmen, sie müssen freischneiden.
a) Durch welche konstruktiven Maßnahmen verhindert man vorwiegend bei geraden Sägeblättern für Handbügelsägen das Festklemmen?
b) Durch welche Maßnahmen verhindert man das Klemmen von Metallbandsägeblättern?

4/9 Welche Vorzüge haben Bandsägemaschinen gegenüber Hubsägen?

4/10 Nennen Sie Vorzüge der Winkelschleifer und beschreiben Sie drei Anwendungsbeispiele.

4/11 Nennen Sie Gründe, weshalb das Feilen von Hand nicht vollständig durch maschinelles Bearbeiten ersetzt werden kann?

4/12 **a)** Skizzieren Sie vereinfacht eine Feile entsprechend der Vorlage, und benennen Sie die Bestandteile.
b) Bemaßen Sie an Ihrer Skizze die normgerechte Feilenlänge.
c) Welcher Teil der Feile ist gehärtet?

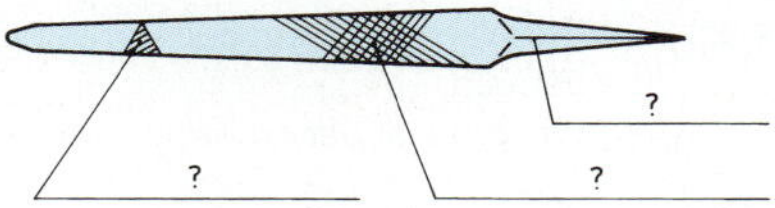

4/13 In der Werkzeugausgabe liegen zwei geschlossene Kartons mit Feilen
Sie tragen folgende Beschriftungen:

Karton 1: **Werkstattfeile C 350-1 DIN 7261** Karton 2: **Werkstattfeile E 300-4 DIN 7261**

Welche Feilen befinden sich in den beiden Kartons? Machen Sie präzise Angaben.

4/14 Skizzieren Sie die beiden Feilen ab. Messen Sie dazu die Winkel *x* und *y* der hier skizzierten Feilen aus.

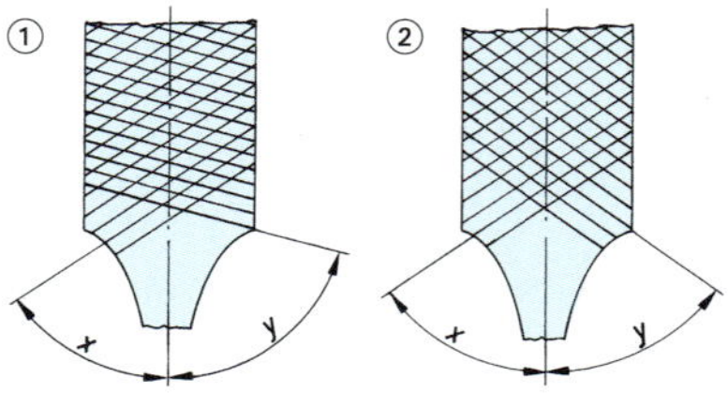

a) Markieren Sie in Ihren Skizzen eine Reihe hintereinander stehender Zähne durch Ausmalen in Farbe.

b) Welche der beiden skizzierten Hiebanordnungen wendet man in der Praxis an? Begründen Sie Ihre Antwort.

4/15 Zeichnen Sie eine vergrößerte Schneide einer gehauenen und einer gefrästen Feile nach Vorlage.

a) Tragen Sie in jede Skizze den Spanwinkel ein.

b) Berechnen Sie für die beiden folgenden Fälle den Spanwinkel.

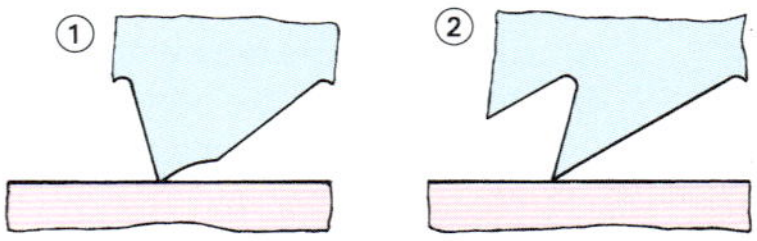

① $\alpha_0 = 30°$, $\beta_0 = 74°$, $\gamma_0 = ?$

② $\alpha_0 = 35°$, $\beta_0 = 45°$, $\gamma_0 = ?$

c) Wie unterscheiden sich die beiden Schneidkeile hinsichtlich der Trennwirkung und der Stabilität der Schneide?

d) Für welche Werkstoffe eignen sich diese Feilen besonders?

4/16 Fertigen Sie sich eine Tabelle nach Vorlage an. Ordnen Sie den Werkstattbezeichnungen der Feilen die folgenden Angaben zu:
Hiebnummern: 5, 3, 1
Hiebzahl: 16, 35, 71

Werkstatt-bezeichnung	Anzahl der Hiebe auf 1 cm	Hiebnummer
Bastardfeile	?	?
Schlichtfeile	?	?
Feinschlichtfeile	?	?

4/17 Übertragen und ergänzen Sie folgende Aussagen durch den richtigen Ausdruck aus der Klammer. Für eine große Spanabnahme benötigt man eine Feile mit *(hoher/niedriger)* Hiebnummer. Zur Erzielung einer fein geschlichteten Werkstückoberfläche benötigt man eine Feile mit *(hoher/niedriger)* Hiebnummer.

4/18 Welche Bewegungen müssen beim Bohren zusammenwirken, damit eine Spanabnahme erfolgt?

4/19 Betrachten Sie den gezeichneten Spiralbohrer, und ordnen Sie den Zahlen die nebenstehenden Benennungen zu.

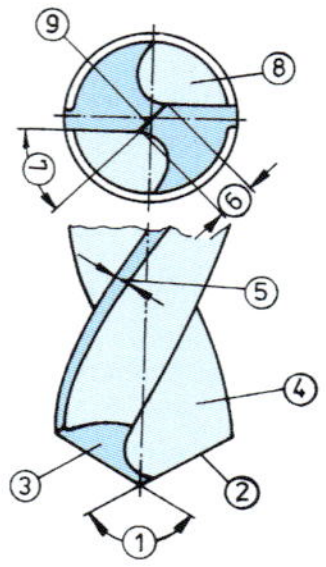

Kerndicke
Fase
Spannut
Spanfläche
Winkel zwischen Quer- und Hauptschneide
Hauptschneide
Freifläche
Spitzenwinkel
Querschneide

4/20 Die Winkel an dem äußersten Punkt der Bohrerschneide sind in der Zeichnung bemaßt.
Wie groß ist der Freiwinkel, der Keilwinkel und der Spanwinkel?

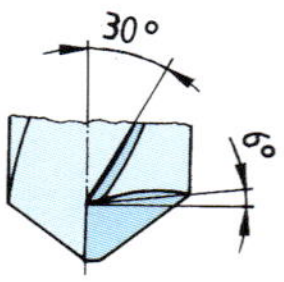

4/21 **a)** Mit welchen Schaftformen werden Spiralbohrer geliefert?
b) Welche Aufgabe hat das abgeflachte Schaftende bei einem Bohrer mit kegeligem Schaft?
c) Eine Bohrspindel hat einen Morsekegel 4. Es soll ein Bohrer mit dem Morsekegel 2 eingespannt werden. Mit welchem Hilfsmittel ist das möglich?

4/22 Beschreiben Sie, wie die Umdrehungsfrequenzen an der von Ihnen benutzten Bohrmaschine verändert werden.

4/23 In einer Bauschlosserei sollen 80 vorgefertigte Flacheisen gebohrt werden.
Machen Sie einen Vorschlag zur schnellen und gefahrlosen Erledigung der Aufgabe.

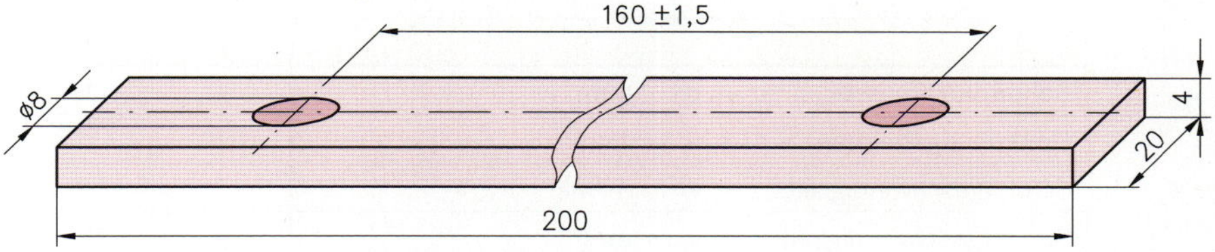

4/24 Machen Sie Vorschläge zum Spannen folgender Werkstücke, damit die angedeuteten Bohrungen auf einer Ständerbohrmaschine gebohrt werden können.

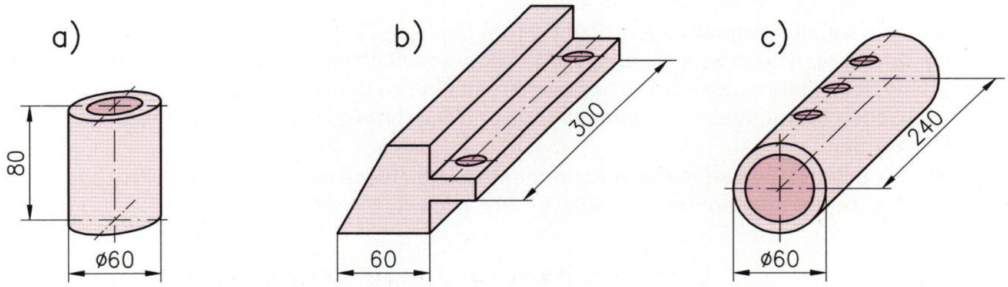

Schnittgeschwindigkeit beim Bohren

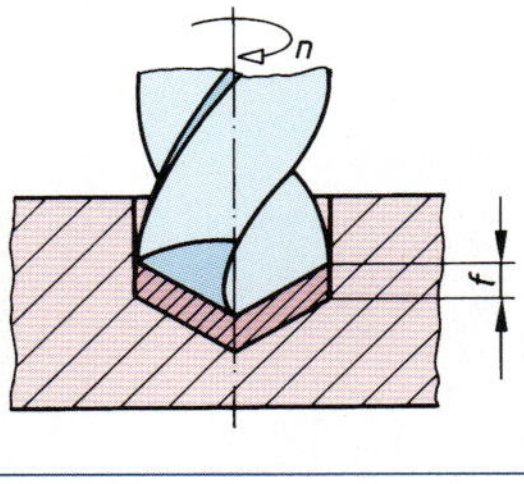

Formeln

$v_c = d \cdot \pi \cdot n$

Formelzeichen

n Umdrehungsfrequenz (Drehzahl)
v_c Schnittgeschwindigkeit
d Bohrerdurchmesser
f Vorschub/Umdrehung

4/25 Welchen Umdrehungsfrequenzbereich müsste eine Bohrmaschine haben, wenn die folgenden Arbeiten zu den angegebenen Bedingungen ausgeführt werden sollen:
a) Bohren von 6 mm-Bohrungen in Aluminium mit $v_c = 130$ m/min.
b) Bohren von 18 mm-Bohrungen in Stahl mit $v_c = 80$ m/min.

4/26 Mit einem HSS-Bohrer Ø 10 mm sollen Bohrungen mit einem Vorschub von 0,2 mm je Umdrehung und einer Schnittgeschwindigkeit von 55 m/min gebohrt werden.
Wie groß ist die einzustellende Umdrehungsfrequenz *n*?

4/27 In einer Abdeckplatte aus Stahl, die 30 mm dick ist, werden drei Grundlöcher 18 mm tief gebohrt. Die Löcher haben einen Durchmesser von 16 mm, der Vorschub soll 0,3 mm betragen. Die Schnittgeschwindigkeit darf höchstens 24 m/min betragen.
Berechnen Sie die Umdrehungsfrequenz und wählen Sie aus den angegebenen Maschinenumdrehungsfrequenzen die geeignete aus.

n 1/min	100	250	350	400	650	900

4/28 Berechnen Sie die gesuchten Werte.

			a)	b)	c)
Bohrerdurchmesser	d	mm	30	12	?
Umdrehungsfrequenz	n	1/min	370	?	424
Schnittgeschwindigkeit	v_c	m/min	?	?	32
Schnittgeschwindigkeit	v_c	m/s	?	0,8	?

4/29 In die dargestellte Schiene aus Messing sollen 11 Bohrungen mit 8 mm Durchmesser gebohrt werden. Die Mitten der äußeren Bohrungen sollen 25 mm von den Enden liegen. Die übrigen Bohrungen sollen gleiche Mittenabstände erhalten.

a) Planen Sie das Anreißen und Körnen.
b) Wie soll das Werkstück gespannt werden?
c) Ermitteln Sie die Schnittdaten für das Bohren mit einem HSS-Bohrer. (Mittelwerte wählen)
d) Welche Maßnahmen zur Arbeitssicherheit sind zu berücksichtigen?
e) Geben Sie an, wie die Mittenabstände und Durchmesser der fertigen Bohrungen geprüft werden können.
f) Berechnen Sie den Masseverlust der Messingschiene in Gramm und in Prozent bezogen auf die Masse der ungebohrten Schiene. ($\varrho = 8{,}5$ g/cm^3)

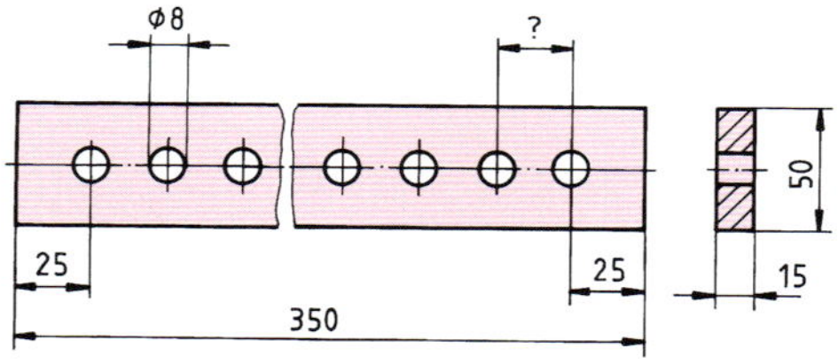

4/30 Vergleichen Sie die Fertigungsverfahren Senken und Bohren hinsichtlich der:

a) abzutragenden Spanmenge,
b) Schnittbewegung,
c) Schnittgeschwindigkeit.

4/31 Die nebenstehenden Abbildungen zeigen Beispiele verschiedener Senkungen. Skizzieren Sie die Beispiele ab. Schreiben Sie zu jeder Skizze den Zweck der Senkung und den Namen des Werkzeuges zur Durchführung der Senkung.

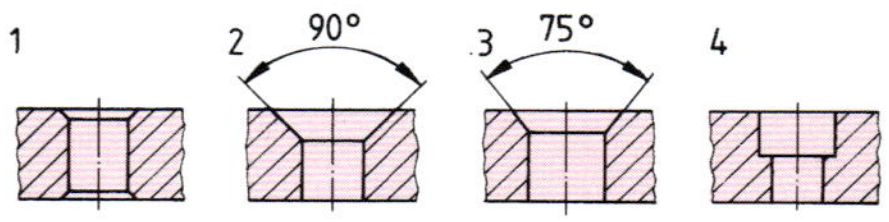

4/32 **a)** Weshalb sind Senker mit Führungszapfen solchen ohne Führungszapfen vorzuziehen?
b) Für welche Senkungen sind Senker mit Führungszapfen unerlässlich?

4/33 Ein Modell zur Veranschaulichung einer Schraubenlinie soll aus Kunststoff hergestellt werden. Dabei soll um ein Rohrstück von 100 mm Durchmesser eine Folie entsprechend der Skizze so gelegt werden, dass deren Oberkante der Schraubenlinie entspricht.

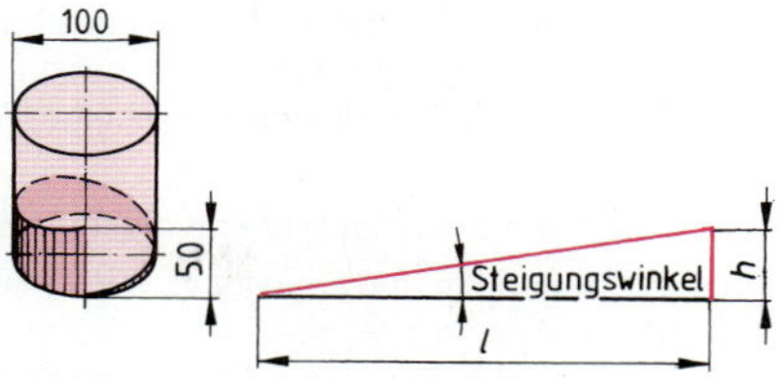

a) Berechnen Sie die Maße *l* und *h* für den Zuschnitt der Folie, wenn die Steigung der Schraubenlinie 50 mm betragen soll.

b) Zeichnen Sie die Folie im Maßstab 1:5 und messen Sie den Steigungswinkel ab.

4/34 Entnehmen Sie der normgerecht bemaßten Zeichnung eines Innengewindes die angegebenen Maße und ordnen Sie diese den folgenden Messgrößen in der Tabelle zu. Schreiben Sie die Tabelle ab und ergänzen Sie diese.

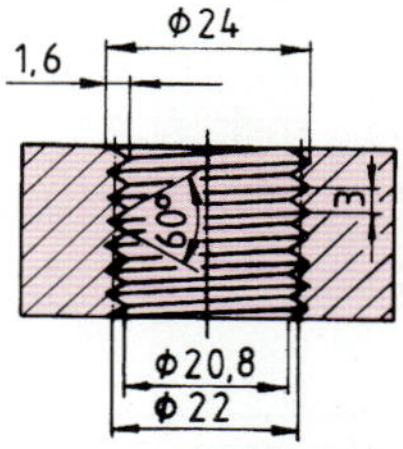

Messgröße	Maß
Nenndurchmesser *D*	?
Kerndurchmesser D_1	?
Flankendurchmesser D_2	?
Steigung *P*	?
Flankenwinkel	?

4/35 Ein Grundlochgewinde M 8 soll 20 mm tief in Gusseisen eingeschnitten werden.

a) Mit welchem Bohrerdurchmesser wird vorgebohrt?

b) Wie tief wird das Kernloch gebohrt?

4/36 **a)** In einem Schema sollen die Unterschiede in Aufbau und Wirkung von Vor-, Mittel- und Fertigschneidern bei Gewindebohrern angegeben werden. Übernehmen Sie das Schema, und schreiben Sie an die Pfeile die jeweils zutreffende Aussage.

b) Begründen Sie, weshalb der Gewindebohrer, der die größte Spanmenge abnimmt, den längsten Anschnitt hat.

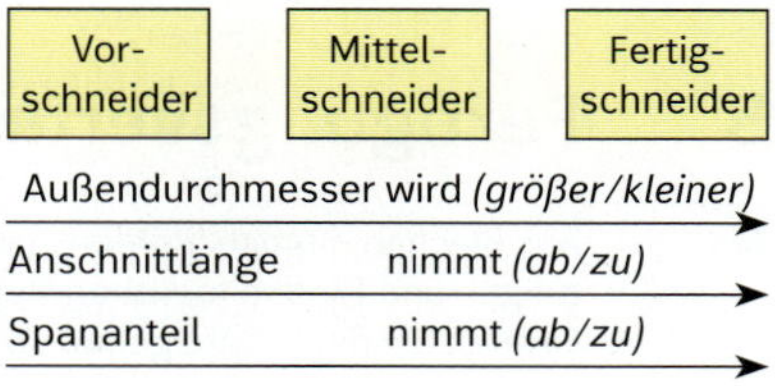

4/37 Skizzieren Sie die obere Schneide des Gewindebohrers ab. Der Spanwinkel soll 15° betragen. Frei- und Keilwinkel sind beliebig.
Tragen Sie Freiwinkel, Keilwinkel und Spanwinkel mit ihren genormten Formelzeichen in die Skizze des Schneidkeils ein.

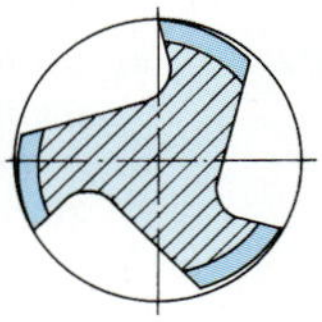

4/38 Ein Bolzen ist mit einem Gewinde M 16 zu versehen.
Auf welchen Durchmesser muss der Bolzen vorgedreht werden?

4/39 Mit welchem Werkzeug sind große Außengewinde zu schneiden?

4/40 Welche Kenngrößen eines Gewindes lassen sich mit Gewindeschablonen überprüfen?

4/41 Woran erkennt man die Ausschussseite bei einem Gewindegrenzlehrdorn?

4/42 Warum soll man Gewindelehrringe nur zum Prüfen von kurzen Außengewinden benutzen?

4/43 Welche Bestimmungsgrößen eines Außengewindes lassen sich mit einem Messschieber ermitteln?

4/44 Wie groß sollen zylindrische Bohrungen vorgebohrt werden, wenn sie auf Nenndurchmesser von 4 mm, 10 mm und 25 mm aufgerieben werden sollen?
Benutzen Sie zur Lösung die Tabelle „Fertigbearbeiten von Bohrungen durch Reiben".

4/45 Skizzieren Sie entsprechend dieser Vorlage eine Schneide einer Reibahle.

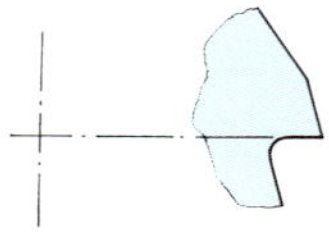

a) Tragen Sie den Freiwinkel, den Keilwinkel und den Spanwinkel ein.
b) Welcher der Winkel an der Schneide der Reibahle bewirkt, dass an der Schneide nur kleine Späne entstehen?

4/46 Reibahlen haben zwischen 6 und 14 Schneiden. Je zwei Schneiden stehen einander gegenüber.
a) Welche Schneidenzahlen kommen unter den angegebenen Bedingungen in Betracht?
b) Warum fertigt man nicht Reibahlen mit ungerader Schneidenzahl an?

4/47 Für einen Messzeughalter soll aus Rundstahl eine Tragsäule angefertigt werden. Zur Verfügung steht blank gezogenes Rundmaterial ∅ 30 x 2 000.
Stellen Sie einen Arbeitsplan nach folgendem Muster für die Fertigung der Tragsäule auf. Beginnen Sie mit dem Ablängen des Rohlings, geben Sie dann eine sinnvolle Reihenfolge der weiteren Fertigungsverfahren mit Maschinen und Werkzeugen an.

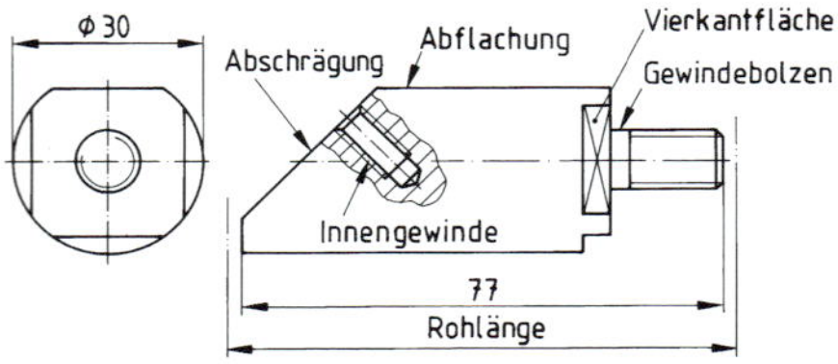

Nr.	Tätigkeit/Schritt	Fertigungs-verfahren	Werkzeug-maschine	Werkzeug	Spann- und Hilfsmittel
1	Rohteil absägen Rohlänge _?_ mm	Sägen	Hubsäge	Sägeblatt	Schraubstock an der Hubsäge

5 Fertigungsverfahren des Umformens

5/1 Aus Blechen, Stäben, Rohren und anderen Halbzeugen werden viele Bauteile für Maschinen, Vorrichtungen und für den täglichen Gebrauch hergestellt.
Ordnen Sie die nachfolgenden Bauteile den Umformverfahren Biegen, Schmieden, Tiefziehen zu:
– Kurbelwelle, – Aluminiumtopf, – Motorradlenker, – Kotflügel, – Kreuzmeißel, – Werkzeugkasten aus Blech

5/2
a) Schreiben Sie drei Einzelteile eines Autos auf, die durch unterschiedliche Verfahren des Umformens gefertigt werden. Fügen Sie die Benennung der Umformverfahren hinzu.
b) In welcher Form werden die Rohteile zugeführt, um durch die genannten Verfahren ihre Endform zu erhalten?

5/3 Formulieren Sie einen Merksatz über den Begriff Umformen, der folgende Gesichtspunkte enthält: *Art der Verformung, Werkstoffvolumen und Zusammenhalt der Werkstoffteilchen.*

5/4 Ein Flachmaterial soll rechtwinklig gebogen werden.
Die aufzubringende Kraft beträgt F_1 = 150 N bei einem Hebelarm von 200 mm.
Wie groß ist die Biegekraft, wenn die Hebellänge 375 mm beträgt?

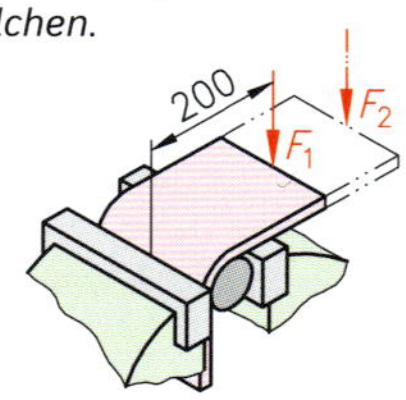

5/5 Skizzieren Sie das gebogene Werkstück ab.
Tragen Sie mit unterschiedlichen Farben in das Werkstück ein
a) den Verlauf der neutralen Faser,
b) den Bereich der Werkstoffstreckung,
c) den Bereich der Werkstoffstauchung.

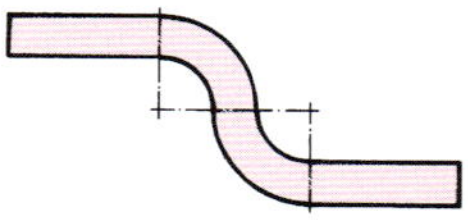

5/6 Erklären Sie den Begriff neutrale Faser. Gehen Sie dabei auf Längenänderung und Spannungsverteilung im Biegeteil ein.

5/7
a) Weshalb darf beim Biegen der Mindestbiegeradius nicht unterschritten werden?
b) Aus welchem Grund kann bei weichen Werkstoffen ein kleinerer Biegeradius gewählt werden als bei harten Werkstoffen?

5/8 Ein Flachmaterial aus Stahl ▭ 30 x 8 wird
a) flachkantig und
b) hochkantig gebogen.
Welche Mindestbiegeradien sind einzuhalten?

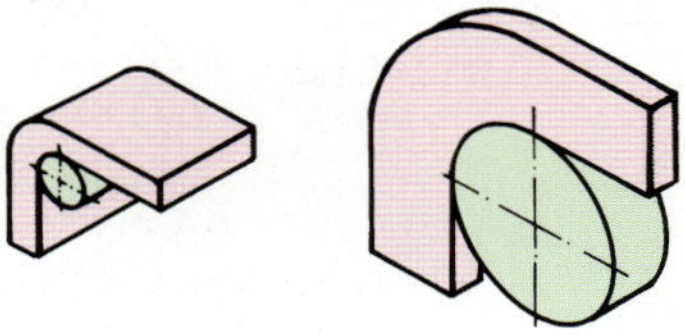

5/9 Beim Biegen von Werkstücken im kalten Zustand tritt immer eine Rückfederung auf.
Welche Art der Formänderung ist die Ursache

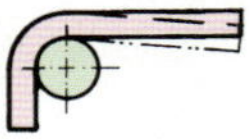

a) für die bleibende Formänderung und
b) für die Rückfederung?
c) Wie können Sie ermitteln, welcher Biegewinkel eingehalten werden muss, wenn am Biegeteil der Winkel 90° betragen soll?

5/10
a) Biegen Sie Bleche aus gleichem Werkstoff mit 0,8 mm, 1,0 mm und 2,0 mm Dicke um eine gerundete 90°-Ecke (Radius R3). Ermitteln Sie jeweils den Winkel der Rückfederung
b) Legen Sie ein Diagramm an, in das Sie die Rückfederung in Abhängigkeit von der Blechdicke eintragen.
c) Bestimmen Sie aus Ihrem Diagramm den Rückfederungswinkel für eine Blechdicke von 3 mm.
d) Welchen Winkel müssen Sie etwa biegen, damit ein 2 mm dickes Blech nach der Rückfederung einen Winkel von 90° bei dem vorgegebenen Biegeradius erhält?

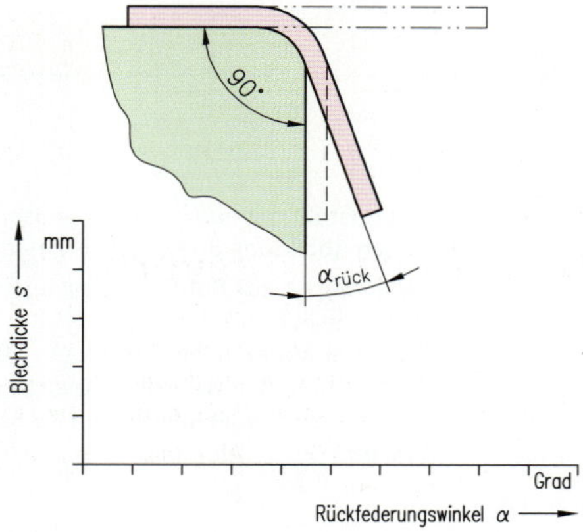

5/11 Nennen Sie drei Vorzüge des Gesenkbiegens gegenüber dem freien Biegen.

5/12 Welche Vorteile bietet der Einsatz einer Schwenkbiegemaschine gegenüber dem Biegen im Schraubstock?

5/13 Mit welchen Hilfsmitteln wird beim freien Biegen von Rohren eine Querschnittsveränderung an der Biegestelle verhindert?

5/14 Weshalb bleibt beim Biegen von Rohren in Biegevorrichtungen der Querschnitt weitgehend erhalten?

5/15 Beim Biegen geschweißter Rohre legt man nach Möglichkeit die Schweißnaht so, dass sie keinen Zug- oder Druckspannungen ausgesetzt ist.
Skizzieren Sie das gebogene Rohr, und zeichnen Sie die Lage der Schweißnaht ein.

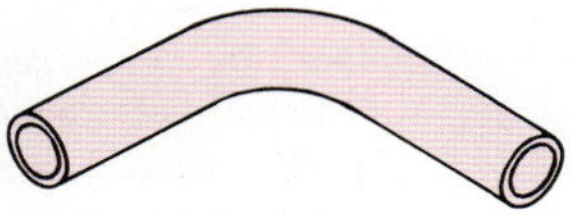

Rohlängen von Biegeteilen

Die Rohlänge von Biegeteilen entspricht ungefähr der Länge der neutralen Faser. Die neutrale Faser verläuft durch den Schwerpunkt des Profilquerschnitts.

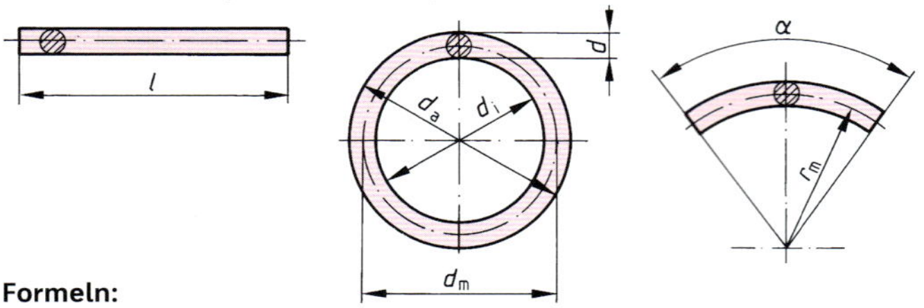

Bezeichnungen

- l gestreckte Länge
- d Werkstückdurchmesser
- d_m mittlerer Durchmesser
- r_m mittlerer Radius
- d_a Außendurchmesser
- d_i Innendurchmesser

Formeln:

Kreisring

$$d_m = d_a - d$$

$$d_m = d_i + d$$

$$l = d_m \cdot \pi$$

Kreisringabschnitt

$$l = \frac{2 \cdot r_m \cdot \pi \cdot \alpha}{360°}$$

Merke: Zur Ermittlung der gestreckten Länge L wird ein mehrfach gebogenes Werkstück in einfach zu errechnende Teillängen l_1, l_2, ... zerlegt. Diese Teillängen bestehen meist aus Geraden, Kreisen oder Kreisbögen.

$$L = l_1 + l_2 + \ldots$$

5/16 Aus Rundstahl mit einem Durchmesser von 6 mm werden nach Abbildung 50 Haken hergestellt.

a) Wie lang ist das Rohteil zuzuschneiden (Angabe in mm)?

b) Wie viel Material muss bestellt werden, wenn der Sägeschnitt 3 mm beträgt (Angabe in mm)?

c) Berechnen Sie die Restlängen für Stangen mit 6 mm Länge.

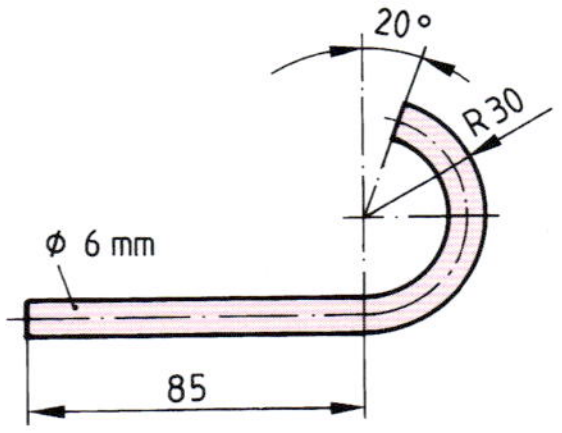

5/17 Eine Lasche aus Flachstahl 30 x 8 soll gemäß Zeichnung angefertigt werden.

a) Zeichnen Sie das Teil im Maßstab 1:1, und tragen Sie die Linie für die neutrale Faser ein.

b) Berechnen Sie die gestreckte Länge des Rohteiles.

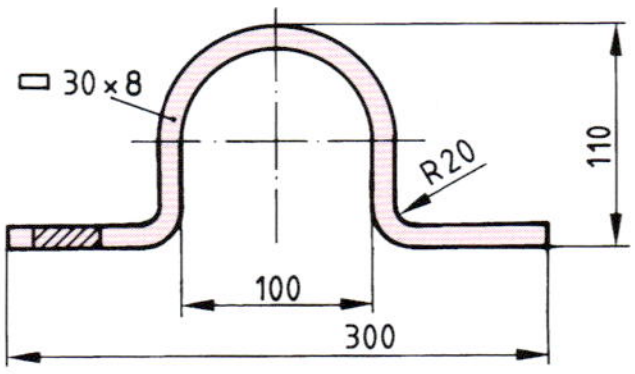

Verschnitt

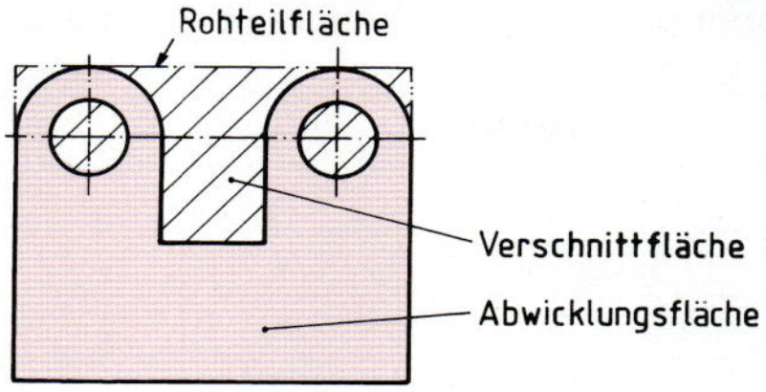

Formel

$A_V = A_R - A_W$

Formelzeichen

A_V Verschnittfläche
A_R Rohteilfläche = Blechbedarf
A_W Abwicklungsfläche bzw. Werkstückfläche

Verschnittberechnung in Prozent mit Dreisatz:

Rohteilfläche ≙ 100 %
Verschnittfläche ≙ x %

$$\text{Verschnitt } \% = \frac{100\,\%\, A_V}{A_R}$$

5/18 Aus einer Blechtafel von 1 000 mm x 2 000 mm werden zwei kreisrunde Deckel mit 860 mm Durchmesser geschnitten.
Berechnen Sie den Verschnitt in %.

5/19 Berechnen Sie den Verschnitt in Prozent für die folgenden Werkstücke:

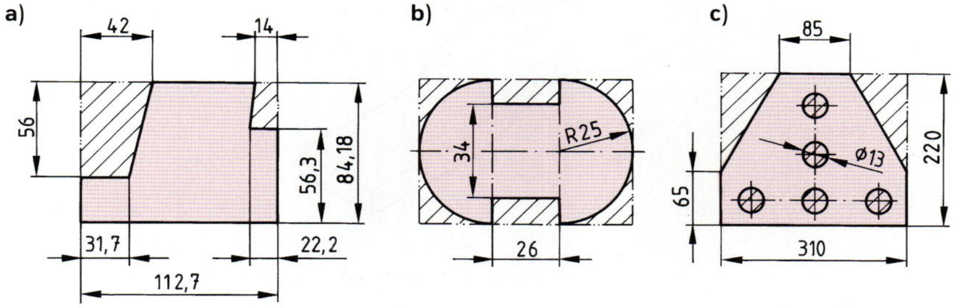

Rohlängen von Schmiedeteilen

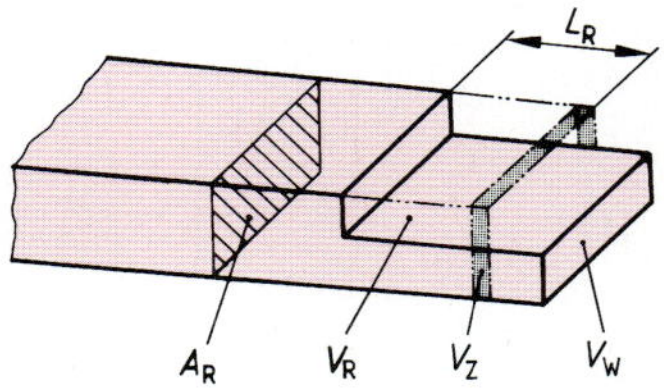

Formel

$V_R = V_W$ (ohne Verlust)
$V_R = V_W + V_Z$ (mit Verlust)
$A_R = L_R = V_W + V_Z$

$$L_R = \frac{V_W + V_Z}{A_R}$$

Formelzeichen

V_W Volumen des Fertigteils
V_R Volumen des Rohlings
V_Z Volumenzugabe für Abbrand
A_R Stirnfläche des Rohlings
L_R Länge des Rohlings

Die Volumen- und Längenangaben beziehen sich ausschließlich auf den umzuformenden Bereich.

5/20 Berechnen Sie für die folgenden Aufgaben die Rohlängen.

	Rohling Form	Maße	wird umgeformt zu Form	Maße in mm	Abbrand	Länge des Rohlings
a)	ø	$d = 25$ mm	Vierkantzapfen	18 x 18 x 60	6 %	$L_R = ?$
b)	ø	$d = 12$ mm	zylindrischer Kopf	ø 20 x 10	5 %	$L_R = ?$
c)	□	$a = 30$ mm	Vierkantzapfen	□ 20 x 100	7 %	$L_R = ?$
d)	□	$a = 27$ mm	zylindrischer Kopf	ø 36 x 25	7 %	$L_R = ?$
e)	▭	60 x 20	zylindrischer Zapfen	ø 18 x 120	5 %	$L_R = ?$
f)	ø	$d = 15$ m	Sechskantkopf	SW 24, 12 hoch	4 %	$L_R = ?$

5/21 An einen Rundstab mit $d = 25$ mm soll eine kegelförmige Spitze von 72 mm angeschmiedet werden. Der Stab soll mit Spitze 150 mm lang sein.

a) Ermitteln Sie die Rohlänge des Rundstabes.
b) Wie lang muss die Rohlänge des Stabes mit 15 % Abbrand sein?

5/22
a) Beschreiben Sie das Richten des Flachstabes durch äußere Krafteinwirkung.
b) Wie müssen sich beim Richten die Längen der Fasern verändern?

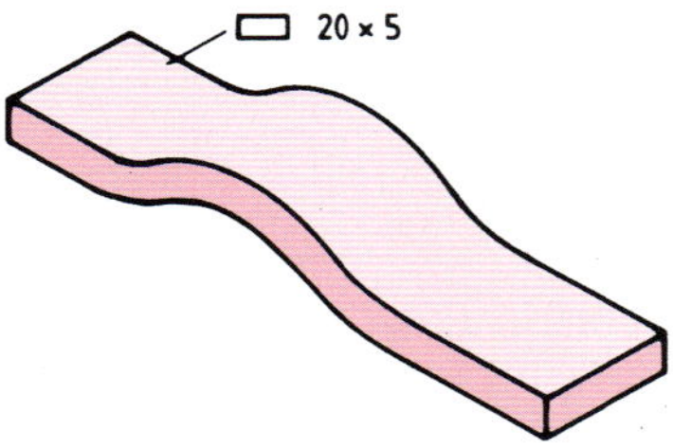

6 Fertigen mit Drehmaschinen

6/1 In einem Buch über historische Drehmaschinen war die folgende Originalabbildung von 1895 zu finden.
Geben Sie Bezeichnung und Funktion der gekennzeichneten Baugruppen an.

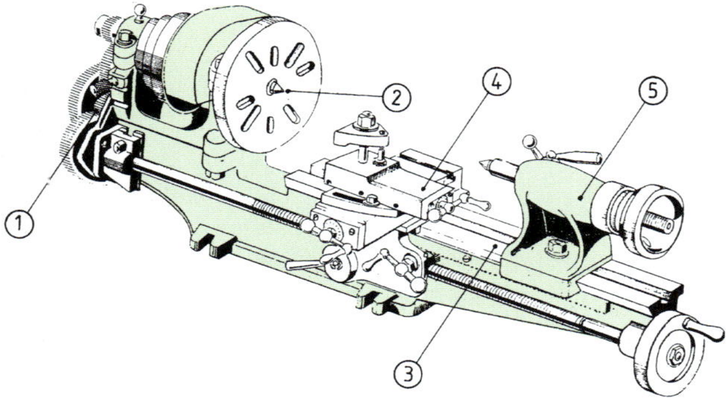

6/2 An eine Stange wird ein Zapfen angedreht. Anschließend wird das Werkstück abgestochen. Benennen Sie die mit ① bis ④ gekennzeichneten Bewegungen.

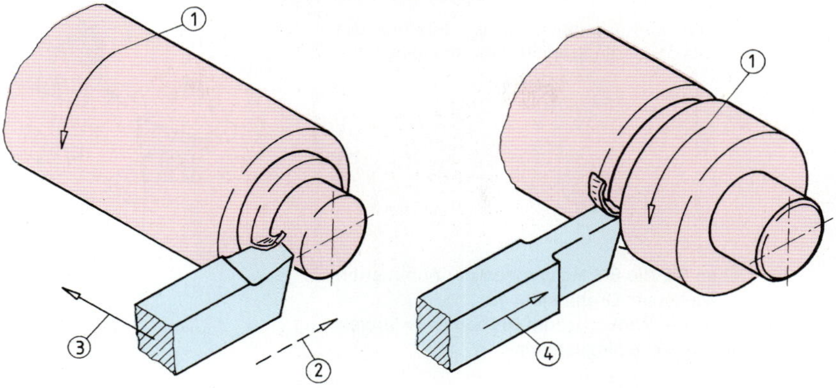

Längs-Runddrehen **Quer-Abstechdreher**

6/3 Benennen Sie die Arten von Dreharbeiten, mit denen die bezeichneten Teile der Werkstückkontur gefertigt werden, z. B. Bereich 4 = Längs-Runddrehen.

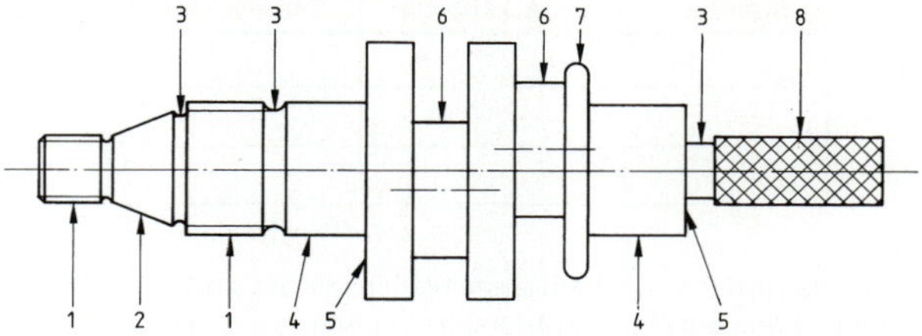

6/4 Benennen Sie die dargestellten Drehverfahren und die verwendeten Drehmeißel.

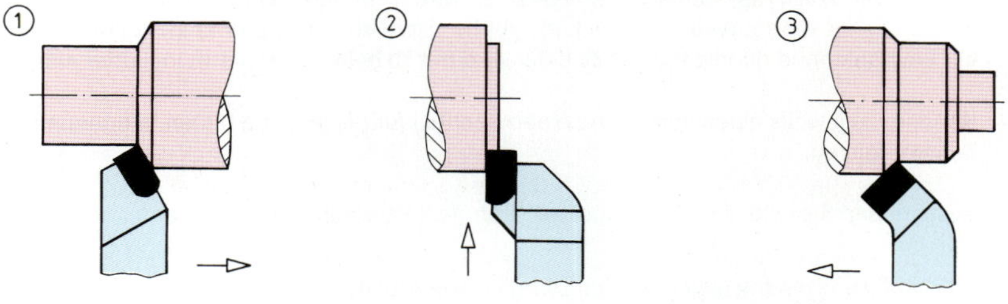

6/5 Geben Sie die Bezeichnungen der nummerierten Flächen und Kanten des Drehmeißels an.

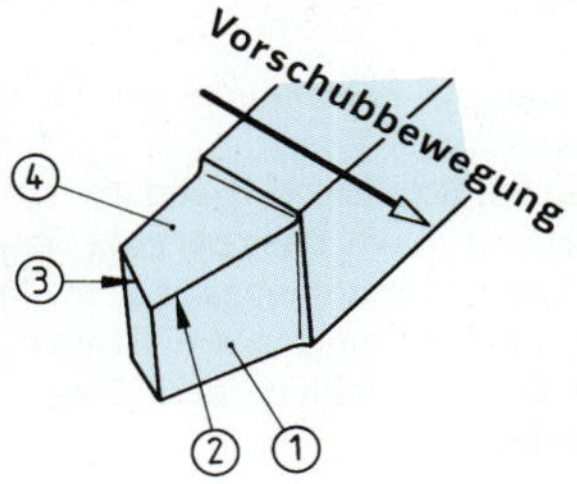

6/6 **a)** Geben Sie die Bezeichnungen und das Kurzzeichen der nummerierten Winkel am Drehmeißel an.
b) Welchen Einfluss hat eine Vergrößerung des Winkels ① auf die Stabilität der Schneide?

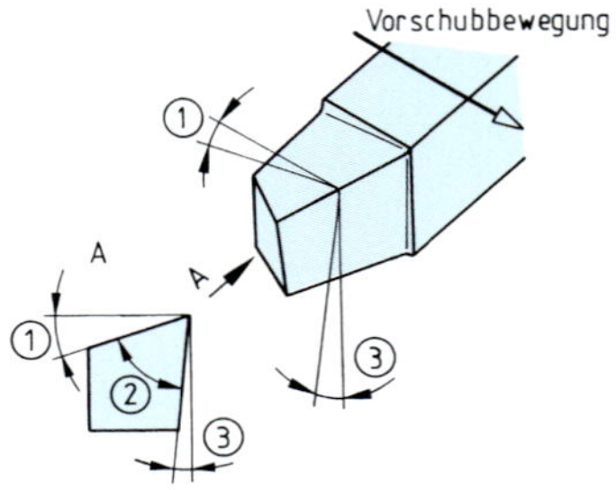

6/7 **a)** Geben Sie die Bezeichnungen der nummerierten Winkel am Drehmeißel an.
b) Wie ist der Winkel ① zum Drehen einer langen, dünnen Welle einzustellen?

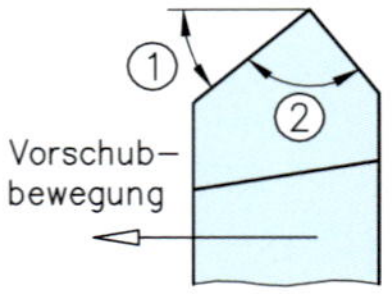

6/8 Ordnen Sie die folgenden Werkstückformen in die Tabelle der Spannmöglichkeiten ein:
Rundstahl: Rd 30 x 200, Vierkantstahl: 4kt 40 x 100,
Sechskantstahl: 6kt 24 x 60, Rundstahl: Rd 120 x 90.
Achtkantprofil: 8kt 60 x 120.

Spannen im Dreibackenfutter	Spannen im Vierbackenfutter
?	?
?	?
?	?

6/9 Nennen Sie Gründe dafür, weshalb lange Wellen, die auf einem großen Teil ihrer Länge zu bearbeiten sind, am freien Ende mit einer Zentrierspitze geführt werden müssen.

6/10 Welche Fehler können beim Längs-Runddrehen am Werkstück auftreten?
a) Ein Werkstück ragt weit aus dem Futter. Es wird nicht durch eine Zentrierspitze gestützt.
b) Eine lange dünne Welle, die am Ende geführt ist, wird mit zu großer Zustellung bearbeitet.
c) Ein hohler und dünnwandiger Zylinder wird mit zu hoher Spannkraft im Futter eingespannt.

6/11 Nennen Sie jeweils einen Vorteil und einen Nachteil für den Einsatz feststehender und mitlaufender Zentrierspitzen.

6/12 Beschreiben Sie, wie die Standzeit eines Drehmeißels ermittelt werden kann.

6/13 Eine Welle aus niedrig legiertem Stahl wird in zwei Arbeitsgängen mit einer Hartmetallschneide P 25 bzw. P 10 überdreht. Die Schnitttiefe beim Schruppen beträgt 5 mm, beim Schlichten 1 mm.
a) Welche Vorschübe sind einzustellen?
b) Welche Schnittgeschwindigkeiten sind zu wählen?

6/14 **a)** Geben Sie die Formel zur Berechnung der Schnittgeschwindigkeit bei einer kreisförmigen Schnittbewegung an.
b) Geben Sie die Einheit der Schnittgeschwindigkeit beim Drehen an.
c) Formen Sie die Gleichung so um, dass bei gegebenem Werkstückdurchmesser und festgelegter Schnittgeschwindigkeit die Umdrehungsfrequenz berechnet werden kann.
d) Berechnen Sie für $v_c = 120$ m/min und $d = 80$ mm die Umdrehungsfrequenz n.
e) Überprüfen Sie das Ergebnis mithilfe des „Diagramms zur Bestimmung der Umdrehungsfrequenz" aus dem Lehrbuch.

6/15 Berechnen Sie die fehlenden Werte:

	Schnittgeschwindigkeit	Durchmesser	Umdrehungsfrequenz
a)	280 m/min	220 mm	?
b)	70 m/min	?	190 1/min
c)	?	140 mm	360 1/min
d)	85 m/min	?	720 1/min
e)	25 m/min	52 mm	?
f)	52 m/min	38 mm	?

6/16 Beim Drehen hängt die erreichbare Rautiefe von den Schnittbedingungen und der Schneidengeometrie ab.

a) Geben Sie 5 Einflussgrößen auf die Rautiefe an.
b) Wie sind die 5 Einflussgrößen zu wählen, um eine möglichst geringe Rautiefe zu erreichen?
c) Erläutern Sie den Zusammenhang zwischen Aufbauschneidenbildung und Rautiefe.
d) Nennen Sie Maßnahmen, die zur Verringerung der Aufbauschneidenbildung führen.

6/17 Nennen Sie Sicherheitsrisiken, die es vor allem beim Hochgeschwindigkeitsdrehen gibt.

7 Fertigen mit Fräsmaschinen

7/1 Übertragen Sie die Abbildung eines Fräserzahnes.

a) Zeichnen Sie die beiden Bezugsebenen zur Festlegung der Winkel am Schneidkeil ein.
b) Tragen Sie durch entsprechende Maßpfeile den Keil-, Frei- und Spanwinkel am Punkt P ein, und benennen Sie die Winkel mit ihren Formelzeichen.

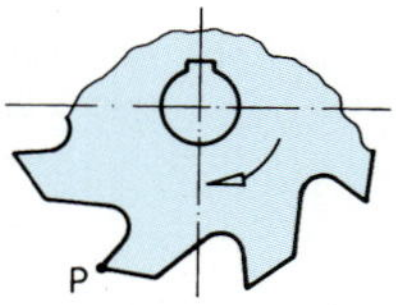

7/2 **a)** Skizzieren Sie die fertigen Werkstücke und tragen Sie die Vorschubrichtung zur Erzeugung der Aussparung ein.
b) Geben Sie jeweils die Lage der Hauptschneiden an. Beschreiben Sie die Lage am Fräser.

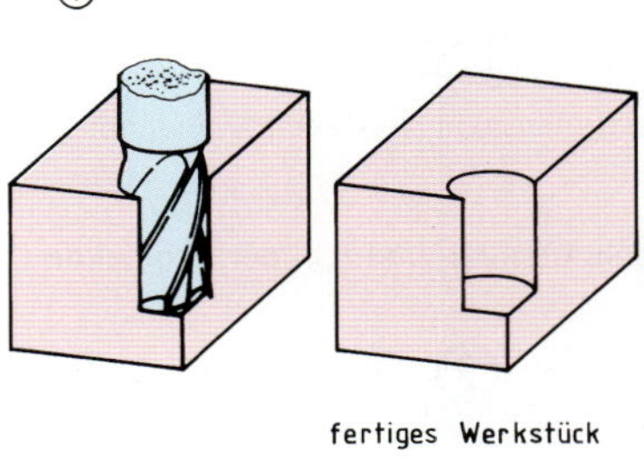

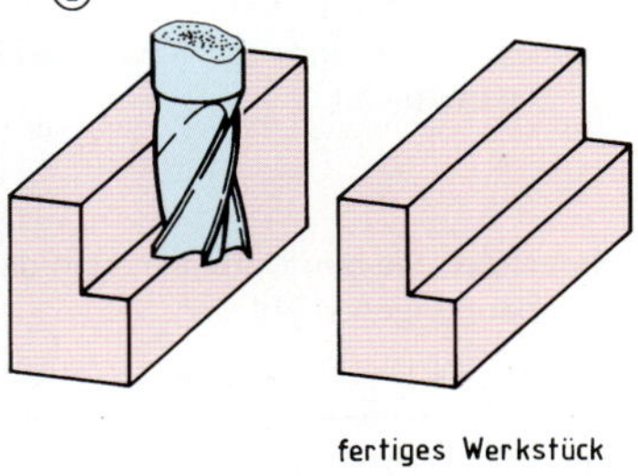

7/3 Welches Fräsverfahren liegt vor

a) entsprechend der Form der erzeugten Fläche,
b) nach der Lage der Hauptschneiden,
c) nach dem Zusammenwirken von Schnitt- und Vorschubbewegung?

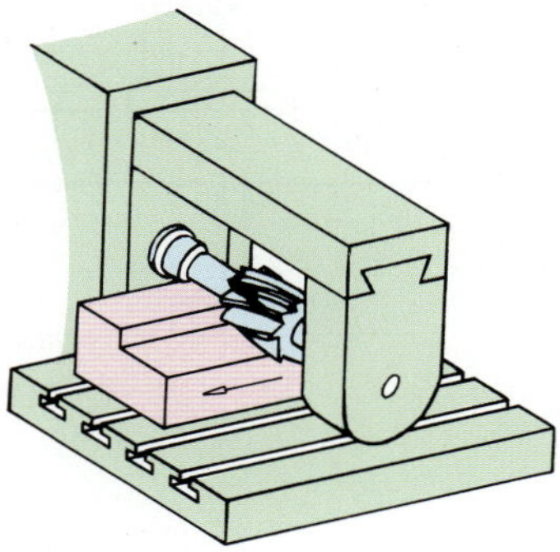

7/4 Übertragen Sie die Merksätze und ergänzen Sie die Lücken durch die zutreffende Antwort.

a) Als Gegenlauffräsen bezeichnet man einen Fräsvorgang, bei dem die Schnittbewegung und die Vorschubbewegung in *(gleicher/entgegengesetzter)* Richtung wirken.
Der kommaförmige Span hat dabei seinen größten Querschnitt am *(Anfang/Ende)* eines jeden Schnittes.

b) Als Gleichlauffräsen bezeichnet man einen Fräsvorgang, bei dem die Schnittbewegung und die Vorschubbewegung in *(gleicher/entgegengesetzter)* Richtung wirken.
Der kommaförmige Span hat dabei seinen größten Querschnitt am *(Anfang/Ende)* eines jeden Schnittes.

7/5 Die gezeigte Platte aus Werkzeugstahl soll auf der Oberfläche plangefräst werden, und es sollen zwei Nuten von 8 mm Breite, 6 mm Tiefe und 90 mm Länge eingefräst werden.

a) In welcher Reihenfolge sind die Arbeiten durchzuführen?

b) Wählen Sie geeignete Fräsverfahren aus.

c) Wählen Sie geeignete Fräser aus.

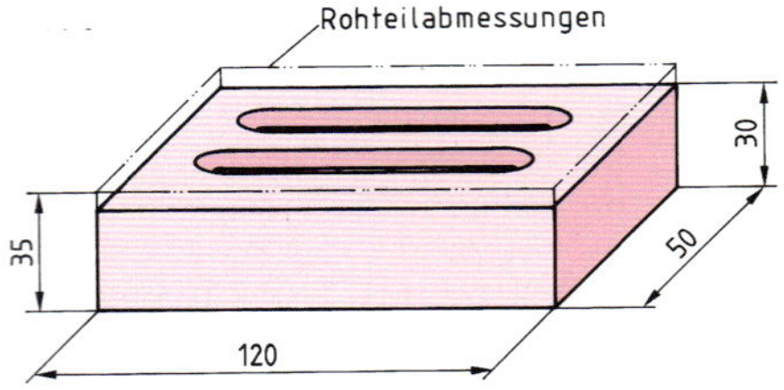

7/6 In die skizzierte Welle aus Baustahl soll eine Nut eingefräst werden.

a) Wählen Sie einen geeigneten Fräser aus.

b) Bestimmen Sie die Umdrehungsfrequenz und den Vorschub.

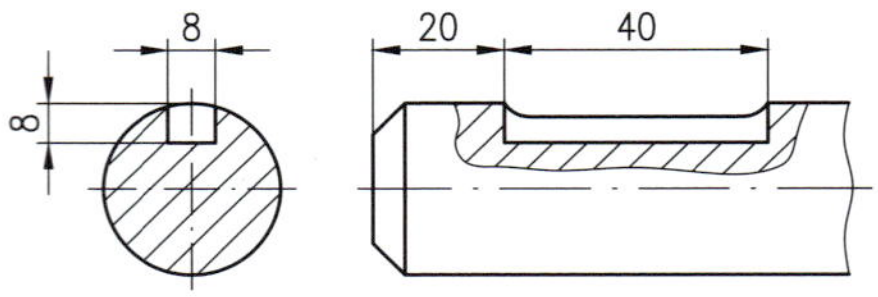

7/7 Von dem dargestellten Werkstück sollen auf der gekennzeichneten Seite 2 ± 0,05 mm abgefräst werden.

a) Wie ist das Werkstück zu spannen?

b) Wie kann die korrekte Einspannung kontrolliert werden?

c) Geben Sie die zu verwendenden Hilfsmittel an.

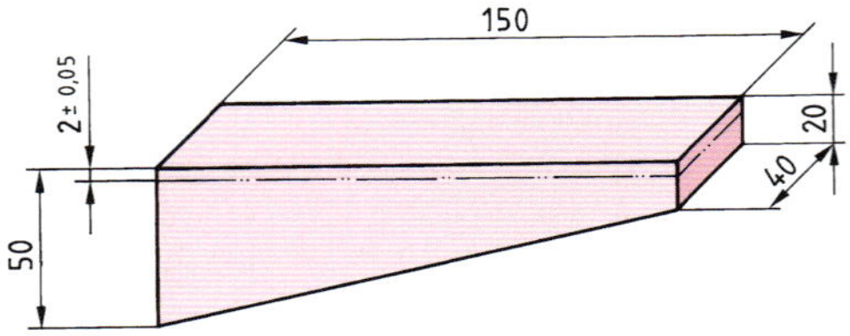

7/8 Berechnen Sie den Unterschied in den Spannkräften F_{W1} und F_{W2}, der sich bei den verschiedenen Aufspannungen ergibt.

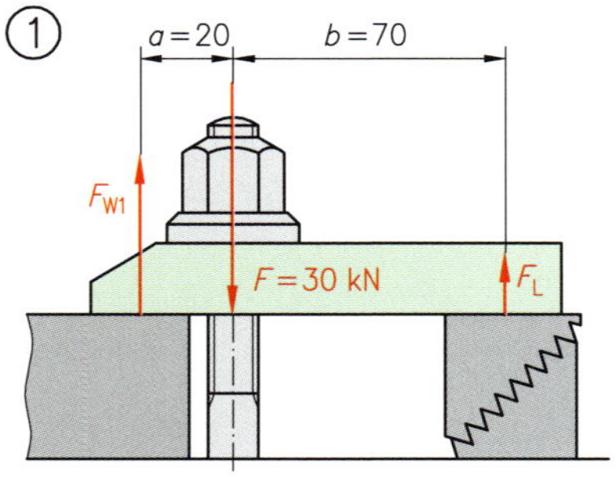

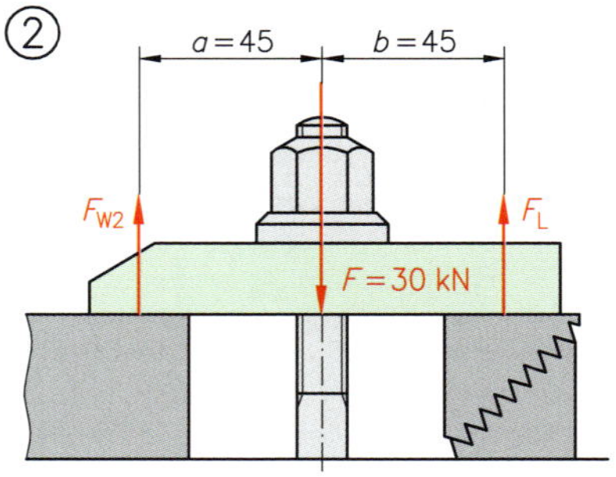

8 Fertigen mit Schleifmaschinen

8/1 Die Schleifverfahren können nach ihrem Zweck in der Fertigung unterteilt werden.

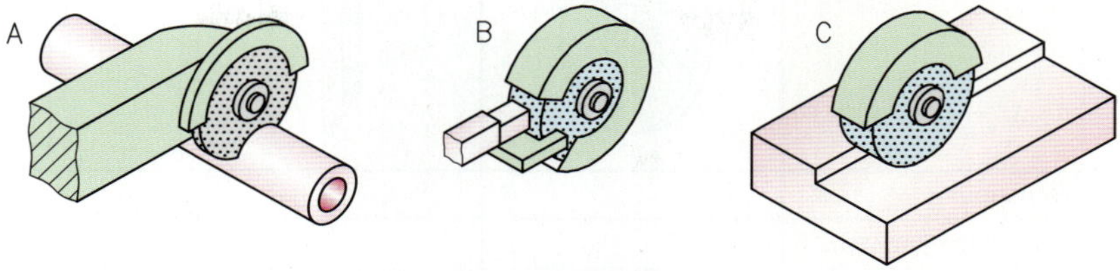

a) Benennen Sie die in den Skizzen dargestellten Verfahren.
b) Geben Sie Beispiele aus Ihrer praktischen Erfahrung zu dem jeweiligen Einsatzzweck an.

8/2 Vergleichen Sie einen Fräser mit einer Schleifscheibe nach folgenden Gesichtspunkten:
- Anzahl der Schneiden,
- Größe von Keilwinkel und Spanwinkel.

8/3 Skizzieren Sie vergrößert einen kleinen Ausschnitt aus einer Schleifscheibe. Benennen Sie die Bestandteile der Schleifscheibe.

8/4 Viele Werkstätten sind mit einem Schleifbock ausgestattet. Welche Werkstücke bzw. Werkzeuge werden vorzugsweise an dieser Maschine bearbeitet bzw. geschärft?

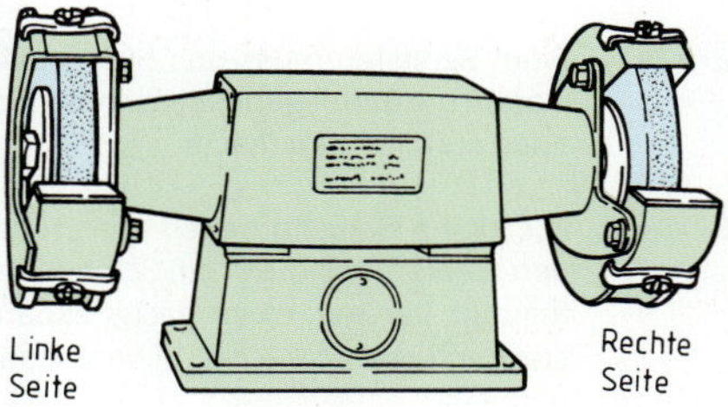

8/5 Skizzieren Sie die Bearbeitung einer Leiste auf einer Flachschleifmaschine ab. Es wird im Gleichlaufverfahren geschliffen.

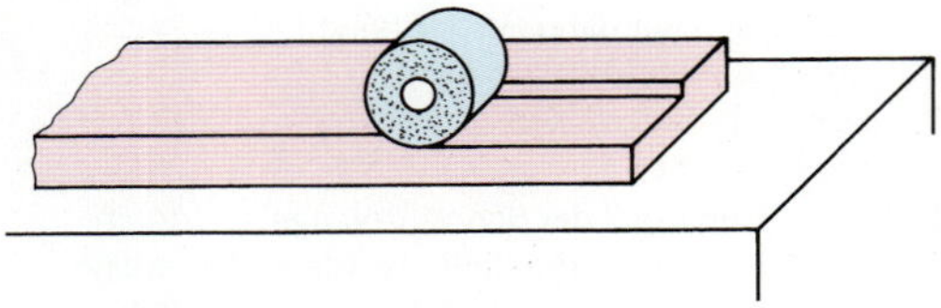

Tragen Sie mit Pfeilen ein:
- Schnittbewegung,
- Längsvorschubbewegung,
- Quervorschubbewegung,
- Zustellbewegung,
- genaue Benennung dieses Schleifverfahrens.

8/6 Eine ebene Werkstückoberfläche kann durch zwei Schleifverfahren, die sich durch die Lage der Schleifscheibe zur Werkstückoberfläche unterscheiden, bearbeitet werden.

a) Skizzieren Sie die möglichen Lagen der Schleifscheibe für das Schleifen ebener Oberflächen.
b) Benennen Sie die Verfahren, und vergleichen Sie die Verfahren hinsichtlich Abtragsleistung und erreichbarer Oberflächenbeschaffenheit.

8/7 200 Zwischenlagebleche müssen von 5 mm auf 4,85 mm Dicke geschliffen werden. Die Umrissmaße betragen 25 x 30. Schildern Sie die Bearbeitung mit Angabe der Schleifmaschine, der Aufspannung und des Schleifverfahrens.

8/8 Skizzieren Sie die Tabelle ab, und tragen Sie die Benennung und den Verwendungszweck der Schleifkörper ein.

Schleifkörper	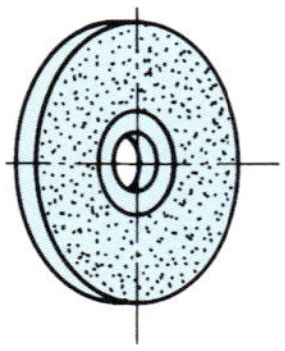	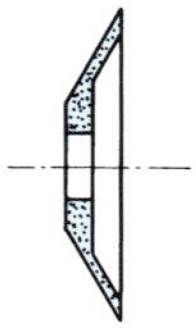	
Benennung	?	?	?
Verwendungszweck	?	?	?

8/9 Eine Schleifscheibe für hohe Umfangsgeschwindigkeiten ist mit einem grünen Farbstreifen gekennzeichnet.

a) Ermitteln Sie aus einer Tabelle die höchstzulässige Umfangsgeschwindigkeit.

b) Berechnen Sie die Umdrehungsfrequenz für Schleifscheiben mit dem Durchmesser 160 mm (250 mm).

8/10 Welche Wirkungen erzielt man durch das Abrichten von Schleifscheiben für den weiteren Einsatz?

8/11 **a)** Mit welchen Vorrichtungen können Schleifscheiben abgerichtet werden?

b) Wie wird das Abrichten durchgeführt?

8/12 Beim Schleifen muss aus Sicherheitsgründen eine Schutzbrille getragen werden. Begründen Sie, warum die Berufsgenossenschaft immer wieder auf diese Unfallverhütungsvorschrift mit vielen Aktionen aufmerksam macht.

8/13 Für kleine Schleifarbeiten von Hand steht in den Werkstätten meist ein Schleifbock zur Verfügung, der mit einer nachstellbaren Werkstückauflage und einer Schutzhaube ausgerüstet ist.

a) Welche Aufgabe hat die Schutzhaube?

b) Warum muss die Werkstückauflage nachstellbar sein?

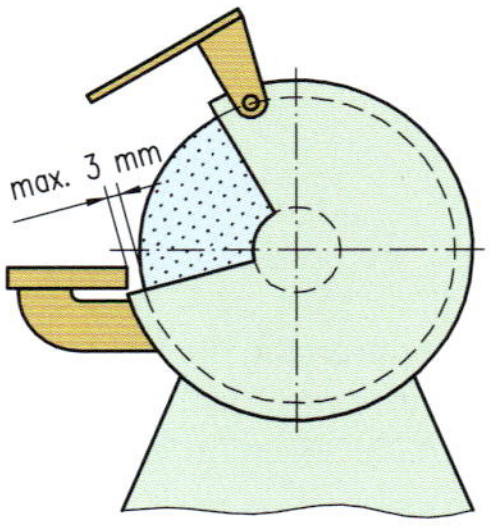

8/14 Der Bügel der Schraubzwinge soll durch Fräsen hergestellt werden. Es steht Flachstahl aus S 235(St 37) mit 60 mm Breite und 24 mm Dicke zur Verfügung. Planen Sie die Herstellung und Prüfung, einschließlich der Herstellung der Bohrung des Gewindes für die Spindel.

(*Hinweis:* Datenblatt zu der Aufgabe siehe nächste Seite)

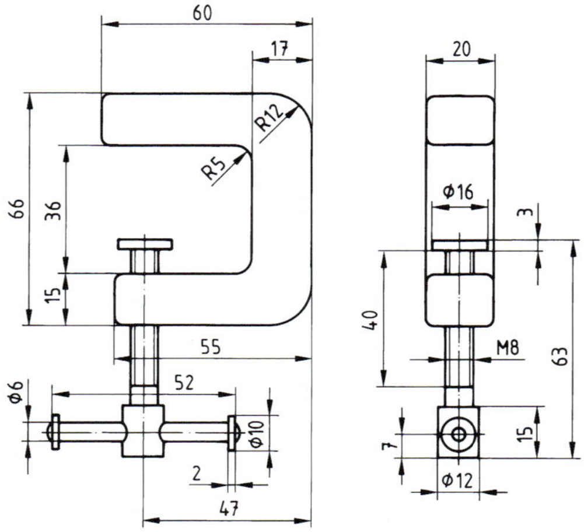

Daten der zur Verfügung stehenden HSS-Werkzeuge:

Bohrer mit den Durchmessern 5; 6; 6,5; 6,8; 8; 10 mm,
Zentrierbohrer,
Kegelsenker 90°

Schaftfräser:	Ø 10 mm	x 45 mm Schneidenlänge, 4 Schneiden,			
	Ø 20 mm	x 38 mm Schneidenlänge, 4 Schneiden,			
Scheibenfräser:	Ø 63 mm	x 6 mm,	12 Schneiden,	f_z = 0,10 mm,	v_c = 16 m/min
	Ø 160 mm	x 10 mm,	22 Schneiden,	f_z = 0,10 mm,	v_c = 16 m/min
Walzenfräser:	Ø 50 mm	x 40 mm,	8 Schneiden,	f_z = 0,10 mm,	v_c = 22 m/min
	Ø 100 mm	x 70 mm,	10 Schneiden,	f_z = 0,10 mm,	v_c = 22 m/min
Walzenstirnfräser:	Ø 40 mm	x 40 mm,	8 Schneiden,	f_z = 0,15 mm,	v_c = 22 m/min
	Ø 110 mm	x 35 mm,	12 Schneiden,	f_z = 0,15 mm,	v_c = 22 m/min

9 Kühlschmierstoffe

9/1 Die nebenstehende Zeichnung verdeutlicht die Wärmeentwicklung beim Drehen von Vergütungsstahl mit Hartmetalldrehmeißeln.
Fassen Sie die Aussagen der Zeichnung über den Temperaturverlauf an der Schnittstelle in Worte.

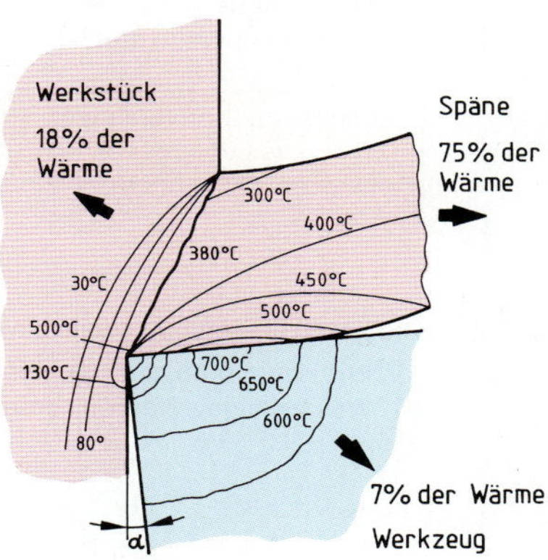

9/2 Mit welchen Schwierigkeiten müssen Sie rechnen, wenn Sie beim Zerspanen im Trockenschnitt arbeiten?

9/3 In Automatendrehereien verwendet man häufig Einheitsöle. Was versteht man darunter?

9/4 Für die Bohrmaschine sollen 10 l neues Kühlschmiermittel angesetzt werden. Das verbrauchte Kühlschmiermittel muss beseitigt werden. Der Facharbeiter, dem Sie zugeteilt sind, sagt: „Schütt' das alte Zeug in den Ausguss – ist ja sowieso 90 % Wasser. Man soll sich doch nicht so anstellen!" Sie wissen, wenn Sie seinen Anordnungen nicht folgen, „gibt's Druck".
Wie sollten Sie sich verhalten?

9/5 Sie erhalten den Auftrag, frischen Kühlschmierstoff anzusetzen. Auf dem 5-l-Kanister des Konzentrats steht: „Beste Ergebnisse beim Zerspanen von unlegierten Stählen werden mit einem 8-prozentigen Ansatz erzielt."
Wie vie Liter Wasser müssen Sie dem Konzentrat zusetzen?

9/6 Fremdöl mindert die Gebrauchseigenschaften von Kühlschmiermitteln.

a) Wie gelangt dieses Öl in das Kühlschmiermittel?
b) Wie kann man den Eintrag gering halten?

9/7 Wie werden in Ihrem Ausbildungsbetrieb Kühlschmiermittel entsorgt?

9/8 Wassermischbare Kühlschmierstoffe haben eine sehr gute Reinigungswirkung. Trotzdem soll man sich darin nicht die Hände waschen.
Begründen Sie die Anweisung.

10 Fertigungsverfahren des Fügens

10/1 Das Fügen von Bauelementen kann durch verschiedene Hilfsmittel erfolgen.
Zeichnen Sie eine Tabelle gemäß unten stehendem Muster und ordnen Sie die Fügeverfahren ein.

- Schraubenverbindung herstellen, – Blechteile durch Löten fügen,
- Zylinderstift einsetzen, – Kegelstift einschrauben,
- Keilverbindung zwischen Nabe und Welle montieren,
- Bauteile verschweißen, – Schuhsohlen durch Kleben befestigen,
- Kerbverzahnung zwischen Nabe und Welle montieren,
- Scheibenfeder zwischen Nabe und Welle montieren,
- Zahnrad mit Welle durch Schrumpfen verbinden

Fügen durch Stoffvereinigen	Fügen durch Zusammensetzen	Fügen durch An- und Einpressen

10/2 Die gezeichneten Einzelteile eines Hebelsystems werden entsprechend dem Bild gefügt.

a) Wie nennt man die Fügehilfsteile ①, ②, ③?

b) Welche Fügeverfahren kommen hier zur Anwendung?

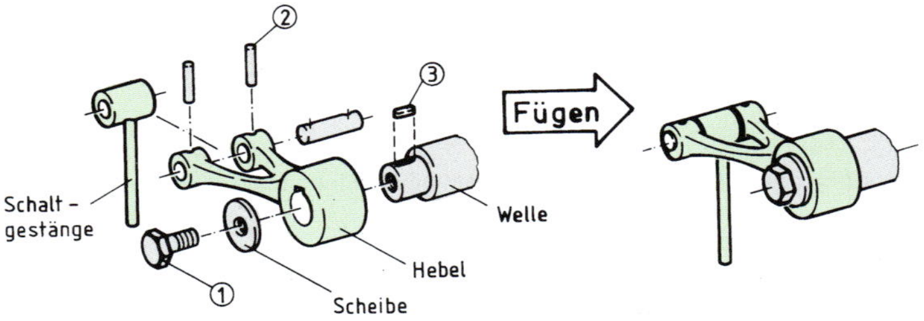

10/3 Übernehmen Sie die folgende Tabelle und geben Sie die Art des Fügens durch Ankreuzen an.

Fügen durch	Kraftschluss	Formschluss	Stoffschluss
Kleben	?	?	?
Schweißen	?	?	?
Löten	?	?	?
Passschrauben	?	?	?
Schrumpfen	?	?	?

10/4 Der Kraftfluss in einer Bohrmaschine erfolgt über folgende Bauteile in der angegebenen Reihenfolge:
- Riemenscheibe des Motors/Riemen/Riemenscheibe der Bohrspindel;
- Passfeder zwischen Riemenscheibe und Bohrspindel;
- Bohrspindel mit kegeliger Hülse/Bohrer mit Kegelschaft.

Welche Art der Kraftübertragung besteht jeweils zwischen den gefügten Bauteilen?

10/5 Ordnen Sie die folgenden Beispiele von Schraubenverbindungen nach ihrem Einsatz als
- Befestigungsschraube,
- Bewegungsschraube,
- Schraube mit besonderen Aufgaben.

Übernehmen Sie dazu die folgende Tabelle, und vervollständigen Sie diese durch Ankreuzen.

	Befestigungs-schraube	Bewegungs-schraube	Schraube mit besonderen Aufgaben
Gewinde an Fahrradachse	?	?	?
Gewinde einer Messspindel	?	?	?
Gewinde an der Schraubstockspindel	?	?	?
Gewinde an einem Wagenheber	?	?	?
Gewinde an einer Lampenfassung	?	?	?

10/6 a) Wodurch bringt man in einer Schraubverbindung die notwendigen Kräfte auf?

b) Warum sind für Schrauben mit kleinem Durchmesser die Schraubenschlüssel kurz und für Schrauben mit großem Durchmesser die Schraubenschlüssel lang?

10/7 Warum verwendet man für Befestigungsschrauben Spitzgewinde?

10/8 Wodurch unterscheidet sich das Metrische ISO-Regelgewinde vor allem vom Whitworth-Gewinde? Geben Sie die unterschiedlichen Werte an.

10/9 Die nebenstehende Abbildung zeigt den Ausschnitt einer Stückliste.
Welche Aussagen werden über die verschiedenen Gewinde in der Stückliste gemacht?

8	1	Spindel	M 10 × 0,75
9	1	Spindel	M 12 f
10	3	Gewindebuchse	M 8 × 0,75 - LH
11	2	Schraube	M 12 - LH

10/10 Für ein Rohr ist G 1/2 vorgesehen. Welche Aussagen werden hiermit gemacht?

10/11 a) In welche Richtung müssen Schrauben in Normalausführung zum Anziehen gedreht werden?
b) Wie kann man die Gewinderichtung bei Schrauben und Muttern erkennen?
c) Zu welchem Zweck werden Linksgewinde eingesetzt?

10/12 Die Schleifscheiben auf dem dargestellten Schleifbock sollen gewechselt werden. Die ausgebauten Scheiben sollen später wieder verwendet werden, sie müssen darum sorgfältig ausgebaut werden.

a) Welche Gangrichtung haben die Gewinde auf jeder Seite?

b) In welche Drehrichtung muss jeweils gelöst werden?

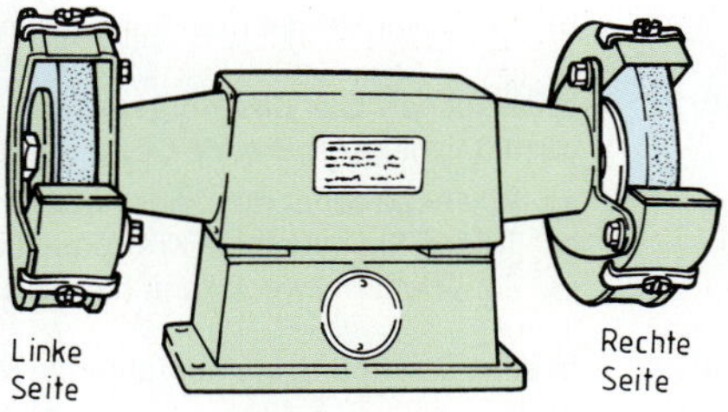

10/13 Zur Befestigung eines Deckels auf einem Gussgehäuse hat ein Konstrukteur zwischen den dargestellten Möglichkeiten zu wählen.

a) Benennen Sie die beiden Schraubenarten.

b) Wie sollte sich der Konstrukteur entscheiden? Listen Sie die Vor- und Nachteile beider Verschlussmöglichkeiten für die Herstellung und Montage auf.

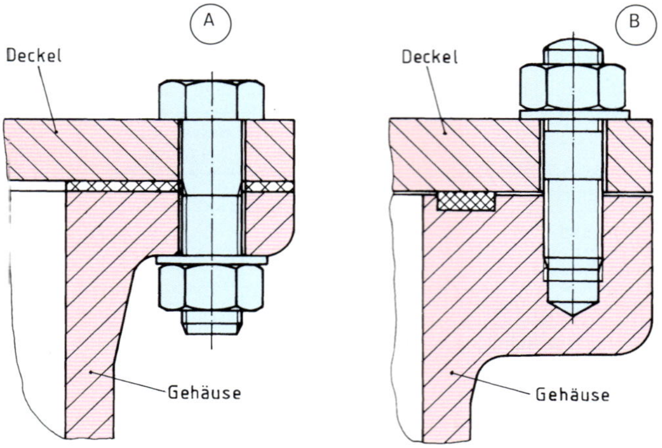

10/14 **a)** Warum findet die Innensechskantschraube im Werkzeugbau bevorzugt Anwendung?

b) Welchen Vorteil bieten Linsenkopfschrauben mit Kreuzschlitz gegenüber Senkkopfschrauben mit einem Schlitz?

10/15 **a)** Nennen Sie ein Beispiel, bei dem Hutmuttern verwendet werden.

b) Welche Vorteile hat die Verwendung von Hutmuttern?

c) Woran erkennt man Muttern mit Linksgewinde?

10/16 Auf zwei Schrauben sind die Kennzahlen 6.6 und 5.8 angegeben.

a) Nennen Sie die Kennwerte der beiden Schraubenwerkstoffe.

b) Bei welcher der beiden Schrauben tritt eher eine bleibende Formänderung bei Überlast ein? Begründen Sie Ihre Antwort.

10/17 Für eine Schraubenverbindung ist ein Schraubenbolzen mit dem Kennzeichen 10.9 vorgesehen. Welche Festigkeitskennzahl sollte die Mutter aufweisen? Begründen Sie die Auswahl.

10/18 Erklären Sie, wie bei mechanischen Schraubensicherungen die Radialrippen an den Verbindungselementen wirksam sind, um ein Lösen der Schraubenverbindung zu verhindern.

10/19 Schrauben mit mikroverkapseltem Klebstoff haben sich als sehr wirksame Elemente erwiesen, um ein Lösen der Schraubenverbindung zu verhindern.
Erklären Sie, was beim Einschrauben dieser Schrauben mit den Klebstoffkapseln geschieht und welche Eigenschaft der Klebstoff haben muss.

10/20 **a)** Warum setzt man Trapezgewinde als Bewegungsgewinde ein?

b) Wann verwendet man Rundgewinde? Begründen Sie Ihre Antwort.

10/21 Untersuchen Sie das vorgegebene Gewindeprofil. Zeichnen Sie dazu das nebenstehende Gewindeprofil ab.

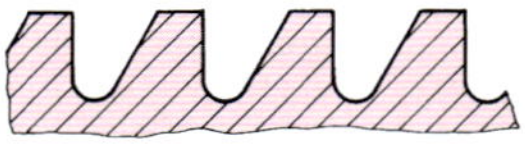

a) Wie bezeichnet man dieses Gewindeprofil?

b) Tragen Sie mit einem Kraftpfeil die Hauptbelastungsrichtung ein.

c) Zu welchem Zweck kann dieses Gewinde eingesetzt werden?

10/22 In einer Zeichnung stehen folgende Maßangaben über Gewinde:

a) Tr 32 x Ph 12 P 4 m **b)** M 30-LH **c)** Rd 16 x $^1/_8$ **d)** S 36 x 6-LH

Entschlüsseln Sie diese Angaben.

10/23 Ein Hebel soll durch eine Feder in eine bestimmte Lage gestellt werden. Die Feder soll über einen Stift mit dem Gehäuse verbunden werden.
Wählen Sie einen geeigneten Stift aus.

10/24 In einer Druckmaschine soll ein gegossener Schalthebel mit einer Welle verbunden werden. Es wird nur ein geringes Drehmoment übertragen.
Schlagen Sie eine einfach herzustellende und preiswerte Verbindung mit einem Stift vor, die wiederholt gelöst werden kann. Begründen Sie Ihre Antwort.

10/25 An einem Schneidwerkzeug müssen Führungsplatte und Schneidplatte in ihrer Lage gesichert werden.

a) Wo sind die Stifte zu setzen? Begründen Sie Ihre Antwort.
b) Wählen Sie eine geeignete Stiftform aus, und geben Sie die Vorbereitungsarbeiten zur Herstellung der Verbindung an.
c) Schlagen Sie eine Verbindung zwischen Führungsplatte, Zwischenlage und Schneidplatte vor.

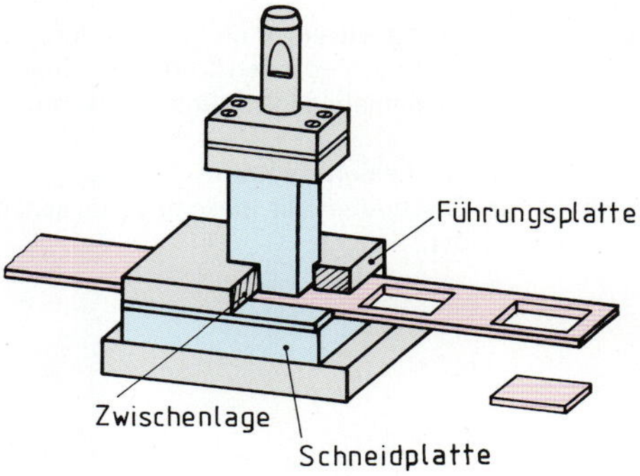

10/26
a) Skizzieren Sie je einen Zylinderstift, Kegelstift, Kerbstift und Spannstift. Geben Sie jeweils ein typisches Anwendungsbeispiel an.
b) Welchen Vorteil haben Kerbstiftverbindungen gegenüber Zylinder- oder Kegelstiftverbindungen?
c) Welche Vorzüge haben Spannstifte gegenüber Kerbstiften?

10/27 Die dargestellte Seilrolle soll durch einen Bolzen in der Halterung befestigt werden.

a) Wählen Sie eine geeignete Bolzenform.
b) Entnehmen Sie Grenzabmaße für Durchmesser 20 h11 dem Tabellenbuch. Ermitteln Sie das Höchst- und Mindestspiel.
c) Machen Sie Vorschläge für die Schmierung der Seilrolle.

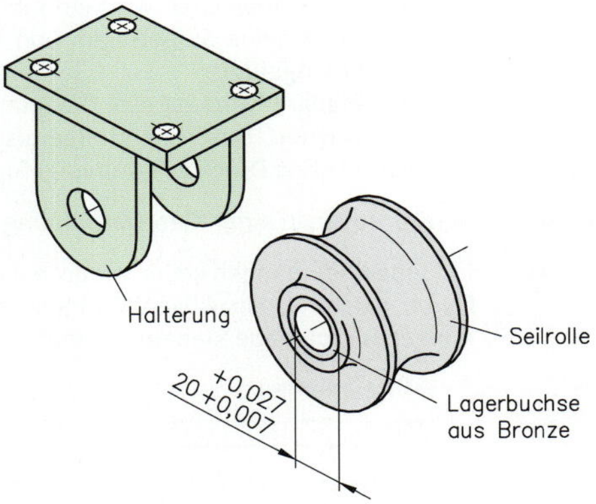

10/28
a) Beschreiben Sie die Art der Kraftübertragung in einer Passfederverbindung mit der Kraftübertragung in einer Keilverbindung.
b) Begründen Sie, warum eine Passfederverbindung gegenüber einer Keilverbindung Vorteile hat.

10/29 Wie können Passfedern in der Nut zusätzlich gesichert werden?

10/30 Ein Zahnrad eines Schaltgetriebes soll auf der Welle verschoben werden.
Geben Sie eine einfache Konstruktion für eine Verbindung von Nabe und Welle an.

10/31
a) Welchen Einfluss hätte es auf die Konstruktion der Hinterradwelle eines Pkw, wenn statt eines Vielnutprofiles eine Passfederverbindung gewählt wird?
b) Im allgemeinen Maschinenbau wird die Passfederverbindung häufiger eingesetzt als die Verbindung durch Profilformen. Im Automobilbau wird vor allem das Keilwellenprofil eingesetzt. Begründen Sie diese Anwendungshäufigkeit in den einzelnen Branchen.

10/32 Warum wird das Metallkleben in der Luft- und Raumfahrt besonders häufig eingesetzt?

10/33 Nennen Sie aus Ihrem Erfahrungsbereich drei Beispiele, bei denen Sie Teile aus gleichen oder unterschiedlichen Werkstoffe durch Kleben gefügt haben.

10/34 Finden Sie heraus, wie Klebstoffe zur Schraubensicherung genutzt werden.

10/35 Aus welchen Gründen zieht man Klebeverbindungen gegenüber anderen Fügeverbindungen vor?

10/36 Hartmetallplatten werden auf Drehmeißeln z.T. durch Löten gefügt. Warum nutzt man keine Klebeverbindung?

10/37 Warum dürfen sich auf Klebestellen keine Fett- oder Schmutzteilchen befinden?

10/38 Die Festigkeit einer Klebeverbindung ist von zwei unterschiedlichen Kräften abhängig, die in dem Schemabild mit ① und ② gekennzeichnet sind.

a) Wie heißen die Kräfte ① und ②?

b) Beschreiben Sie diese physikalischen Größen.

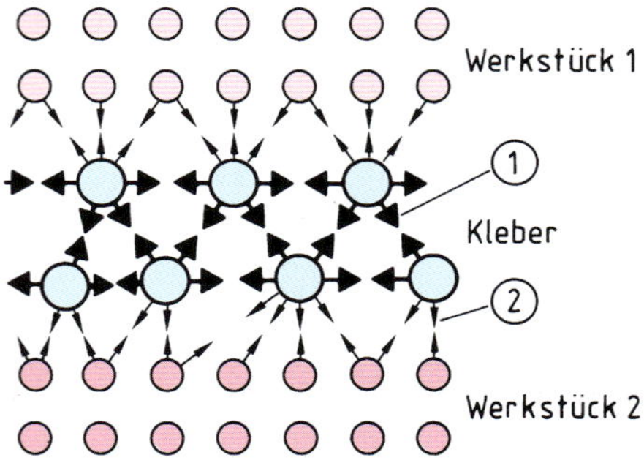

10/39 Bestimmen Sie für folgende Beispiele die Abbindemechanismen der Klebstoffe:

a) Ein Fahrradschlauch wird mithilfe von Gummilösung geflickt.

b) Holz-, Metall-, Glasteile werden mit „Alleskleber" einseitig bestrichen, Klebeteile angedrückt und evtl. nachkorrigiert.

c) Mit einer Klebepistole wird ein Klebestift geschmolzen. Der Klebstoff wird auf die Fügestelle eines Stuhlbeins aufgetragen und dann einige Minuten mit dem Stuhl in der richtigen Lage zusammengefügt.

d) Ein Metallgriff wird auf eine Glasplatte geklebt. Dazu wird der pastenförmige Binder mit Härterpulver verrührt. Das Kunststoffgemisch wird auf beide Klebeflächen dünn aufgetragen. Die Teile werden ohne Druck zusammengefügt und ca. 15 min fixiert.

10/40 Warum sollen in einer Klebeverbindung möglichst nur Scherspannungen auftreten?

10/41 In Klebeverbindungen sollen möglichst nur Scherspannungen auftreten.
Durch welche konstruktiven Maßnahmen erreicht man eine günstige Gestaltung von Klebeverbindungen für folgende Klebeprobleme:

① Treibriemen

(Treibriemen ist zu lang)

② Rohrverbindungen

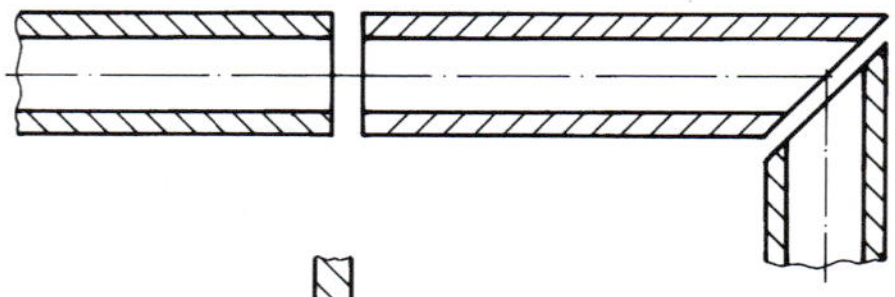

③ Blechverbindungen für Schaltkästen

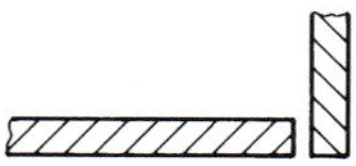

(Bleche sind zugeschnitten)

10/42 Im Karosseriebau werden Blechteile, z.B. Motorhaube, durch Kleben gefügt.
Bestimmen Sie aus der „Übersicht über Klebstoffe" im Lehrbuch geeignete Kleb. Geben Sie dazu an, welcher Abbindemechanismus vorliegt und ob es sich um Ein- bzw. Zweikompnentenkleb handelt.

10/43 Suchen Sie geeignete Klebstoffe für folgende Werkstoffkombinationen:
a) Kabelhalterung aus Kunststoff auf Beton,
b) Platten aus PVC für einen Schaltkasten,
c) Aufhängung aus Metall an eine Platte aus Pressspan,
d) Holzleisten für Bilderrahmen,
e) Bauteile eines Modellflugzeugs aus Epoxidharz.

10/44 Zeichnen Sie die nebenstehende Tabelle ab, und vervollständigen Sie diese jeweils durch drei Merkmale.

Unfallgefahren beim Kleben	Schutzmaßnahmen beim Kleben
?	?

10/45 Auf Dosen für Lösungsmittel und für Kleb können Sie die dargestellten Warnhinweise finden.
a) Erklären Sie die Bedeutung dieser Warnhinweise.
b) Welche Vorsichtsmaßnahmen müssen Sie beim Gebrauch einhalten?

Warnzeichen

10/46 **a)** Entwerfen Sie einen Kasten mit 6 Fächern zur Aufbewahrung von Schrauben, Muttern und Unterlegescheiben. Er soll aus 1,5 mm dicken PVC-Platten gefertigt werden; es sollen möglichst wenig Kanten geklebt werden. Der Kasten soll durch einen Einlegedeckel verschlossen werden. Skizzieren Sie die Abwicklung und die Einzelteile für den Kasten.
b) Erstellen Sie einen Arbeitsplan.

10/47 Übertragen Sie die drei Merksätze über das Löten und ergänzen Sie diese durch die zutreffenden Aussagen aus den Klammern.
- Durch Löten werden (*metallische/nicht metallische*) Werkstoffe durch *plastische/geschmolzene*
- Die Schmelztemperatur des Lotes ist (*niedrigergleich/höher*) als die der gefügten Bauteile.
- Löten ist ein (*lösbares/unlösbares*) Fügen durch (*Formschluss/Stoffschluss*).

10/48 In welchen Anwendungsbereichen wird das Lötverfahren eingesetzt?
Geben Sie dazu die Vorzge des Lötens an.

10/49 Wie entsteht beim Löten an den Grenzen zwischen Lot und Grundwerkstoff der Zusammenhang?

10/50 **a)** Wie werden die Werkstückoberflächen an der Lötstelle zum Löten vorbereitet?
b) Welche Aufgaben haben Flussmittel beim Lötvorgang?

10/51 Wie wird das Lot bei folgenden Beispielen an die Lötstelle gebracht:
- Verlöten von Kabelenden,
- Verlöten einer überlappenden Eckverbindung,
- Einlöten eines Kupferrohrs in einen Flansch,
- Einlöten eines Widerstands in eine Leiterplatte?

10/52 Warum soll der Spalt zwischen den Bauteilen an der Lötstelle möglichst eng sein?
Geben Sie die günstigste Breite an.

10/53 **a)** Wovon ist die niedrigste und höchste Löttemperatur abhängig?
b) Wie ist die Arbeitstemperatur beim Löten festgelegt worden?
c) Warum muss nach dem Fließen des Lotes in der Lötstelle die Löttemperatur ungefähr 1 Minute lang beibehalten werden?

10/54 Wie unterscheidet man die Lötverfahren nach der Höhe der Arbeitstemperatur?

10/55 **a)** Warum verwendet man beim Weichlöten als Lötkolbenwerkstoff Kupfer?
b) Warum kann man mit einem Lötkolben keine Hartlötungen durchführen?

10/56 Zwei Rohre sollen gelötet werden.
Untersuchen Sie die vorgelegten Vorschläge zur Gestaltung der Verbindung im Hinblick auf löttechnische Probleme und mögliche Kraftübertragung.

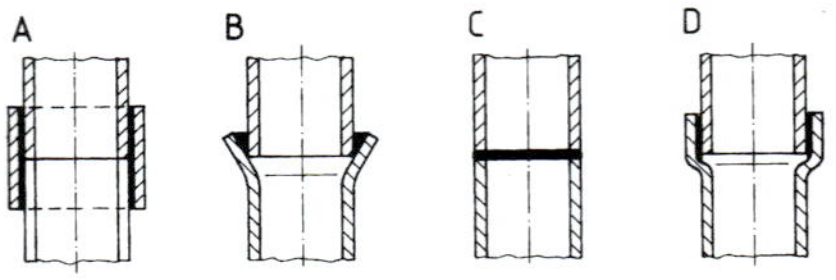

10/57 **a)** Entschlüsseln Sie die Zusammensetzung folgender Lote:
Pb50Sn50; Sn60Pb38Cu2; AG 207;
b) Ordnen Sie die oben aufgeführten Lote den Lötverfahren
- Weichlöten; • Hartlöten zu.

c) Finden Sie heraus, zu welchen Werkstoffen und zu welchem Anwendungsbereich der Einsatz der Lote geeignet ist.

10/58 Welche Vorteile hat das Kleben gegenüber dem Löten hinsichtlich
- der Fügetemperatur,
- der Werkstoffe der zu fügenden Bauelemente,
- der elektrischen Eigenschaft der Klebestelle,
- der Spannungsverteilung gegenüber genieteten Verbindungen?

10/59 Übertragen Sie die beiden Merksätze über Schweißen, und ergänzen Sie diese durch die zutreffenden Aussagen aus den Klammern.
- Durch Schweißen werden *(gleichartige/völlig verschiedene)* Werkstoffe in *(flüssigem oder plastischem/in festem)* Zustand zu einem gemeinsamen Gefüge vereinigt.
- Schweißen ist ein *(lösbares/unlösbares)* Fügen durch *(Formschluss/Stoffschluss)*.

10/60 Die Schweißverfahren werden nach verschiedenen Gesichtspunkten unterteilt.
Schreiben Sie die Gliederung ab, und ergänzen Sie diese durch die folgenden Eintragungen:
- Art der Fertigung
- Ablauf des Schweißvorganges
- Art des Energieträgers
- Kunststoffschweißen/Metallschweißen
- Verbindungsschweißen

Zweck des Schweißens
? | Auftragsschweißen

Art der Grundwertstoffe
? | ?

?
Schmelzschweißen | Pressschweißen

?
Schweißen von Hand | Automat. Schweißen

?
Lichtbogenschmelzschweißen | Gasschmelzschweißen

10/61 Skizzieren Sie, wie Bleche bei folgenden Schweißstößen zusammentreffen:
- bei Stumpfstoß, • bei Mehrfachstoß, • bei Überlappstoß.

Benennen Sie die Skizzen.

10/62 Skizzieren Sie den Nahtquerschnitt
- einer X-Naht, • einer V-Naht, • einer U-Naht, • einer Doppelkehlnaht.

Schreiben Sie zu jeder Skizze die Benennung und das Sinnbild der Naht.

10/63 Skizzieren Sie die dargestellten Schweißpositionen ab.
Schreiben Sie zu jeder Skizze die normgerechte Bezeichnung der Schweißposition; geben Sie dazu das Kurzzeichen für die Schweißposition an.

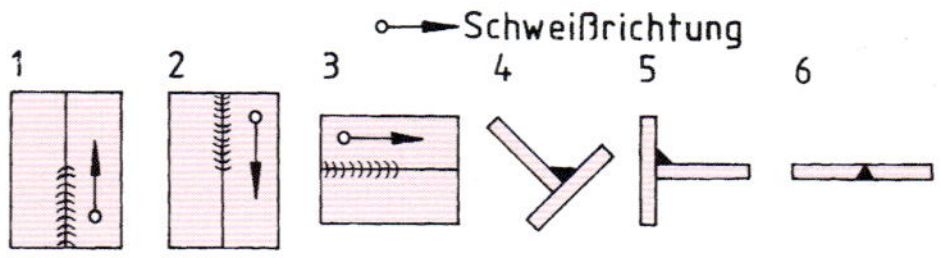

10/64 Für das Dünnblechschweißen war das Gasschmelzschweißen lange Zeit das bevorzugte Schweißverfahren; im Rohrleitungsbau kommt das Verfahren auch heute noch zum Einsatz. Nennen Sie die Vorzüge dieses Verfahrens für die genannten Einsatzbereiche.

10/65 Beim Löten von Klempnerarbeiten wird ein Lötbrenner ohne gesonderte Sauerstoffzufuhr verwendet, als Brenngas wird meist Propan eingesetzt.
Nennen Sie Unterschiede zum Gasschmelzschweißen von Stahl, und begründen Sie die Notwendigkeit dieser Arbeitsweise.

10/66 Für die Fertigung steht Sauerstoff in N-Flaschen und L-Flaschen zur Verfügung. Übertragen Sie die Tabelle, und geben Sie die verlangten Werte zu den beiden Flaschenarten an.

	Flaschenvolumen dm^3	Höchster Überdruck bar	Entnahmevolumen Liter
N-Flasche	?	?	?
L-Flasche	?	?	?

10/67 a) Wie wird Sauerstoff und wie wird Acetylen in Stahlflaschen gespeichert?
b) Begründen Sie kurz, warum Acetylen nicht in gleicher Weise wie Sauerstoff in Stahlflaschen gespeichert werden kann.

10/68 Das Manometer an einer Sauerstoffflasche zeigt 15 bar an.
Wie groß sind Überdruck und absoluter Druck in der Flasche?

10/69 Das zur Acetylenspeicherung verwendete Lösungsmittel darf nicht in die Schweißflamme gelangen. Welche Maßnahmen sind bei der Acetylenentnahme zu beachten, damit das Lösungsmittel in der Stahlflasche verbleibt?

10/70 a) Ordnen Sie unter der Überschrift „Bestandteile des Schweißbrennens“ den Kennbuchstaben Ⓐ bis Ⓕ die folgenden Begriffe zu:
- Griffstück,
- Ventile für Brenngas und Sauerstoff,
- Mischdüse,
- Schweißeinsatz,
- Mischrohr,
- Schweißdüse.

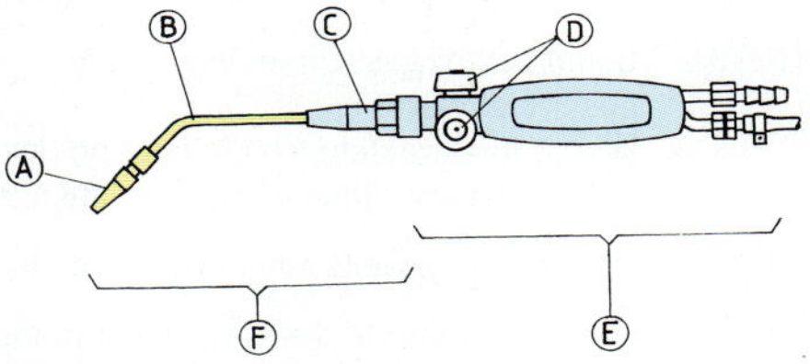

b) Erklären Sie, auf welche Art im Injektionsbrenner Brenngas und Sauerstoff miteinander gemischt werden.
c) In welcher Reihenfolge sollen beim Injektionsbrenner das Brenngasventil und das Sauerstoffventil zum Anzünden der Schweißflamme geöffnet werden?

10/71 a) Was versteht man bei einer Schweißflamme unter neutraler Einstellung?
b) Für welche Arbeiten ist Acetylenüberschuss erforderlich?
Wie ist die richtige Einstellung der Flamme in einem solchen Fall zu erkennen?

10/72 Kurt ist Linkshänder und hält den Brenner in der linken Hand. Er soll die skizzierten Bleche verschweißen.
Zeichnen Sie die Bleche ab und zeigen Sie, an welcher Seite er beginnen muss und in welche Richtung geschweißt werden muss.

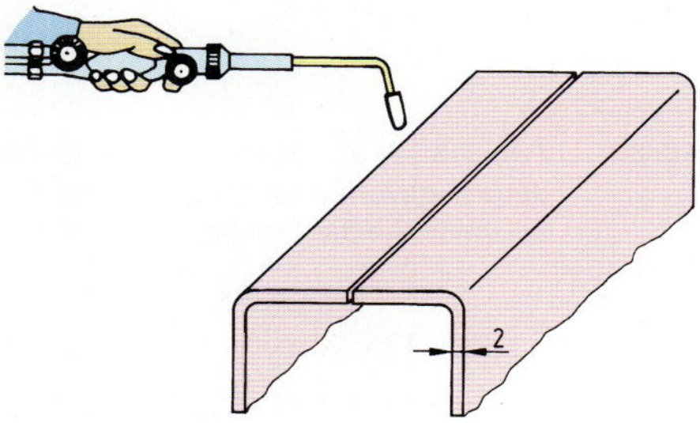

10/73 Schreiben Sie den folgenden Merksatz ab, und ergänzen Sie ihn durch die zutreffenden Aussagen aus den Klammern.
Dünnwandige Werkstücke werden beim Gasschmelzschweißen durch *(Nachlinks-/Nachrechts-)* Schweißen verbunden, dickwandige Werkstücke ab etwa 3 mm werden durch *(Nachlinks-/Nachrechts-)* Schweißen verbunden.

10/74 a) Warum werden Elektroden mit unterschiedlichen Kernstabdurchmessern benutzt?
b) Ermitteln Sie die Kernstabdurchmesser für das Lichtbogenhandschweißen von 2 mm, 4 mm und 10 m.

10/75 Nennen Sie mindestens drei Aufgaben, die die Zusatzwerkstoffe in der Umhüllung von Schweißelektroden erfüllen.

10/76 Nach der Zusammensetzung der Umhüllung der Elektronen werden drei Umhüllungstypen unterschieden:
Schreiben Sie die Analysen der wichtigsten Umhüllungstypen ab und ordnen Sie ihnen die Bezeichnungen A, B und R zu.

	Bestandteile	%
Analyse 1	Fe_3O_4 FeMn SiO_2 $CaCO_3$	50 20 20 10

	Bestandteile	%
Analyse 2	CaF_2 $CaCO_3$ SiO_2 FeMn	45 40 10 5

	Bestandteile	%
Analyse 3	TiO_2 SiO_2 FeMn Fe_3O_4 $CaCO_3$	45 20 15 10 10

10/77 Das Schweißen mit Gleichstrom weist gegenüber dem Schweißen mit Wechselstrom einige Vorteile auf.
a) Welche Temperaturen werden beim Schweißen mit Gleichstrom an der Elektrode und am Werkstück erreicht?
b) Versuchen Sie zu erklären, warum sich dieser Temperaturunterschied günstig auf die Güte der Schweißnaht auswirkt.

10/78 Erklären Sie, warum der Lichtbogen beim Schweißen mit Gleichstrom ruhiger brennt als beim Schweißen mit Wechselstrom.
Denken Sie an den Einfluss des Lichtbogens auf die umgebende Luft.

10/79 Beim Schutzgasschweißen können Lichtbogen und Schweißstelle durch verschiedene Gasarten geschützt werden.
Wie unterscheidet sich die Gruppe der inerten Gase von den aktiven Gasen hinsichtlich
- ihrer Zusammensetzung und - des Verhaltens auf die Schweißstelle?

10/80 Nennen Sie jeweils ein inertes und ein aktives Schutzgas.

10/81 Entschlüsseln Sie die Kurzbezeichnungen **MIG und MAG.**

10/82 Die nebenstehende Darstellung zeigt ein Metall-Schutzgas-Schweißgerät.
a) Beschreiben Sie, was durch das Schlauchpaket der Schweißstelle zugeführt wird.
b) Die Drahtfördereinrichtung führt der Schweißstelle die dort abschmelzende Elektrode zu.
Welche Einstellmöglichkeit hat der Schweißer?

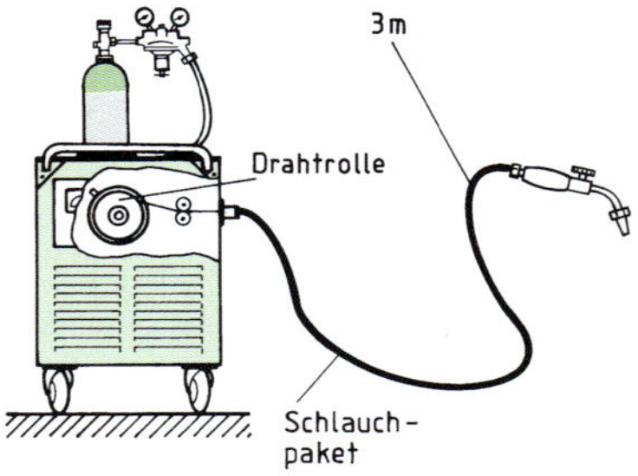

10/83 Zwei Platten aus Stahl sollen durch verschiedene Fügeverfahren gefügt werden.
Zeichnen Sie die Tabelle ab, und füllen Sie diese aus.

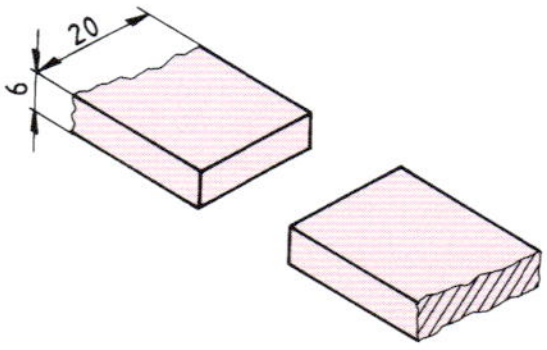

	Fügen durch Schweißen	Fügen durch Löten	Fügen durch Kleben	Fügen durch Schrauben	Fügen durch Nieten
Gestaltung der Fügestelle (Skizze für je ein Beispiel)	?	?	?	?	?
Fügeverfahren (Lösbarkeit)	?	?	?	?	?
Art der Kraftübertragung (Schluss)	?	?	?	?	?
Verzug der Bauelemente (stark, gering, nicht vorhanden	?	?	?	?	?
Mögliche Betriebstemperatur über bzw. unter 200 °C oder 700 °C	?	?	?	?	?

11 Arbeitssicherheit und Unfallschutz

11/1 An einer Schleifmaschine ist das Zeichen für „Augenschutz tragen" angebracht.
Darf der Träger einer normalen Brille ohne weitere Schutzmaßnahmen hier arbeiten? Begründen Sie Ihre Antwort.

11/2 An einer sehr lauten Maschine trägt der Maschinenbediener keinen Gehörschutz. Er begründet dies damit, dass er so die Maschine akustisch besser überwachen könne und zudem schade der Lärm auch nicht.
Äußern Sie sich zu dieser Einstellung.

11/3 An einer Drehmaschine hat der dort tätige Mechaniker versehentlich die NOT-AUS-Taste gedrückt.

a) Wie ist der Ablauf zur erneuten Inbetriebnahme?
b) Warum kann man nicht durch erneutes Drücken der NOT-AUS-Taste die Maschine in Betrieb setzen?

11/4 In welchem Augenblick besteht beim Bohren die größte Gefahr, dass das Werkstück mitgerissen wird? Welche Gefährdung besteht in diesem Fall bei nicht fachgerechter Handhabung?

11/5 „Spannschlüssel und Austreibkeile gehören grundsätzlich an die Kette, damit sie nicht ‚verklüngelt' werden", sagt ein älterer Mechaniker.
Was halten Sie davon?

11/6 Beim Bohren eines Blechstreifens löst sich die Aufspannung und der Auszubildende wird durch das herumschleudernde Blech an der linken Hand verletzt.
Schildern Sie die Sofortmaßnahmen, die Sie als Erste Hilfe vornehmen.

11/7 Auf einer Flasche mit einem Entfettungsmittel sind die dargestellten Warnzeichen aufgebracht.

a) Was ist über diesen Stoff auszusagen?
b) Was ist beim Gebrauch zu beachten?

11/8 Nennen Sie Betriebsbereiche, in denen das nebenstehende Verbotszeichen angebracht sein muss.

11/9 **a)** Geben Sie bei folgenden Sicherheitszeichen an, ob es sich um - Verbotszeichen, - Warnzeichen, - Gebotszeichen handelt.
b) Geben Sie bei jedem Sicherheitskennzeichen die Bedeutung an.

Maschinen- und Gerätetechnik

1 Systeme zur Umsetzung von Energie, Stoff und Information

1/1 Untersuchen Sie das System Fotoapparat.

a) Nennen Sie die Hauptfunktion des Systems.

b) Übernehmen Sie die Darstellung und tragen Sie in diese folgende Begriffe ein: Eingang, Ausgang, Filmmaterial, Film (belichtet = chemisch verändert), Lichtenergie, gespeichertes Bild. Ergänzen Sie den Informationsteil: Motiv, Belichtungszeit ...

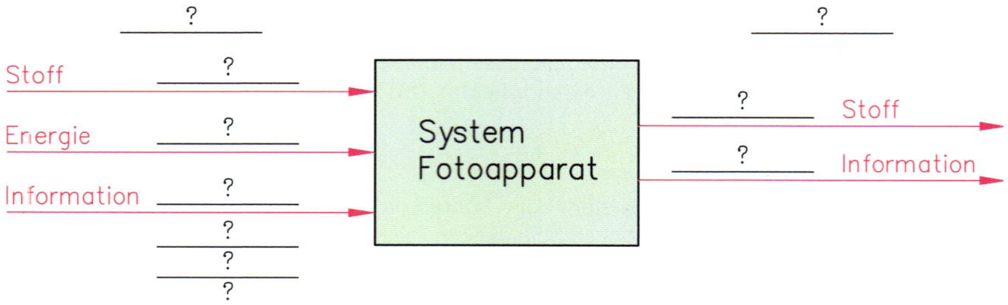

1/2 Eine Tanksäule mit digitaler Anzeige soll auf ihre Eingangs- und Ausgangsgrößen hin untersucht werden.

a) Welche Hauptfunktion hat das System Tanksäule?

b) Stellen Sie die Tanksäule als technisches System dar.

c) Bestimmen Sie, welcher Art der Stoff, die Energie und die Information für Eingang und Ausgang sind.

1/3 Geben Sie zu dem System Motorrad die Bezeichnungen der Einrichtungen an, deren Funktionen beschrieben sind.

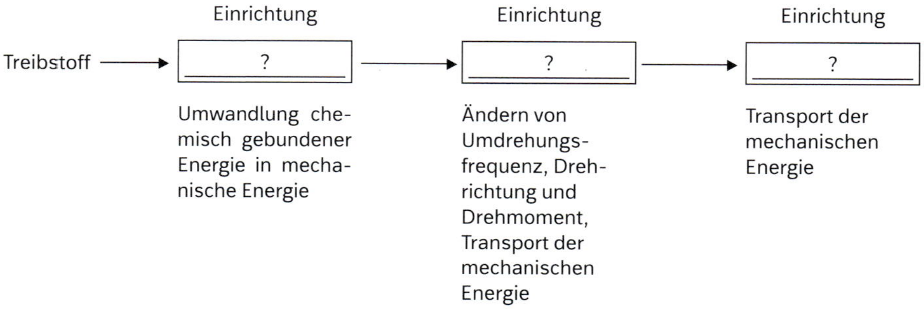

1/4 Ein Kraftfahrzeug ist ein technisches System, das aus verschiedenen Einrichtungen besteht.

a) Nennen Sie die Hauptfunktion des Systems.
b) Geben Sie die verschiedenen Einrichtungen innerhalb des Systems an.
c) Geben Sie Funktionsgruppen innerhalb der Einrichtung Antrieb an.
d) Nennen Sie Elemente innerhalb der Funktionsgruppe Motor.
e) Stellen Sie das System Kraftfahrzeug gemäß folgendem Muster in einem Schaubild dar.

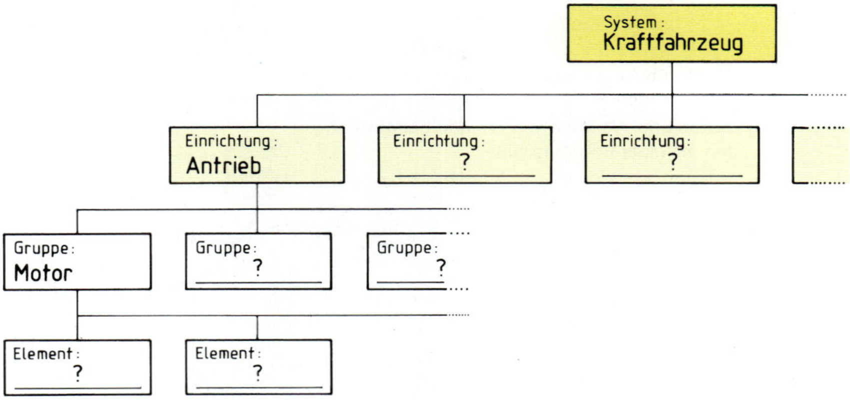

1/5 Nennen Sie die Hauptfunktionen der dargestellten Systeme.
Geben Sie dabei an, ob Transport, Formung oder Umwandlung stattfindet.

a)

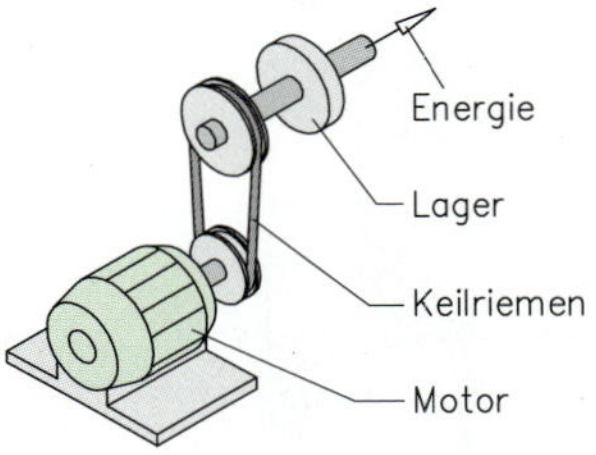

Keilriemengetriebe

b)

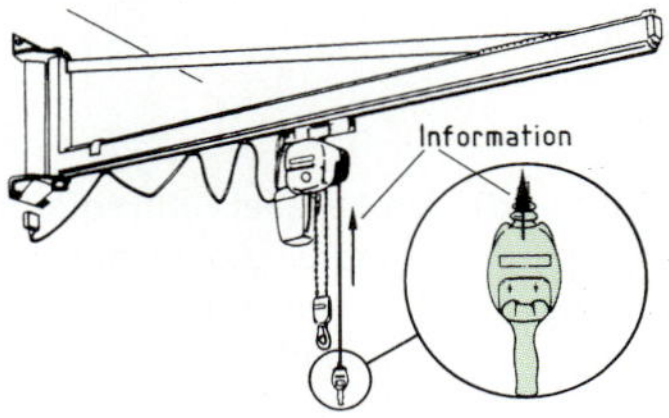

Fernsteuerung

1/6 **a)** Zum technischen System Geschirrspüler ist die Hauptfunktion anzugeben.
b) Legen Sie eine Tabelle nach Muster an und ordnen Sie den funktionalen Einrichtungen die jeweiligen Baueinrichtungen zu:

Funktionale Einrichtung	Baueinrichtung
Stütz- und Trageinheit	
Steuer- und Regeleinheit	
Energiezuführungs- und -wandlungseinheit	
Speichereinheit	
Umweltschutzeinheit	

Baueinrichtungen:

Heizspirale, Maschinengehäuse, Temperaturfühler, Wasserstoppvorrichtung im Zuführungsschlauch, Wasserpumpe, Programmwahlschalter, Besteckkorb, Trockenzeitsteuerung, Geschirrschublade, Trocknungsgebläse, Vorratsbehälter für Spülmittel und Klarspüler, Zuleitungskabel mit Stecker, Sprühdruckregelung

1/7 Erläutern Sie, in welcher Weise die Grundfunktionen von Einrichtungen in den angeführten Beispielen wirksam werden.

a) Kraftveränderung beim Öffnen einer Kiste mit einer Brechstange.

b) Leiten und Wandeln von Energie beim Arbeiten mit einer Bohrmaschine.

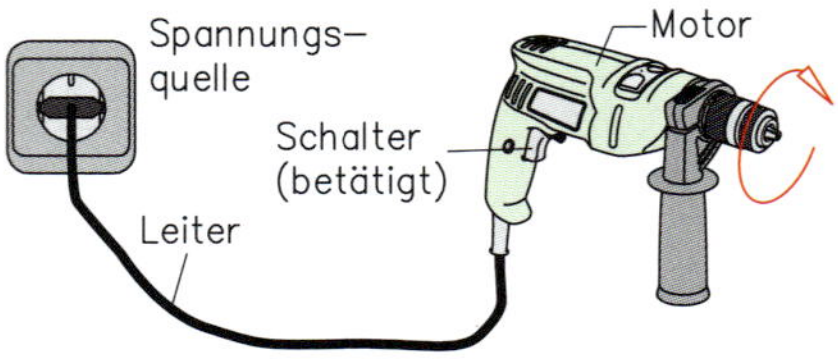

c) Leiten und Wandeln von Energie beim Betreiben einer Glühlampe im dargestellten Stromkreis.

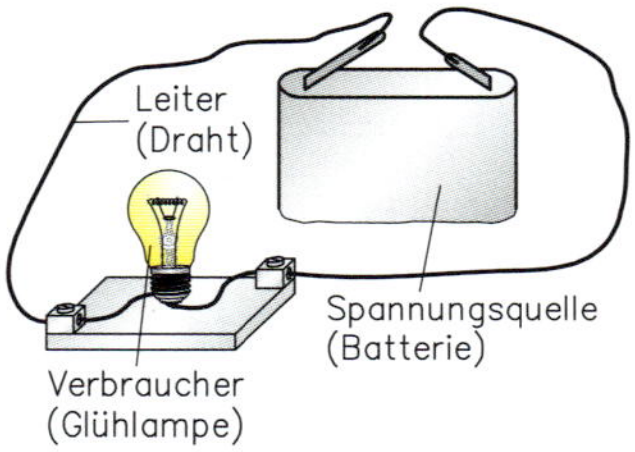

d) Am Beispiel Fahrradfahren können mehrere Grundfunktionen aufgezeigt werden:
1. Leiten und Wandeln der Kraft,
2. Aufgabe des Freilaufes für den Energiefluss.

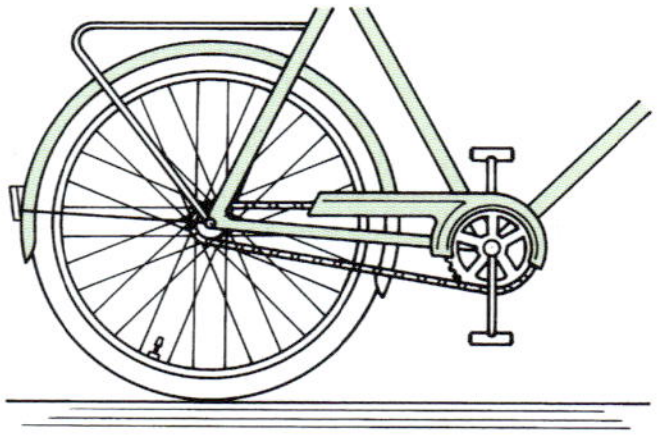

1/8 **a)** Übernehmen Sie die Schemabilder der beiden technischen Systeme und geben Sie jeweils die zugeführte und abgegebene Energieart an.

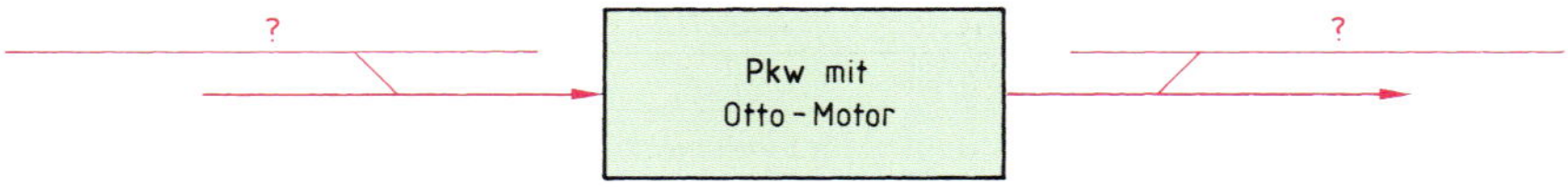

b) Schreiben Sie die zutreffende Aussage als Merksatz heraus:
In Antriebsmotoren wird Energie *erzeugt/vernichtet/umgewandelt*.

1/9 Zwei Kollegen sehen, wie ein anderer einen Sack auf die Schulter hebt und über den ebenen Werkshof trägt. Der eine sagt zum anderen: „Der arbeitet aber schwer!“ Da antwortet sein Kollege: „Rein physikalisch arbeitet der zurzeit gar nicht. Er hat im physikalischen Sinne nur einmal kurz gearbeitet.“ Ist die Behauptung des Kollegen richtig? Geben Sie eine Begründung.

Mechanische Arbeit, Leistung, Wirkungsgrad

	Formel
Mechanische Arbeit:	$W = F \cdot s$
Leistung:	$P = \frac{W}{t} = \frac{F \cdot s}{t}$ $P = F \cdot v$
Wirkungsgrad:	$\eta = \frac{P_e}{P_i}$ $\eta_{ges} = \eta_1 \cdot \eta_2 \cdot \ldots$

Formelzeichen

W	mechanische Arbeit in Nm (J, Ws) oder kWh
F	Kraft
s	Weg
v	Geschwindigkeit
P	Leistung in Nm/s (W) oder kW
t	Zeit
η	Wirkungsgrad
η_{ges}	Gesamtwirkungsgrad
P_e	Nutzleistung (effektive Leistung)
P_i	aufgewendete Leistung (induzierte Leistung)

1/10 An einer Baustelle stehen zwei gleich große Container für den Erdaushub. Sie haben unterschiedlich lange Rampen. Zwei Arbeiter beladen die Container mit gleichen Schubkarren, die gleich schwer beladen sind.

a) Äußern Sie sich zu beiden Fällen hinsichtlich aufzuwendender Kraft, Weg auf der Rampe und erbrachter physikalischer Arbeit.

b) Formulieren Sie entsprechend Ihrer Antwort eine Regel. – Man nennt diese Regel die „Goldene Regel der Mechanik“.

1/11 Ein Gabelstapler hebt eine Last von 1,35 t. Er bewältigt dies mit 0,3 m/s.
Berechnen Sie die Arbeit und die Leistung, wenn die Last 1,8 m hoch gehoben wird.

1/12 Berechnen Sie die fehlenden Angaben in der folgenden Tabelle.

	a)	b)	c)	d)	e)
Kraft	3 000 N	4 000 N	? N	100 N	0,3 kN
Weg	50 mm	? m	5 dm	5 km	? m
Arbeit	? Nm	18 kJ	2 J	? kJ	1 200 Nm

1/13 Ein Förderband transportiert in 1 Stunde 40 m^3 Sand ($\varrho = 1{,}8\ kg/dm^3$) auf 3 m Höhe.
Wie groß ist die verrichtete Arbeit bei einer Betriebszeit von 9 Stunden?

1/14 Ein Gabelstapler hebt eine Last von 1,35 t. Er bewältigt dies mit 0,3 m/s.
Berechnen Sie die Arbeit und die Leistung, wenn die Last 1,8 m hoch gehoben wird.

1/15 Mit einer Hebebühne wird ein Pkw angehoben. Die durch die Hebebühne verrichtete Arbeit beträgt 36 000 J.
Berechnen Sie die Gesamtmasse von Pkw und Hebebühne.

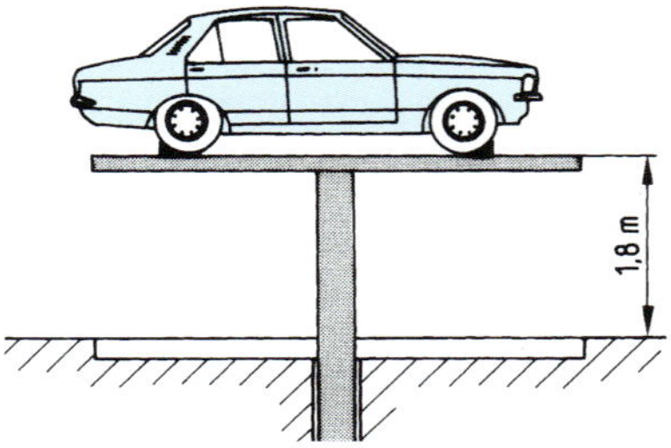

1/16 Von vier verschiedenen Anlagen sind die folgenden Daten gegeben.
Ermitteln Sie die jeweils fehlenden Werte.

	a)	b)	c)	d)
Leistung	? kW	? kW	12 kW	? kW
Kraft	3 260 N	25 kN	–	20 kN
Zeit	7,5 s	? s	45 min	2,7 min
Arbeit	39 120 Nm	318,75 kNm	? kJ	? kJ
Geschwindigkeit	? m/s	0,85 m/s	–	40 m/min

1/17 Ein Pumpspeicherwerk fördert in der Nacht 180 000 m^3 Wasser zurück in das Rückhaltebecken auf eine Höhe von 35 m.
Bestimmen Sie die Energie des nach oben gepumpten Wassers.

1/18 Ein Hebezeug hebt ein Gussstück von 280 kg in 7 Sekunden 1,2 m hoch auf eine Werkzeugmaschine. Die Leistungsaufnahme des Hebezeugs ist 1,52 kW. Berechnen Sie den Wirkungsgrad.

1/19 Der Gesamtwirkungsgrad in einer Anlage beträgt 0,504. Die Anlage setzt sich aus drei Einzelwirkungsgraden zusammen (E-Motor – Getriebe – Werkzeugmaschine).
Der Elektromotor hat einen Wirkungsgrad von 90 %, die Werkzeugmaschine einen von 70 %.
Bestimmen Sie den dritten Wirkungsgrad.

1/20 Ein Motor nimmt 6 kW aus dem Netz auf. Er hat einen Wirkungsgrad von 0,9. Das angetriebene Hebezeug hat einen Wirkungsgrad von 0,5.
Welche Last kann in 10 s auf 5 m Höhe gehoben werden?

1/21 Einem Gießereibetrieb, in dem Getriebegehäuse hergestellt werden, wird eine mechanische Werkstatt zur Bearbeitung der Gussteile angegliedert. Man berät, ob der Transport zwischen beiden Betriebsteilen mit Gabelstaplern oder mit einer Hängebahn durchgeführt werden soll.

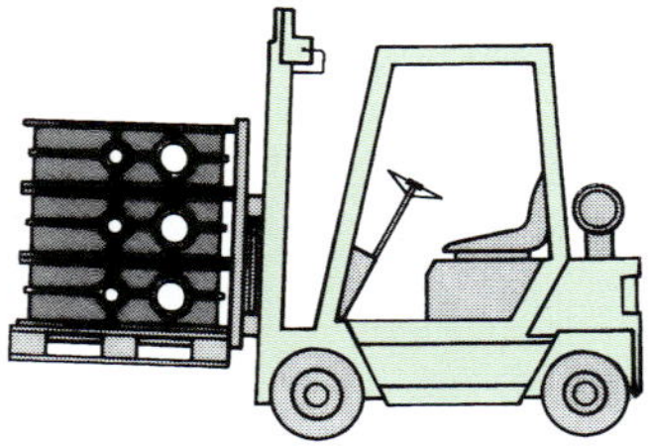

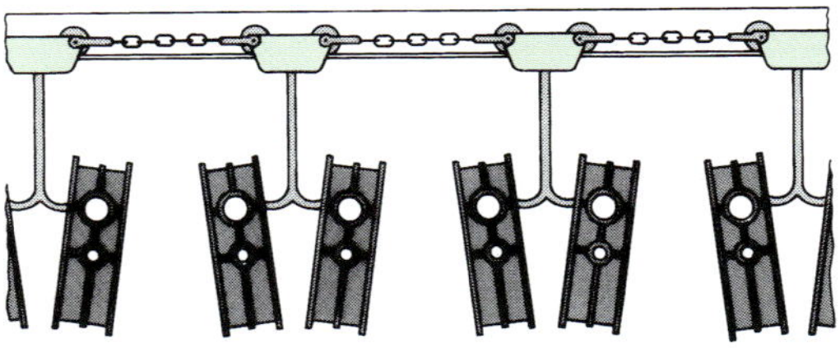

Führen Sie Vor- und Nachteile beider Transportmöglichkeiten auf.
Wie sollte man sich entscheiden?

1/22 Ordnen Sie die folgenden Beispiele in unstetige Fördermittel und stetige Fördermittel ein.
Mehlgebläse in einer Brotfabrik, Transporter mit Frischbeton, Schienenfahrzeug mit Kohle im Bergwerk, Transportbandanlage in einer Kiesgrube, Elektro-Lastkarren für innerbetrieblichen Transport, Gabelstabler, kontinuierliche Hängefördereinrichtung.

1/23 Mit den groben Gewindegängen der abgebildeten Förderschnecke können formlose Stoffe transportiert werden. Nennen Sie mindestens drei Stoffe, die so transportiert werden können.

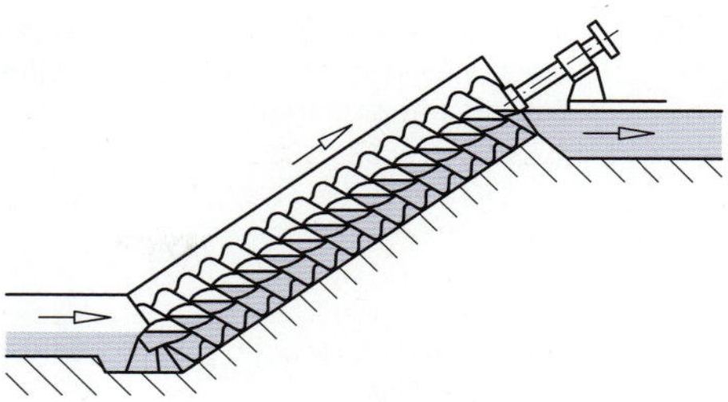

1/24 Die schematische Darstellung zeigt eine Bandsäge.
Benennen Sie jeweils die Funktionen der mit Zahlen gekennzeichneten Einheiten.

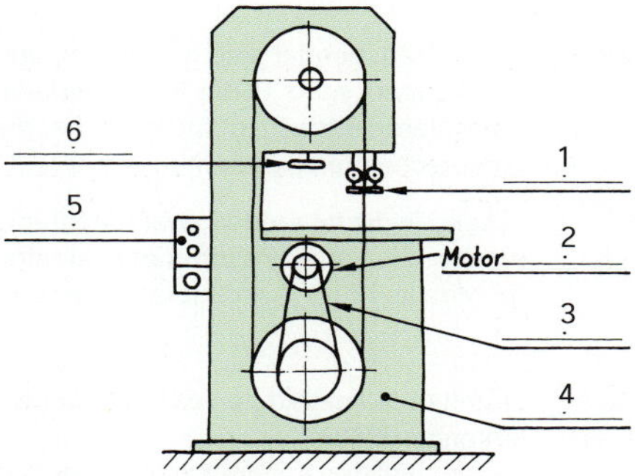

1/25 Geben Sie Ihnen bekannte Werkzeug- und Werkstückaufnahmen für die angegebenen Maschinen tabellarisch nach folgendem Muster an.

	Bohrmaschine	Drehmaschine	Fräsmaschine	Flächenschleif-maschine
Werkzeug-aufnahme	?	?	?	?
Werkstück-aufnahme	?	?	?	?

1/26 Bei der Informationsübertragung in technischen Systemen kann der Mensch oder die Maschine jeweils als Sender bzw. als Empfänger auftreten.
Bestimmen Sie, wer – Mensch oder Maschine – als Sender bzw. als Empfänger bei folgenden Vorgängen auftritt.

a) Eine E-Lok fährt über einen Schienenkontakt, daraufhin schließt die Straßenschranke.
b) Eine Gegensprechanlage wird eingeschaltet und benutzt.
c) Eine Sicherheitsanlage löst Alarm aus.
d) Ein Pkw-Fahrer schaltet an seinem Auto die Warnblinkanlage ein.
e) Die eingeschaltete Warnblinkanlage veranlasst die Verkehrsteilnehmer, die hinter einem Pkw fahren, langsamer zu fahren.

1/27 Untersuchen Sie, welche der folgenden Vorgänge dialog arbeitende Kommunikationssysteme darstellen und welche nicht dialog arbeiten. Begründen Sie Ihre Antwort.

a) Die Zapfsäule an der Tankstelle zeigt die entnommene Kraftstoffmenge, den dafür zu zahlenden Geldbetrag sowie den Literpreis an. Am Ende des Tankvorganges wird ein entsprechender Kassenbon ausgedruckt.
b) Auf einem Kopierapparat erscheint nach längerem Kopieren die Schrift „Bitte Papier nachlegen". Ist Papier nachgelegt, erscheint am Bedienungspult die Schrift „Kopierbereit".
c) Mit der Fernbedienung kann das Fernsehgerät ein- und ausgeschaltet werden. Die Programme werden damit gewechselt. Außerdem können die Lautstärke und die Farbintensität verändert werden.

1/28 Welche Informationen benötigt das Abfüllsystem, das stets vier Flaschen gleichzeitig füllen soll, um den Füllvorgang zu starten?

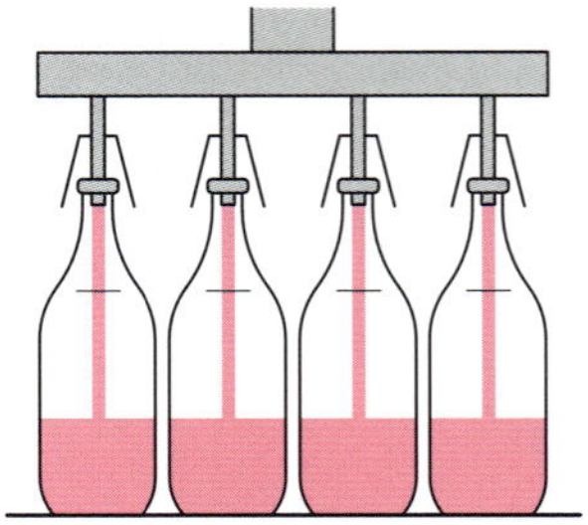

1/29 Aktive Transponder sind mit einer Spannungsquelle versehen, damit sie über weitere Strecken aktiv sein können, wie z. B. die Transponder in Schließanlagen für Autotüren.
Informieren Sie sich im Internet über die damit verbundenen Gefahren einer Manipulation und über entsprechenden Schutzmaßnahmen.

Lösen Sie die folgenden zwei Aufgaben mithilfe eines Internetprogramms zum Erstellen von Codierungen. Sie finden im Internet kostenlose Programme zum Erstellen von Strich- und QRCodes, z. B. für Mobile: http://barcode-generator.online und für PC: http://free-barcode com.

1/30 Erstellen Sie mithilfe eines Programms im Barcodetyp *Interleafed 2of5* einen Barcode mit der Zahlenfolge „**026843**".
Lassen Sie eine andere Person mittels des Smartphones den erstellten Barcode entschlüsseln.

1/31 Generieren Sie einen QR-Code mit dem Text „**Baugruppe 4.356-3**".
Lassen Sie eine andere Person mittels des Smartphones den erstellten QR-Code entschlüsseln.

1/32 Sie haben ein neues Tablet erhalten. Welche Schutzprogramme sollten Sie unbedingt sofort installieren?

2 Funktionseinheiten des Maschinenbaus

2/1 Fertigen Sie nach folgendem Muster eine Tabelle an.

Bauelemente und Baueinheiten	Funktion
?	Verbindungselement
?	Abstützungselement
?	Einheit zur Übertragung mechanischer Energie
?	Einheit zur Umformung der Energie
?	Antriebseinheiten

Ordnen Sie folgende Bauelemente und Baueinheiten in die Tabelle ein.
Verbrennungsmotor, Riementrieb, Niet, Schraube, Antriebswelle, Stift, Leitspindel, Gleitlager, Maschinenständer, Drehmaschinenbett, Hydraulikmotor, Kettengetriebe.

2/2 Nennen Sie je zwei Beispiele aus dem Bereich „Fahrradfahren" für
a) erwünschte Reibung, **b)** unerwünschte Reibung.

2/3 a) Übertragen Sie die Abbildungen. Tragen Sie jeweils die Richtung der Normalkraft und die Richtung der Reibungskraft auf das Werkstück ein.

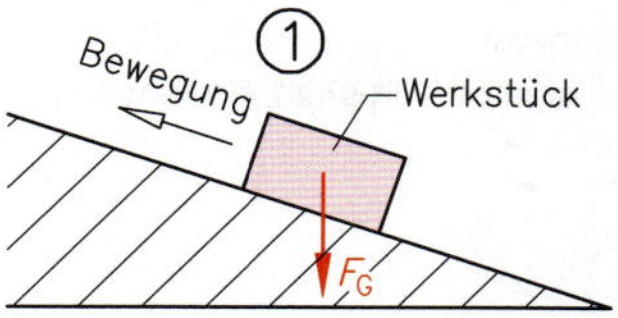

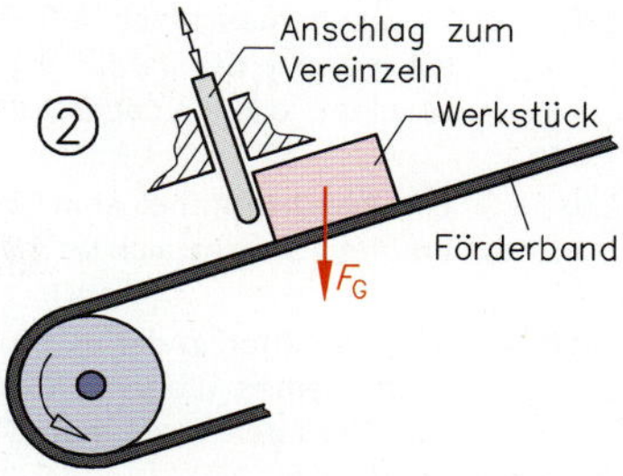

b) Bilden Sie einen Merksatz, in dem Sie die Richtung der Normalkraft im Hinblick auf die Berührungsfläche festlegen.

2/4 Mit nebenstehender Versuchsanordnung wurden auf einer geschliffenen Stahlplatte Messwerte für die Zugkraft ermittelt ($g \approx 10$ N/kg). Die Zuggeschwindigkeit blieb konstant. Berechnen Sie die Reibungszahlen.

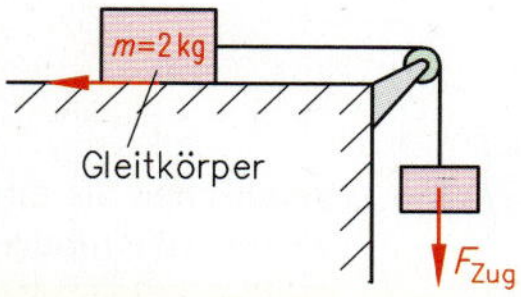

Werkstoff des Gleitkörpers Art der Schmierung	a) **Gusseisen trocken**	b) **Gusseisen geschmiert**	c) **Stahl trocken**	d) **Stahl geschmiert**	e) **Messing trocken**	f) **Messing geschmiert**
Masse d. Gleitkörpers	2 kg	2 kg	2 kg	2 kg	2 kg	2 kg
Normalkraft	20 N	20 N	20 N	20 N	20 N	20 N
Reibungskraft = Zugkraft	3,53 N	1,57 N	2,94 N	1 N	1,9 N	0,6 N
Reibungszahl	?	?	?	?	?	?

2/5 Ein Werkstücktisch einer Produktionsmaschine läuft auf den Wälzkörpern einer Wälzführung. Der Tisch hat mit aufgespanntem Werkstück die Gewichtskraft von 8 500 N.

a) Welche Reibungskraft F_R ist während der Verstellung des Tisches wirksam, wenn der Hersteller der Wälzführungen die Rollreibungszahl $\mu_r = 0{,}0012$ angibt?

b) Wie groß ist die Reibungskraft, wenn der gleiche Werkstücktisch in geschmierten Gleitführungsbahnen geführt würde, wenn die Gleitreibungszahl $\mu = 0{,}08$ beträgt?

c) Um wie viel Prozent vergrößert sich die Reibungskraft bei einer Führung mit Gleitreibung gegenüber der Wälzführung?

2/6 Schreiben Sie heraus, welche Bezeichnung für das jeweilige Lager richtig ist:
Axiallager als Gleitlager,
Axiallager als Wälzlager,
Radiallager als Gleitlager,
Radiallager als Wälzlager.

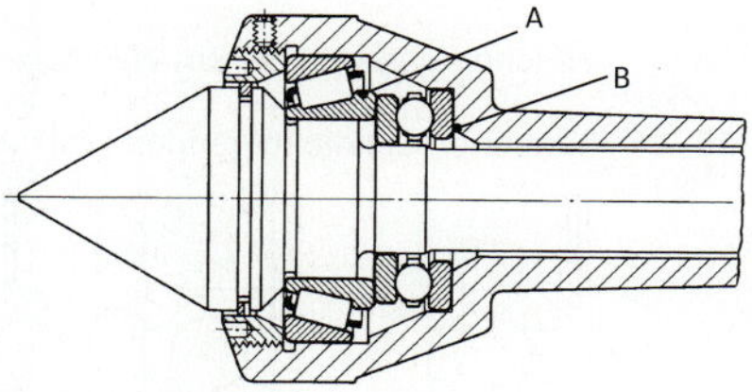

2/7 Zeichnen Sie das folgende Schema ab, und ordnen Sie die Lagerwerkstoffe Polyamid, SINT-B10 und Lg-PbSn10 in das Schema entsprechend ein.

	sehr gut	gut	befriedigend	ausreichend
Gleiteigenschaft	?	?	?	?
Tragfähigkeit	?	?	?	?
Notlaufeigenschaft	?	?	?	?

2/8 Haushaltsmaschinen, z. B. Rührgeräte, werden nur kurzzeitig und mäßig belastet. Der Hausfrau soll die Wartung der Geräte nicht abverlangt werden.
Wählen Sie einen Lagerstoff für die Lager aus, und begründen Sie die Auswahl.

2/9 Eine Mischtrommel ist in Gleitlagern gelagert. Sie läuft nach längerer Stillstandzeit an.
Erklären Sie, wie sich beim Anlaufen die Reibung zwischen Welle und Lager ändert.

2/10 Warum dürfen in der unteren Hälfte eines Lagers keine Schmiernuten angebracht werden?

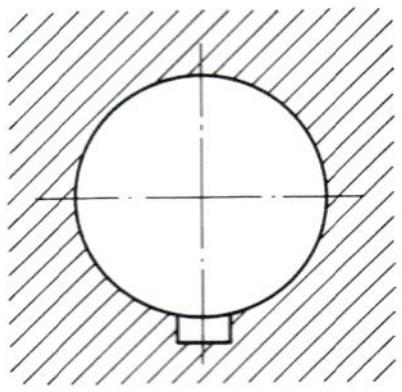
falsch

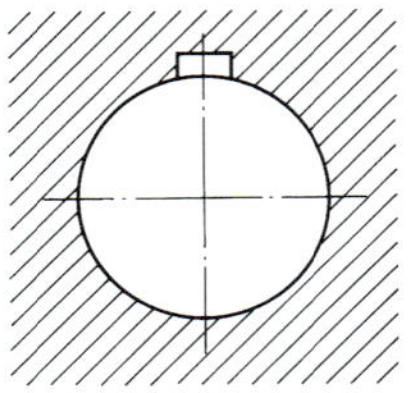
richtig

2/11 Vergleichen Sie tabellarisch hydrodynamisch und hydrostatisch geschmierte Gleitlager. Übernehmen Sie dazu die Tabelle und kennzeichnen Sie mit den Begriffen „geringer" und „größer" die Eigenschaften.

	hydrodynamisch geschmiert	hydrostatisch geschmiert
Reibung beim Anlauf	?	?
Abhängigkeit von Schmiermitteldruck und Drehzahl	?	?
Laufgenauigkeit	?	?
Kosten	?	?

2/12 Welche Vorteile bietet der Einsatz von Zentralschmierung bei großen Maschinen?

2/13 Begründen Sie, warum bei niedrigen Drehzahlen eine Fettschmierung einer hydrodynamischen Ölschmierung vorgezogen wird.

2/14 Benennen Sie die mit A, B, C und D bezeichneten Teile des Wälzlagers.

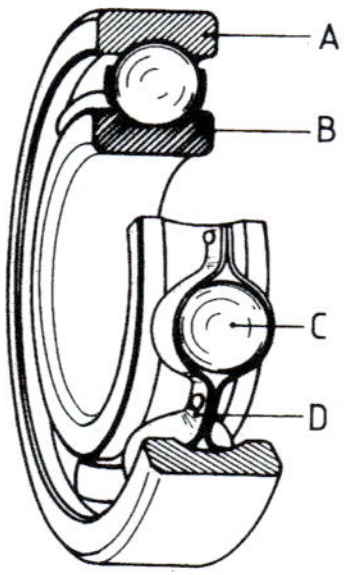

2/15 Welche Aufgaben hat ein Wälzlagerkäfig?

2/16 Benennen Sie die folgenden Wälzlager.

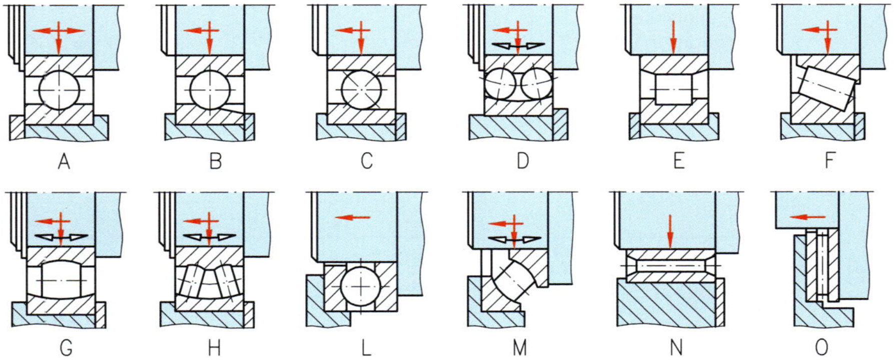

2/17 In einer Konstruktion ist zwischen Wellendurchmesser und Innendurchmesser des Lagergehäuses kein sehr großer maßlicher Unterschied. Es soll ein Wälzlager eingebaut werden.
Welche Art der Wälzlagerung schlagen Sie vor? Geben Sie eine Begründung für Ihren Vorschlag.

2/18 Ein Mechaniker sagt: „Gut gewartete Wälzlager halten ewig, wenn sie nicht überlastet werden."
Was ist von der Aussage zu halten?
Begründen Sie Ihre Antwort.

2/19 Für die Vorderradlagerung eines Autos und für die Lager einer ständig laufenden Turbine ist jeweils eine Lagerart auszuwählen. Begründen Sie Ihre Entscheidung, ob Gleitlager oder Wälzlager zu wählen sind, in einem Fachbericht.

2/20 Zeichnen Sie die folgende Tabelle ab, und vergleichen Sie die Gleitführungen mit den Wälzführungen in Bezug auf die angegebenen Gesichtspunkte. Benutzen Sie dabei jeweils die Begriffspaare *„gering – größer"*, *„leicht – schwerer"* o. Ä.

	Gleitführung	Wälzführung
Art der Reibung	?	?
Kraftaufwand zum Verschieben	?	?
Schmiermittelverbrauch	?	?
Stick-Slip-Effekt	?	?
Möglichkeit des Austauschbaus	?	?
Passungsspiel	?	?

2/21 Gleitführungen nutzen sich auf den Gleitflächen im Laufe der Zeit geringfügig ab.
Welche Wirkung hat diese Abnutzung auf die Flach- und Schwalbenschwanzführung einerseits und auf die V- und Dachführung andererseits?

2/22 Gleitführungen müssen nachgestellt werden, wenn das Spiel zu groß geworden ist. Betrachten Sie die abgebildete Schwalbenschwanzführung und beschreiben Sie, wie ein Nachstellen erfolgen kann.

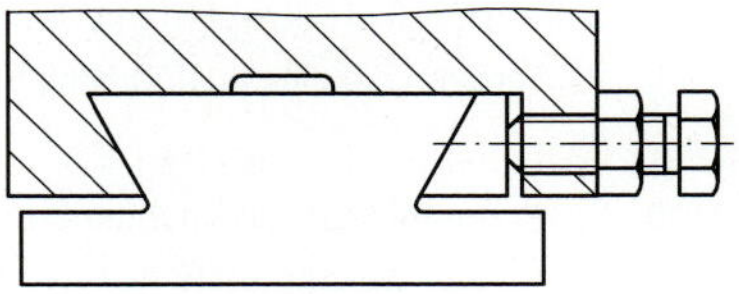

2/23 **a)** Welche Bewegungen lässt eine Kugelführung mit zylinderförmigen Laufflächen für das aufgesetzte Teil zu?
b) Welche Vorteile hat eine Kugelführung mit zylindrischen Laufflächen gegenüber einer zylindrischen Gleitführung?

2/24 Die Achse eines Fahrrades ist entsprechend der Abbildung belastet.
Geben Sie an, auf welcher Seite der Achse Druckspannungen und auf welcher Seite Zugspannungen entstehen.

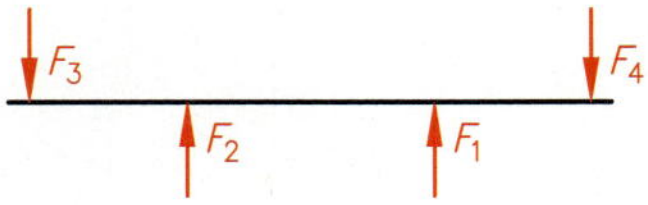

2/25 Die Achse eines Wagens dreht sich mit.
Welche Spannungen herrschen bei dieser Radstellung in der Achse, an den Positionen 1, 2 und 3?

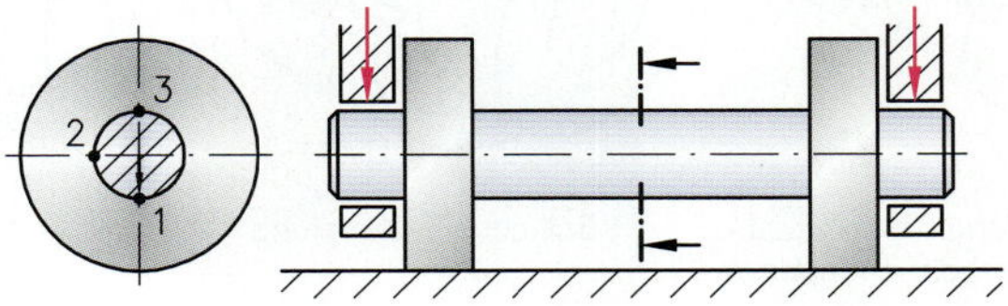

2/26 Berechnen Sie das größte Biegemoment für die dargestellte Achse. Der Wagen hat ein Gesamtgewicht von 300 kg, und die Last ist gleichmäßig verteilt.

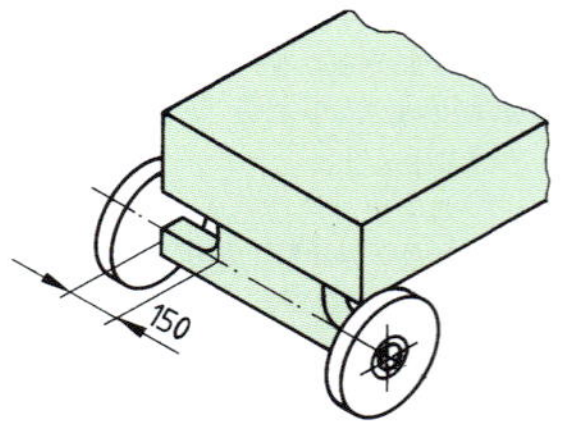

2/27 Geben Sie an, ob die beschriebenen Bauelemente richtig mit Achse bzw. Welle bezeichnet sind, und begründen Sie Ihre Antwort.

a) Tretlagerachse eines Fahrrades,
b) Gelenkwelle eines Autos,
c) Motorachse im Elektromotor,
d) Gelenkbolzen in einer Rollenkette.

2/28 **a)** Nennen Sie drei drehfeste Verbindungen zwischen einer Welle und einer Nabe.
b) Wie können Bauteile wie Laufrollen oder Zahnräder auf Achsen bzw. Wellen gegen axiales Verschieben gesichert werden?

2/29 Eine Winde soll hergestellt werden.
Der Besteller hat eine einfache Skizze vorgegeben.
Es sollen Gleitlager verwendet werden.
Planen und gestalten Sie die Verbindungen von

- Welle mit Kurbel,
- Welle mit Seiltrommel,
- Welle zwischen Lagern,
- Handkurbelzapfen mit Handgriff.

Fertigen Sie eine ausführliche Skizze an.

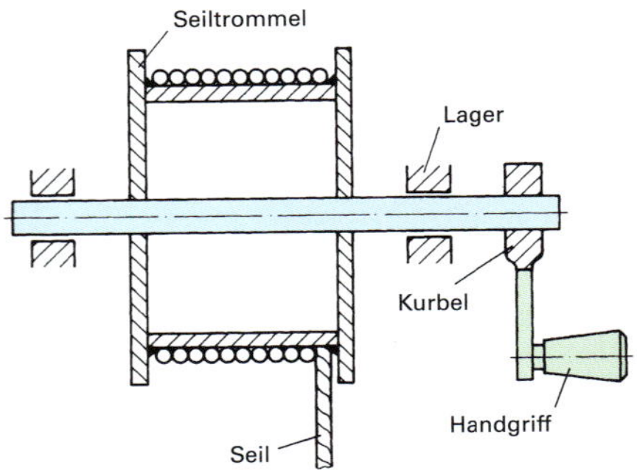

2/30 Schreiben Sie die unvollständigen Sätze ab, und ergänzen Sie diese:
Wellen werden stets auf ...?... beansprucht. Achsen dagegen werden hauptsächlich auf ...?... beansprucht.
Wellen sind Bauelemente, die ...?... weiterleiten.

2/31 Zwei Wellenenden stehen genau gegenüber. Die Wellen haben jedoch eine geringe Winkelbeugung zueinander.
Schlagen Sie eine der folgenden Kupplungen vor, die nicht schaltbar sein muss.

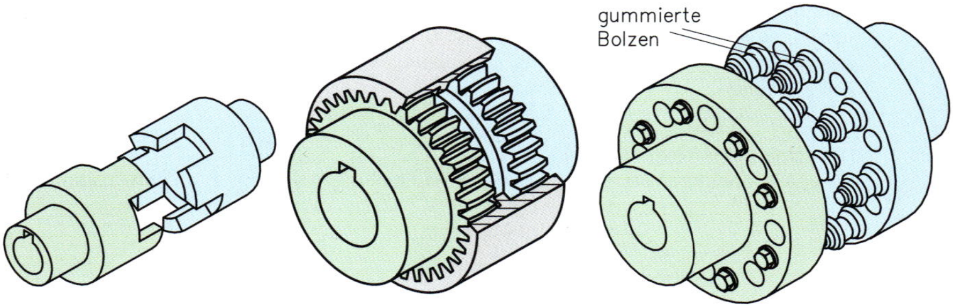

Klauenkupplung (erlaubt nur Längenänderung) Balligzahn–Kupplung Elastische–Kupplung

2/32 Ein Elektromotor treibt über einen Mehrfachkeilriementrieb eine Maschine an.

a) Beurteilen Sie anhand der Keilriemenscheiben, ob die Maschinendrehzahl höher oder niedriger als die Motordrehzahl sein wird.

b) Welchen Vorzug hat ein Keilriemenantrieb gegenüber einem Zahnradtrieb?

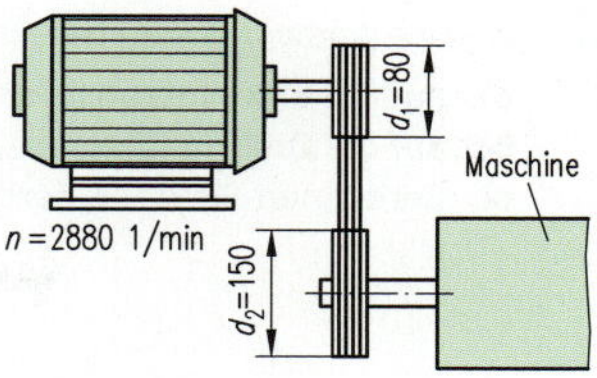

2/33 Bei Drehmaschinen treibt der Antriebsmotor über das Hauptgetriebe die Arbeitsspindel an. Das Vorschubgetriebe wird von der Arbeitsspindel aus angetrieben.

a) Beschreiben Sie die Aufgabe des Hauptgetriebes für die Drehbearbeitung.

b) Beschreiben Sie die Aufgabe des Hauptgetriebes für die Vorschübe.

c) Wie wird ein eingestellter Vorschub auf den Drehmeißel übertragen? Betrachten Sie dazu die Funktionsdarstellung einer Drehmaschine im Kapitel „Stoffformung durch Trennen".

2/34 Bei einer Drehmaschine wird die Drehbewegung vom Motor auf die Arbeitsspindel mit mehreren Keilriemen übertragen.

a) Warum setzt man keine Flachriemen ein? Begründen Sie Ihre Antwort.

b) Was erreicht man durch den Einsatz mehrerer Keilriemen?

2/35 Bei Werkzeugmaschinen ist in den meisten Fällen zwischen Antrieb und der Arbeitsspindel ein kraftschlüssiges Zugmittelgetriebe.
Begründen Sie die Notwendigkeit für diese Maßnahme.

2/36 Vergleichen Sie Flachriemengetriebe, Keilriemengetriebe und Zahnriemengetriebe hinsichtlich Umfangskraft, Schlupf und Einsatzgebiet. Fertigen Sie zur Beantwortung der Frage eine Tabelle nach folgendem Muster an.

	Flachriemen	Keilrie
Umfangskraft	mittel	se

2/37 **a)** Benennen Sie die in den Abbildungen dargestellten Zahnradgetriebe.

b) Beschreiben Sie die jeweilige Lage der Wellen zueinander.

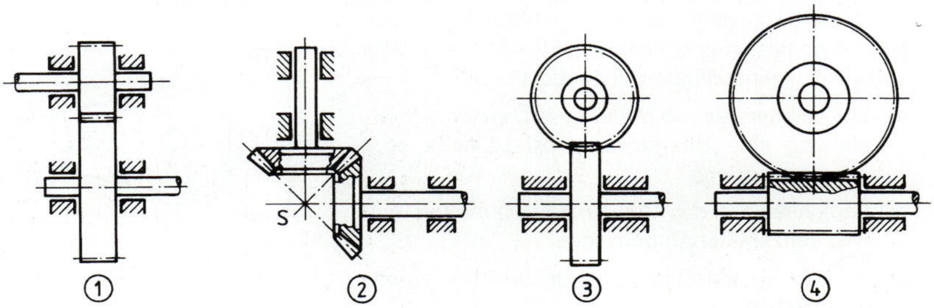

2/38 Welche Auswirkungen hat ein Zwischenrad

a) auf das Übersetzungsverhältnis,
b) auf die Drehrichtung des getriebenen Rades?
c) Berechnen Sie das Übersetzungsverhältnis.

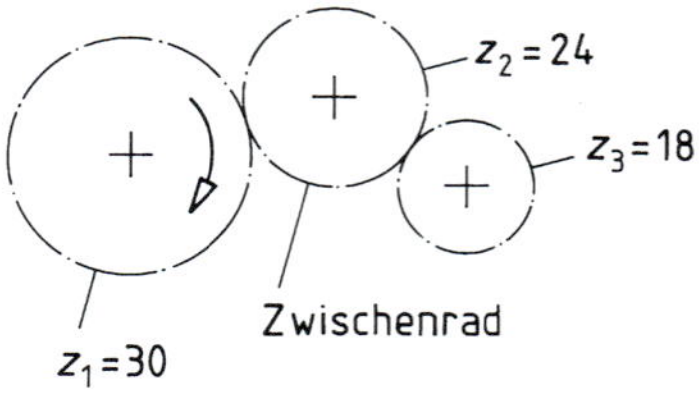

2/39

a) Benennen Sie das dargestellte Getriebe.
b) Beschreiben Sie den Schaltvorgang.
c) Wie viele Zahnräder sind erforderlich, wenn mit dem Getriebe 6 Enddrehzahlen erreicht werden sollen?

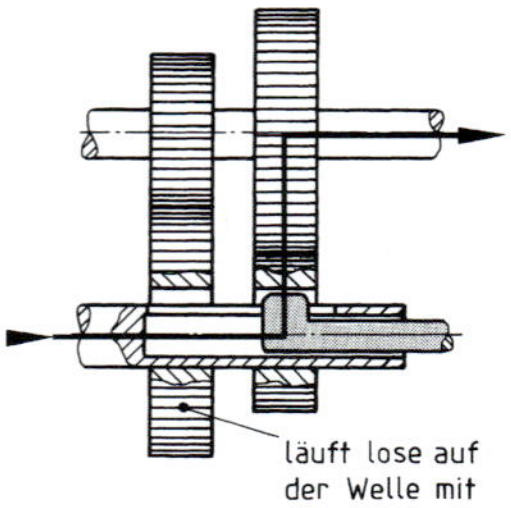

2/40 Beantworten Sie zu dem dargestellten Schieberadgetriebe folgende Fragen.

a) Wie viele Schaltstellungen haben die Schieberadblöcke I bis III?
b) Wie viele Umdrehungsfrequenzen können geschaltet werden, wenn der Antriebsmotor zweistufig schaltbar ist?
c) In welchen Schaltstellungen werden die niedrigste bzw. höchste Umdrehungsfrequenz der Spindel erreicht? Geben Sie den jeweiligen Kraftfluss über die im Eingriff befindlichen Zahnräder an. (Orientieren Sie sich an der Größe der zeichnerischen Darstellung der Zahnräder.)

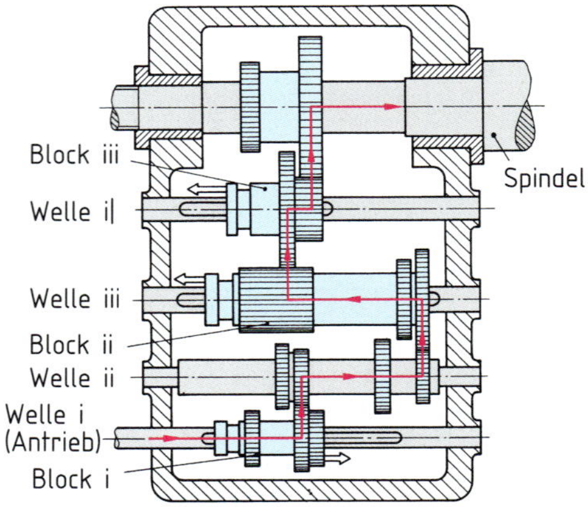

2/41 Die kegelförmigen Scheibenpaare eines PIV-Getriebes sind dargestellt. Beide Scheibenpaare haben gleiche Abmessungen. Bemaßt ist jeweils der größte und kleinste einstellbare Durchmesser.

a) Entscheiden Sie, ob in der gezeichneten Schaltstellung eine Übersetzung ins Schnelle oder Langsame erfolgt.
b) Berechnen Sie das Übersetzungsverhältnis und die Drehzahl der Antriebsseite.
c) Nennen Sie Maschinen, bei denen PIV-Getriebe erwünscht sind.

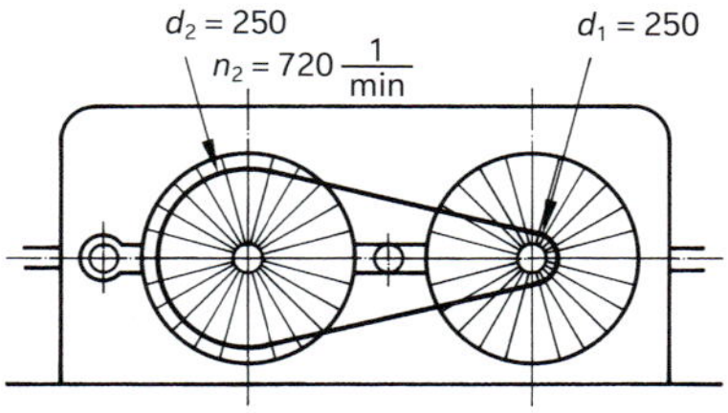

Instandhaltung – Wartungstechnik

1 Grundlagen der Instandhaltung

1/1 Die unten aufgeführten technischen Geräte bzw. Systeme weisen Mängel auf, die zu Schäden führen können. Zeigen Sie die Auswirkungen auf.

a) Der Kopf eines Meißels weist einen „Bart“ auf.
b) Ein Bremszylinder eines Autos ist undicht und verliert Bremsflüssigkeit.
c) Eine Erdölpipeline hat ein Leck, es versickert Öl.

1/2 Die Reifen eines Pkw nutzen sich durch den Gebrauch ab.

a) Erläutern Sie an diesem Beispiel den Begriff „Abnutzungsvorrat“.
b) Wie und durch wen ist der „Abnutzungsvorrat“ für Reifen festgelegt?
c) Welche Folgen können eintreten, wenn die Instandhaltung bei Reifen nicht wahrgenommen wird?

1/3 Sie haben eine elektrische Handbohrmaschine gekauft. Sie erhielten eine Garantie.

a) Nennen Sie Mängel, bei deren Auftreten Sie die Garantie in Anspruch nehmen können.
b) Geben Sie einige mögliche Schäden an der Maschine an, für die Ihnen kein Ersatz geleistet wird.

1/4 Schreiben Sie die vier Grundmaßnahmen auf, die zum Gesamtbegriff Instandhaltung gehören und ordnen Sie diesen zutreffend die folgenden Beispiele zu:

a) Austausch einer defekten Glühlampe einer Motorradbeleuchtungsanlage.
b) Die Kette eines Kettenantriebs einer Werkzeugmaschine schmieren.
c) Den Luftdruck im Autoreifen kontrollieren.
d) Umbau einer Bohrvorrichtung zur besseren Handhabung.

1/5 **a)** Erläutern Sie den Begriff „zustandsorientierte Instandhaltung“ am Beispiel des Austauschs der Bremsbeläge eines Personenwagens.
b) Welches Risiko geht man ein, wenn man die Bremsbeläge immer nur bei der Jahresinspektion kontrolliert?

1/6 **a)** Weshalb ist eine zustandsorientierte Instandhaltung die wirtschaftlichste und sicherste Vorgehensweise?
b) Welche Voraussetzungen müssen dazu erfüllt sein?

2 Systembeurteilung durch Inspektion

2/1 Für Pkw lautet eine häufige Inspektions- und Wartungsvorschrift „alle 20 000 km, jedoch mindestens einmal jährlich“. Demnach soll ein Pkw-Besitzer, der nur 10 000 km jährlich gefahren ist, doppelt so häufig zur Inspektion wie einer, der 20 000 km gefahren ist.
Wie ist diese Regelung zu begründen?

2/2 Beim Bohren an der Standbohrmaschine hören Sie vom Bohrer ausgehende Quietschgeräusche. Welche Schlüsse können Sie daraus ziehen?

2/3 Die Fehlerdiagnose ist ein wichtiges Hilfsmittel für die Inspektion. Welche Qualifikationen muss eine Person besitzen, die in einer Inspektionsabteilung tätig ist?

2/4 Bei manchen Bauteilen, die einer ständigen Abnutzung unterliegen, wird kurz vor Erreichen der völligen Unbrauchbarkeit dieser drohende Zustand durch eine geeignete Markierung angezeigt. So besitzen manche Scheibenwischerblätter für Autos eine entsprechende Farbmarkierung. Zeigen Sie an diesem Beispiel die Vorzüge solcher Hinweise auf.

2/5 Nachfolgend sind einige Daten aus dem TÜV-Prüfprotokoll der ASU-Untersuchung eines Personenwagens mit Benzinverbrennungsmotor wiedergegeben. Unter der Rubrik „Konditionierung“ sind die für den Motortyp geltenden Grenzwerte gegeben.

Konditionierung:			**Konditionierung:**		
Oeltemp. [°C]	min:	80			
Leerlauf [min^{-1}]			Erhöhter Leerlauf [min^{-1}]		
min: 790	max:	890	min: 2500	max:	2800
CO [%vol]	max:	0,50	CO [%vol]	max:	0,30

Messergebnisse

Motor im Leerlauf		**i.o./n.i.o.**
Oeltemp. [°C]	85	?.
Leerlauf		
Drehzahl [min^{-1}]	870	?.
CO [%vol]	0,09	?.

Motor im erhöhten Leerlauf		**i.o./n.i.o.**
Erhöhter Leerlauf		
Drehzahl [min^{-1}]	2670	?.
CO [%vol]	0,27	?.

a) Vergleichen Sie die Messergebnisse und beurteilen Sie diese mit: in Ordnung = i.O. / n.i.O. für nicht in Ordnung.

b) Wie bezeichnet man in der Messtechnik diese ASU-Prüfmethode?

c) Zu welchem Teilbereich von Instandhaltung gehört eine ASU-Prüfung?

d) In welchem Zustand des Motors sind die Werte zu ermitteln?

2/6 Die Skizze zeigt einen Aufbau zur jährlichen Inspektion einer Drehmaschine.
Welche Eigenschaft wird hier geprüft?

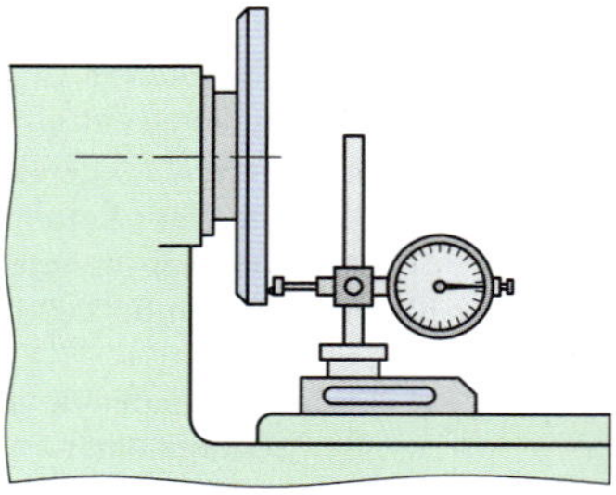

3 Instandhaltung durch Wartung

3/1 Erklären Sie am Beispiel eines Pkw die Instandhaltungsarbeiten Reinigen, Konservieren, Schmieren, Nachstellen, Ergänzen und Auswechseln mit je einem Beispiel.

3/2 Beschreiben Sie zu einer Maschine Ihres Ausbildungsbetriebs:

a) eine wöchentlich auszuführende Reinigungsarbeit,

b) eine in längeren Intervallen auszuführende Reinigungsarbeit.

3/3 Durch den Einsatz von Hilfsstoffen zum Konservieren, z. B. an Führungsbahnen und Stellspindeln von Maschinen, erzielt man außer dem Korrosionsschutz noch andere Vorteile. Nennen Sie mindestens einen weiteren.

3/4 **a)** Erklären Sie die Schmierangaben, die mit den Symbolen 1 bis 3 dargestellt werden.

a 

b 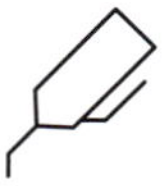

c 

b) Welche Art der Schmierung wird bei neueren Maschinen und Anlagen bevorzugt eingesetzt? Welche Vorteile ergeben sich dabei für die Wartung?

3/5 Maschinen und Anlagen, für deren Betreiben ein Hilfsstoff wie Öl oder eine Kühlflüssigkeit zwingend erforderlich ist, besitzen vielfach eine Kontrolleinrichtung zur Überprüfung der betreffenden Flüssigkeitsmenge. Bei Untersuchung der Mindestfüllmenge muss eine Ergänzung des Hilfsstoffs vorgenommen werden.
Nennen Sie mindestens zwei solcher Kontrolleinrichtungen.

3/6 Aus dem Schmierplan einer Maschine sind zwei Zeilen mit Symbolen dargestellt. Formulieren Sie die beiden Schmieranweisungen in einem Satz.

Schmierstelle	Symbol für Schmieranleitung	Schmiermittel	Intervall (h)
Lager A		KP 4E (Dreieck) DIN 51825	8
Getriebe V		CL 100 (Quadrat) DIN 51517	2500

3/7 Moderne Maschinen sind vielfach mit einer Zentralschmiereinrichtung ausgestattet, welche alle Lagerstellen ständig mit Schmiermittel versorgt.

a) Welche Wartungsarbeiten werden dadurch gespart? Nennen Sie Art und Häufigkeit.
b) Welche Wartungsarbeiten fallen dabei zusätzlich an? Nennen Sie Art und Häufigkeit.

3/8 Ein Rillenkugellager soll montiert werden.

a) Welche drei Gesichtspunkte sind beim Einbau des Lagers in Bezug auf die Schmierung zu beachten?
b) Warum soll der Gehäuseraum des Lagers nicht vollständig mit Schmierfett ausgefüllt werden?

3/9 Eine regelmäßige Wartung vermindert die Abnutzung und den Verschleiß von Bauteilen und Baugruppen.

a) Wählen Sie eine Werkzeugmaschine aus, an der Sie in der Ausbildung gearbeitet haben, und geben Sie Wartungsarbeiten an, die regelmäßig durchgeführt werden mussten.
b) Welche Informationen können Sie einem Hersteller-Wartungsplan entnehmen?
c) In einem Wartungsplan für eine Ventilatorenanlage mit einer Betriebsdrehfrequenz von 3 000 1/min finden Sie den Hinweis:
„Nachschmierfristen für Wälzlager den Herstellerangaben entnehmen."
Der Wellendurchmesser für die eingebauten Rillenkugellager und Zylinderrollenlager beträgt 85 mm.
Bestimmen Sie die Nachschmierfristen t_f in Betriebsstunden für diesen Einsatzfall anhand des Diagramms eines Wälzlagerherstellers.

3/10 Bei einer Werkzeugmaschine für hohe Anforderungen ist u. U. die Arbeitsspindel in einem einstellbaren Wälzlager gelagert. Das Bild zeigt ein Pendelrollenlager, welches durch die Spannhülsenmutter weiter auf die kegelige Spannhülse gedrückt werden kann. Schildern Sie an diesem Beispiel, was durch das Nachstellen verändert wird und welche Vorteile das hat.

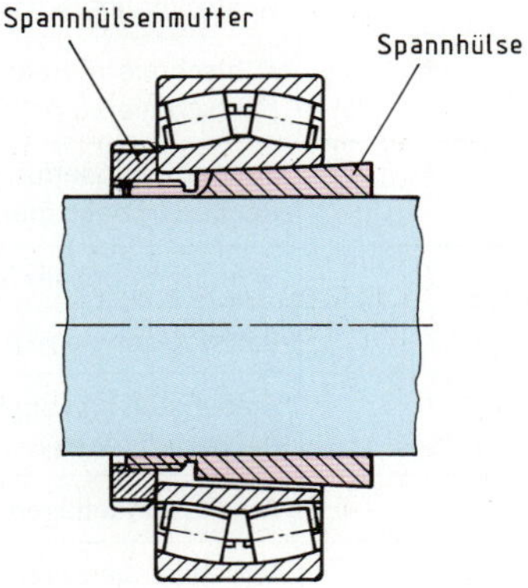

3/11 Nennen Sie Gründe, die dafür sprechen, dass der Hersteller einer Maschine das Erfüllen seiner Gewährleistungsverpflichtungen mit der vollständigen Einhaltung der von ihm aufgestellten Wartungs- und Schmieranleitung verbindet.

3/12 Aus dem Wartungs- und Schmierplan einer Drehmaschine sind einige Wartungsarbeiten aufgelistet. Die Zuordnung zur Maschine und die Wartungsintervalle sind der Zeichnung zu entnehmen.

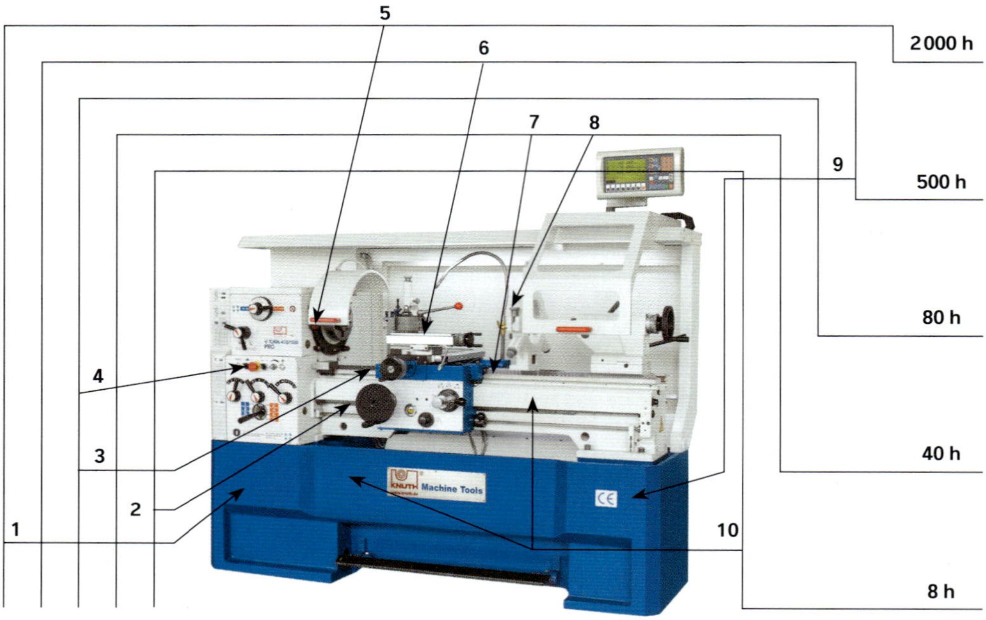

a) Erstellen Sie aus den Angaben einen Wartungsplan, in dem Sie die Wartungsarbeiten – aufsteigend nach der Fälligkeit – ordnen.

b) Ergänzen Sie mithilfe der Zeichnung die entsprechende Positionsnummer und geben Sie das Wartungsintervall an.

Nummer (Lt. Zeichnung)	Art und Ort der Wartungsmaßnahme	Intervall in Betriebs-Std.
?	Abstreifer am Bettschlitten reinigen und bei Bedarf auswechseln	?
?	Kühlschmiermittelbehälter reinigen, Kühlschmierstoffreste filtern und auffüllen	?
?	Keilriemenspannung des Antriebsmotors prüfen und bei Bedarf nachspannen	?
?	Schmiernippel am Schlosskasten mit Fettspritze schmieren	?
?	Reitstockpinole reinigen und mit Gleitbahnöl schmieren	?
?	Stellleisten an Längs- und Quersupport auf Spiel prüfen und bei Bedarf einstellen	?
?	Arbeitsspindellagerung auf Spiel prüfen und bei Bedarf nachstellen	?
?	Maschinenbett-Führungsbahnen reinigen und mit Gleitbahnöl schmieren	?
?	Rücklaufsiebe der Kühlschmiermitteleinrichtung reinigen	?
?	Getriebeölfüllmenge am Schauglas des Spindelstockgetriebes prüfen	?

4 Instandsetzen

4/1 Der Zahnriemen einer Antriebseinheit ist nach einer bestimmten Betriebszeit durch starke Dehnung unbrauchbar geworden und wird ausgetauscht.
In welche Bereiche der Instandhaltung fällt das Feststellen der Zahnriemendehnung und der Austausch des Zahnriemens?

4/2 Nennen Sie ein Beispiel für die Instandsetzung einer Maschine, an der Sie mitgearbeitet haben. Beschreiben Sie die Vorgehensweise.

4/3 In einer Anzeige sucht eine Firma u. a. mit folgenden Informationen nach einem Mitarbeiter:
*„**Ihre Aufgabe:** Sie führen ein Team von Industriemechanikern/Mechatronikern/Elektrikern und sind u. a. verantwortlich für die Sicherstellung der Funktionstüchtigkeit unserer Produktionsanlagen incl. Störungsbeseitigung …*
***Ihr Profil:** Sie haben eine Ausbildung in einem der oben genannten Berufsfelder erfolgreich abgeschlossen, idealerweise eine Weiterbildung zum Meister/Techniker absolviert und verfügen über praktische Erfahrung in der Umsetzung von Steuerungs- und Regelungsaufgaben sowie der Optimierung von Prozessabläufen …“*

a) Woran können Sie im Anzeigentext erkennen, dass die Firma jemanden sucht, der ein Team in der Abteilung Instandhaltung führen soll?
b) Untersuchen Sie unter dem Gesichtspunkt der „Instandsetzung“, warum in dem Team Mitarbeiter aus mehreren Berufsfeldern eingebunden sind.

4/4 Wie müssten Sie Ihren beruflichen Werdegang angehen, wenn Sie sich auf eine Anzeige ähnlich der in Aufgabe 4/3 erfolgreich bewerben möchten?

4/5 Durch welche Maßnahmen bei der Planung von Steuerungen kann man eine Fehlersuche in Anlagen vereinfachen?

4/6 In Steuerungen setzt man zunehmend Ventile mit Handhilfsbetätigungen ein. Begründen Sie diese Maßnahme unter dem Gesichtspunkt der Fehlersuche.

4/7 Warum ist es in größeren Steuerungen sinnvoll, die Arbeitskreise und die Steuerkreise über getrennte Leitungssysteme mit Druck zu versorgen?

4/8 In einer Pneumatikanlage tritt insbesondere an kalten Tagen ein hoher Kondensatanfall auf.
Welcher Fehler kann in der Anlage vorliegen?

4/9
a) Beschreiben Sie die Gefahren für das Instandsetzungspersonal, die zu Beginn der Reparatur an einer stillgesetzten elektropneumatischen Steuerung besteht.
b) Geben Sie notwendige Sicherheitsmaßnahmen an, die bei der Demontage oder beim Umrüsten einer Anlage eingehalten werden müssen.
c) Nehmen Sie Stellung zu den Hinweis: „Diese Anlage muss vor Inbetriebnahme TÜV geprüft werden.“

5 Maschinenschaden durch mechanische Beanspruchung

5/1 Das Säubern von Werkzeugmaschinen durch Abblasen mit Druckluft ist verboten, weil es u.a. den Verschleiß fördert.
Begründen Sie das Verbot am Beispiel der Flächenschleifmaschine.

5/2 Für die Führung des Schreibkopfes in einem Drucker wurden Rundführungen aus Stahl mit Buchsen aus PTFE gewählt.
Begründen Sie die Werkstoffauswahl.

5/3 Wenn ein Auto längere Zeit gestanden hat, soll man nicht gleich den Motor auf hohe Drehzahl bringen, damit nicht unnötig hoher Verschleiß entsteht.
Warum ist dies so?

5/4 In eine Schrift über Gewaltbrüche und ihre Ursachen ist die folgende Skizze eingefügt:

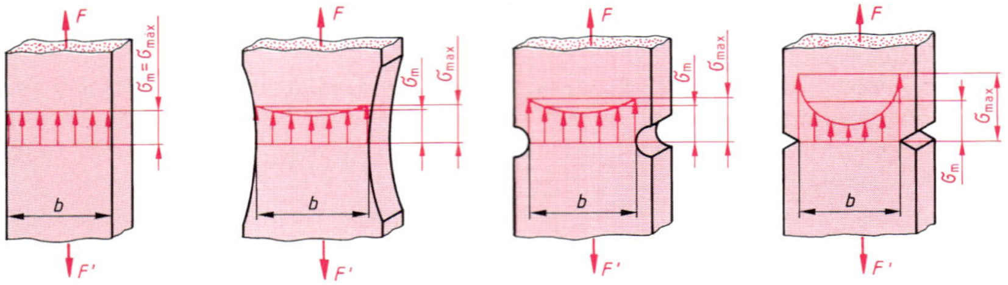

Was sagt diese Skizze über die Neigung zu Gewaltbrüchen aus?

5/5 In einer Verkleidung tritt ein Riss auf, der langsam weiterreißt. Ein Mechaniker macht den Vorschlag, den Riss durch eine Bohrung mit 5 mm Durchmesser an seinem Ende zu stoppen.
Nehmen Sie zu diesem Vorschlag Stellung.

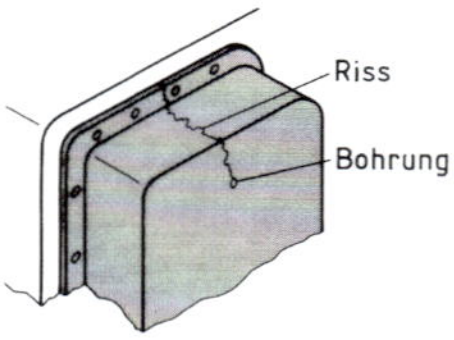

5/6
a) Nennen Sie die Stellen des dargestellten Wellenbereichs, die Ausgangspunkte für Dauerbrüche werden können.

b) Machen Sie Vorschläge, wie man den gezeigten Wellenbereich unter Berücksichtigung der Gefahr von Dauerbrüchen verändern kann.

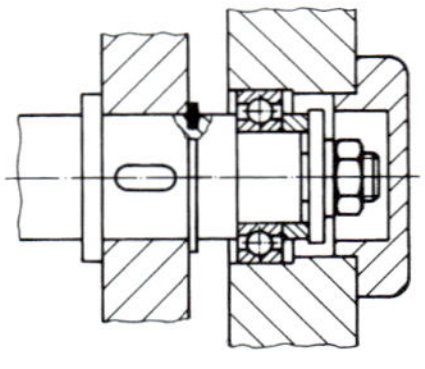

5/7 Auspuffanlagen an Kraftfahrzeugen korrodieren sehr leicht von innen.

a) Wie bezeichnet man diese Art der Korrosion?

b) Welche Maßnahmen werden ergriffen, um die Korrosion in Auspuffanlagen zu verringern?

5/8 Übernehmen Sie die nebenstehende Abbildung eines galvanischen Elementes aus Stahl und Messing.

a) Kennzeichnen Sie die Stahl- und die Messingplatte.

b) Welche Spannung würde sich etwa ergeben, wenn dieses Element unter den Bedingungen der Spannungsreihe betrieben wird?

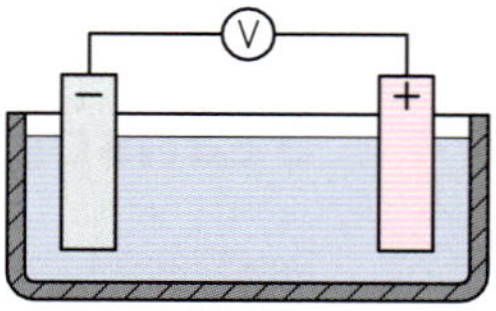

6 Hilfsstoffe für die Instandhaltung

6/1 Das Getriebe einer Werkzeugmaschine wird unzureichend mit Schmiermittel versorgt. Welche Auswirkungen kann diese Nachlässigkeit haben?

6/2 Welche Aufgaben hat das Öl in den Motoren von Kraftfahrzeugen zu übernehmen?

6/3 Warum ist Wasser zum Schmieren metallischer Bauelemente, die aufeinander gleiten, ungeeignet?

6/4 In einem Prospekt steht über ein Schmieröl u. a.:
„Dieses ist ein hochviskoses Öl ...".
Handelt es sich bei diesem Öl um ein sehr dickflüssiges oder um ein sehr dünnflüssiges Öl?

6/5 Wie wirkt sich eine Erhöhung der Viskosität des Schmieröles in einer Zentralschmieranlage auf folgende Größen aus:
- auf die Schmierfilmdicke, die sich auf Führungen bilden kann,
- auf die Reibungsverluste in Lagern,
- auf Verluste im Leitungssystem,
- auf den Energiebedarf der Schmierölpumpe?

6/6 Für das Getriebe einer automatischen Säge in einem Sägewerk ist ein Öl ISO-VG 220 vorgeschrieben. Da das Öl nicht vorhanden ist, wird der Vorschlag gemacht, statt des vorgeschriebenen Öles das Getriebeöl für Kfz SAE 90 zu verwenden.
Äußern Sie sich zu diesem Vorschlag.

6/7
a) Ermitteln Sie für folgendes Stirnradgetriebe die kinematische Viskosität des Schmieröls und geben Sie den Viskositätsgrad an.
$i = 1{,}5 : 1$; $b = 20$ mm; $d_1 = 73$ mm; $F = 2800$ N; $v = 3$ m/s

b) Ein einstufiges Stirnradgetriebe überträgt eine Leistung von 5 kW. Die Eingangsdrehzahl beträgt 1 500 1/min, die Ausgangsdrehzahl 600 1/min. Das treibende Rad hat 29 Zähne, eine Zahnbreite von 20 mm und einen Modul von 5 mm.
Ermitteln Sie die erforderliche kinematische Viskosität und die SAE-Viskositätsklasse des Getriebeöles.

6/8
a) Schreiben Sie einen Bericht über den Einfluss der Temperatur auf die Fließeigenschaft von Ölen und ihre Neigung, brennbare Gase zu bilden. Verwenden Sie in Ihrem Bericht Fachausdrücke.
b) Warum ist das Luftabscheidevermögen bei Hydraulikölen eine wichtige Größe?
c) In Zentralschmieranlagen verwendet man hauptsächlich Stahlrohre als Werkstoff für festverlegte Leitungen.
Begründen Sie die Werkstoffwahl.

6/9 In einer Hydraulikanlage gibt ein Spannzylinder bei äußerer Belastung ein wenig nach. Welche Eigenschaft des Hydrauliköles sollte geprüft werden, wenn der Fehler bei diesem Medium gesucht wird?

6/10 Mineralöle werden gereinigt und mit besonderen Zusätzen versehen.
Nennen Sie Eigenschaften, die durch diese Behandlung verbessert werden.

6/11 Vergleichen Sie Mineralöle mit synthetischen Ölen. Zeichnen Sie dazu das nebenstehende Schema ab und vervollständigen Sie dieses durch die vorgegebenen Aussagen.
- höhere Viskositätsänderung,
- geringere Viskositätsänderung,
- einheitliche Zusammensetzung,
- Gemisch unterschiedlicher Kohlen-Wasserstoff-Verbindungen,
- geringere Reinheit,
- höhere Reinheit.

	Mineralöl	Synthetisches Öl
Innerer Aufbau und Reinheit	?	?
Viskositätsänderung bei Temperaturerhöhung	?	?

6/12 Ordnen Sie die folgenden Mineralöle, indem Sie diese nach abnehmender Viskosität aufschreiben: Zylinderöl, Spindelöl, leichtes Maschinenöl, schweres Maschinenöl.

6/13 **a)** Was unterscheidet synthetische Öle von Mineralölen?
b) Die Lager in der Fördereinrichtung einer Einbrennanlage wurden bisher mit Mineralöl geschmiert. Die Betriebstemperatur der Anlage soll bei einer Produktionsumstellung auf 160 °C erhöht werden. Was ist bei der Umstellung auf die höhere Betriebstemperatur hinsichtlich der Umstellung der Schmierung zu beachten?

6/14 Auf der Dose eines recht preiswerten Öles ist vermerkt, dass es sich hier um ein Zweitraffinat handelt. Was versteht man darunter?

6/15 Aus welchen Bestandteilen bestehen Schmierfette?

6/16 Neben den kalkverseiften und natriumverseiften Schmierfetten gibt es auch lithiumverseifte Fette. Diese lithiumverseiften Schmierfette besitzen die guten Eigenschaften sowohl von den kalkverseiften als auch von den natriumverseiften Fetten.
Geben Sie die Eigenschaften der lithiumverseiften Fette an.

6/17 Das Getriebe eines Stellantriebes ($i = 150 : 1$) für einen Lufteinlass ist ständig der Witterung ausgesetzt. Der Motor hat eine Leistung von 20 W. Das Getriebe wird fettgeschmiert.
Welches Fett schlagen Sie für die Getriebeschmierung vor?

Schmierfettwechsel für Wälzlager

In Wälzlagern kann auch bei niedriger Lagertemperatur das Fett nicht unbegrenzt lange völlig frei von Verunreinigungen und Zersetzungsprodukten gehalten werden. Darum muss das Fett in bestimmten Abständen gewechselt werden.
Das folgende Diagramm zeigt für verschiedene Wälzlager die Fettwechselfristen für hochwertige Lithiumfette bei unterschiedlichen Betriebsdrehzahlen und unterschiedlichen Lagertemperaturen.

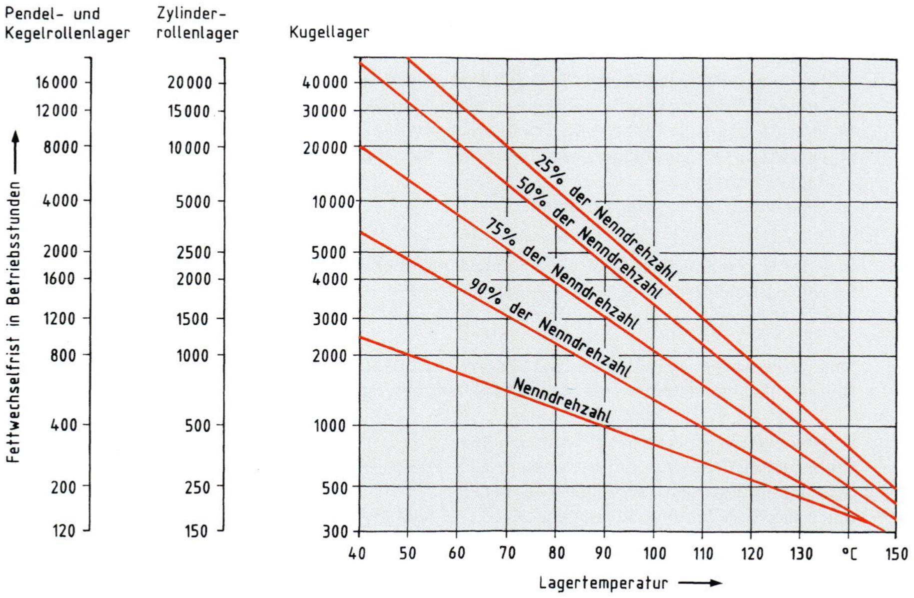

6/18 Bestimmen Sie die Fettwechselfrist für ein Zylinderrollenlager, das mit einer Nenndrehzahl von 670 1/min läuft. Die Betriebsdrehzahl im Dauerbetrieb liegt bei 600 1/min. Die Lagertemperatur beträgt 60 °C.
Nach wie viel Tagen muss das Fett erneuert werden?

6/19 Wodurch ergibt sich die Schmierwirkung von Grafit und Talkum?

6/20 Gummikabel werden mit Talkum eingerieben, damit sie sich leichter in Rohre einziehen lassen.
Warum verwendet man hier Talkum?

6/21 Flüssigen Schmierstoffen werden häufig Trockenschmiermittel, wie z. B. Molybdändisulfid, beigemischt. Welchen Vorteil bietet ein solches Schmierstoffgemisch?

6/22 Molybdänsulfid (MoS_2) ist erheblich teurer als Grafit und hat eine wesentlich bessere Schmierwirkung.
Man bevorzugt jedoch nicht nur wegen des Preises Grafit, wenn zur Schmierung Festschmierstoffe ausgesucht werden, die bei Betriebstemperaturen im Bereich bis 450 °C eingesetzt weden müssen.
Welche Eigenschaft des Grafits ist hier maßgebend?

6/23 In Ihrem Betrieb hat sich eine beachtliche Menge unbrauchbarer Schmier- und Kühlschmiermittel angesammelt. Ihr Kollege macht den Vorschlag, die gefüllten Fässer bei der nächsten Mülldeponie abzugeben.
Was antworten Sie Ihrem Kollegen?

Elektrotechnik

1 Wirkungen und Einsätze elektrischer Energie

1/1 Noch zu Beginn dieses Jahrhunderts wurden in kleinen Betrieben Werkzeugmaschinen durch zentrale Dampfmaschinen über Transmissionen und Riementriebe angetrieben.
Welche Auswirkungen hatte die Einführung elektrischer Energie zum Betrieb einzelner Elektromotoren hinsichtlich Wirtschaftlichkeit, Arbeitssicherheit und Umweltbelastung?

1/2 In welcher Weise wird an Ihrem Arbeitsplatz und in Ihrer Betriebsabteilung elektrische Energie eingesetzt?
Geben Sie an, welche Arten der Nutzung elektrischer Energie jeweils im Vordergrund stehen.

1/3 Neben elektrischer Energie werden im Haushalt und Betrieb auch andere Energieformen - z. B. zum Heizen - genutzt.
Geben Sie an, inwieweit die Nutzung dieser Energieformen vom Vorhandensein elektrischer Energie abhängig ist.

2 Physikalische Grundlagen

2/1 Aus welchen Grundbausteinen sind der Atomkern und die Atomhülle aufgebaut?

2/2 Aus welchem Grunde ist ein Atom nach außen elektrisch neutral?

2/3 Beim Zerspanen von Kunststoffen bleiben häufig die Späne an trockenen Kunststoffflächen und lackierten Maschinenteilen haften und sind nur schwer zu entfernen.
Wie ist das Haften der Teilchen zu erklären?

2/4 In einem Aufbewahrungsraum für Verdünnungs- und Fettlösungsmittel (z. B. Aceton) ist der Abfülltrichter aus verzinntem Stahlblech durch ein Kupferkabel mit der Wasserleitung verbunden.
Welchen Sinn hat diese Maßnahme?

2/5 Die Trennung von elektrischen Elementarladungen lässt sich mithilfe eines Wolltuches und eines Kunststoffstabes demonstrieren.

a) Welche physikalische Größe bewirkt die Ladungstrennung?
b) Welche elektrische Ladung hat nach dem physikalischen Vorgang der Kunststoffstab, wenn dort Elektronenüberschuss besteht?
c) Welche elektrische Ladung hat dann das Wolltuch?

2/6 Geben Sie mithilfe der Elementarladung an, wie man sich die Stromstärke 1 Ampere vorstellen kann.

2/7 In einem kleinen Transistor fließt bei mittlerer Lautstärke ein Strom von $I = 25\ mA$.
In welcher Zeit haben die Batterien die Ladung von einem Coulomb durch den Stromkreis bewegt?

2/8 Übernehmen Sie die Tabelle, und tragen Sie die fehlenden Größen und Aussagen ein.

	Gleichstrom	Wechselstrom
Schaubild für Stromstärke in Abhängigkeit von der Zeit	?	?
Beispiele für entsprechende Stromquellen	?	?

2/9 Was versteht man unter einer Spannung von 1 Volt?

2/10 Schreiben Sie folgenden Merksatz mit den richtigen Ergänzungen auf:
Bei der Ladungstrennung entstehen Pole mit Elektronenüberschuss und Elektronenmangel. Der Pol mit Elektronenüberschuss wird *Pluspol/Minuspol* und der Pol mit Elektronenmangel wird *Pluspol/Minuspol* genannt.

2/11 Stellen Sie die im Lehrbuch angegebenen verschiedenen Spannungsquellen in einfachen Systemskizzen dar, wie z. B. den Piezokristall, der im Feuerzeug einen elektrischen Funken erzeugt.

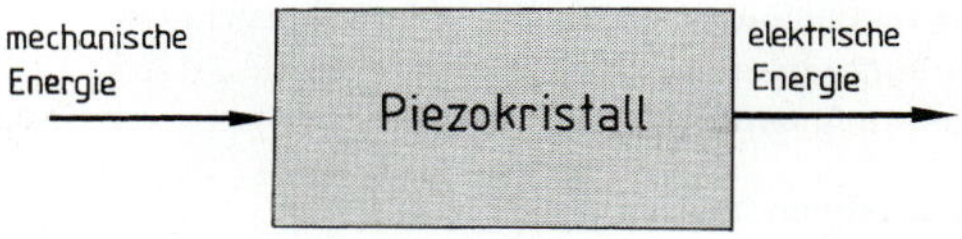

2/12 **a)** Welche Spannungen haben die abgebildeten Spannungsquellen?
b) Geben Sie die Lage von Plus- und Minuspol für jede Batterie an.

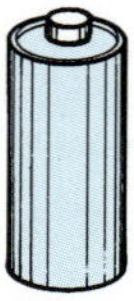
Kohle-Zink-Batterie rund

Kohle-Zink-Batterie flach

Knopfzelle

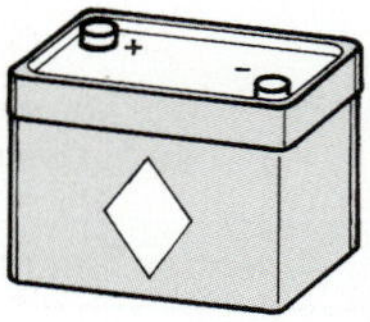
Bleiakkumulator Kfz

2/13 Vielfach wird zum Erleichtern des Verständnisses für Strom, Spannung und Stromkreis der Vergleich mit einem Ölhydraulikkreislauf herangezogen. Es werden dabei Begriffe wie Durchflussvolumen, Hydraulikpumpe, Rohrleitung, Hydraulikmotor und Öldruck herangezogen.
Ordnen Sie den genannten Begriffen die entsprechenden Begriffe des elektrischen Stromkreises zu.

2/14 Ergänzen Sie folgenden Merksatz durch die zutreffende Aussage, und schreiben Sie ihn auf:
Die Elektronenflussrichtung stimmt nicht mit der festgelegten „technischen“ Stromrichtung in Leitern überein. Nach der technischen Stromrichtung fließt der Strom vom *Pluspol/Minuspol* zum *Pluspol/Minuspol*.

2/15 Ergänzen Sie folgenden Merksatz mit der richtigen Aussage und schreiben Sie ihn auf:
Strommessgeräte werden *mit Verbraucher in den Stromkreis/parellel zum Verbraucher* geschaltet, weil sie den Durchfluss einer bestimmten Elektronenzahl anzeigen.

2/16 **a)** Skizzieren Sie den Schaltplan ab.
b) Tragen Sie in die Kreise die Abkürzungen für Voltmeter (V) und Amperemeter (A) ein.
c) Kennzeichnen Sie die Pole der Batterie mit Plus und Minus.
d) Zeichnen Sie mit Pfeilen die Elektronenstromrichtung und die technische Stromrichtung ein.

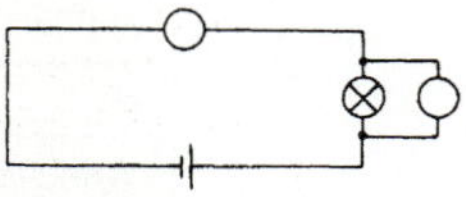

2/17 Zwei Schüler streiten sich darüber, ob das Strommessgerät vor oder hinter dem Verbraucher in der vorherigen Abbildung (Aufgabe 2/16) anzuschließen ist.
Entscheiden Sie und begründen Sie Ihre Entscheidung.

2/18 Metalle haben einen kristallinen Aufbau.
a) Aus welchen Grundbausteinen ist das Metallgitter aufgebaut?
b) Welche elektrische Ladung haben diese Grundbausteine?
c) Erklären Sie, wie der Zusammenhalt innerhalb eines Metallgitters erzielt wird, obwohl alle Grundbausteine des Metallgitters die gleiche elektrische Ladung haben.

2/19 Wie ist die gute elektrische Leitfähigkeit von Metallen zu erklären?

2/20 Die elektrische Leitfähigkeit der Metalle Aluminium, Kupfer, Silber und Eisen ist unterschiedlich. Ordnen Sie diese Metalle nach steigender elektrischer Leitfähigkeit.

2/21 Vergleichen Sie Halbleiterwerkstoffe und Metalle hinsichtlich ihrer elektrischen Leitfähigkeit bei tiefen und hohen Temperaturen.
Begründen Sie Ihre Antwort.

2/22 In der Elektronik verwendet man dotierte Halbleiter.
Was versteht man darunter?

2/23 Welche besondere Eigenschaft macht einen Werkstoff zum Isolator?

2/24 Wichtige Isolierstoffe sind: Weich-PVC, Kunstharz, Keramik und Glas.
Nennen Sie Fälle für die Verwendung dieser Isolatoren, und begründen Sie die jeweilige Wahl.

2/25 **a)** Von welchen Faktoren hängt die Größe des Widerstandes eines elektrischen Leiters ab?
b) In welcher Weise beeinflussen diese Faktoren den elektrischen Widerstand?

Widerstandsberechnung

Der Widerstand eines Leiters ist abhängig vom Werkstoff, der Länge, dem Querschnitt und der Temperatur. Die Einheit des elektrischen Widerstandes ist 1 Ohm (1 Ω).

Formel

$$R = \frac{\rho \cdot l}{S}$$

Formelzeichen

- R Widerstand
- l Länge des Leiters
- S Querschnitt des Leiters
- ϱ spezifischer Widerstand des Leiters

Der spezifische Widerstand eines Werkstoffes ist sein Widerstand bezogen auf 1 m Länge und 1 mm^2 Querschnitt bei 20 °C.

Spezifische Widerstände

Werkstoff	ϱ in $\frac{\Omega mm^2}{m}$ bei 20 °C
Silber	0,0149
Kupfer	0,0178
Aluminium	0,0241
Eisen	0,1400

2/26 Berechnen Sie die fehlenden Werte.

	a)	b)	c)
R	? Ω	0,5 Ω	20 mΩ
l	0,5 km	? m	40 m
d	2 mm	1,5 mm	? mm
Werkstoff	Cu	AI	Ag

2/27 Zu einem Schweißgerät legen Facharbeiter auf einer Baustelle zweiadriges Kabel von 3 Kabeltrommeln mit je 30 m Kupferleitung (1,5 mm^2 Querschnitt). Beim Schweißen stellen sie fest, dass bei zahlenmäßig richtiger Einstellung des Schweißgerätes Schwierigkeiten beim Schweißen auftreten. Ein zufällig anwesender Elektroniker sagt: „Ursache Eurer Schwierigkeiten ist die lange Zuleitung."
Berechnen Sie den Widerstand der Leitung.

2/28 Im Prototypen einer Steuerung ist ein Kabel um viele Ecken verlegt. Für die Kostenplanung will man die Länge dieses Kabels wissen. Der Einfachheit halber wird beschlossen, die Länge des Kabels aus seinem Widerstand zu ermitteln. Mit einem Widerstandsmessgerät misst man 2,82 Ω in einer Ader. Der Kupferdraht des zweiadrigen Kabels hat 0,5 mm Durchmesser.
Bestimmen Sie die Länge des Kabels.

2/29 In einem Werkstofflabor wird an einem Draht für Heizwicklungen von 2,5 m Länge und 0,2 mm Durchmesser ein Widerstand von 39,82 Ω gemessen.
Welchen spezifischen Widerstand hat der Werkstoff?

Widerstand und Temperatur

Bei Metallen steigt der Widerstand mit steigender Temperatur.

Formel

$$\Delta R = R_k \cdot \alpha \cdot \Delta\vartheta$$

$$R = R_k + \Delta R$$
$$\Delta\vartheta = \vartheta - 20\,°C$$

Formelzeichen

ΔR Widerstandsänderung
R Widerstand nach Temperaturänderung
R_k Widerstand bei 20 °C
α Temperaturbeiwert
$\Delta\vartheta$ Temperaturänderung gegenüber 20 °C
ϑ Temperatur des Leiters

Der Temperaturbeiwert α gibt an, um wie viel Ω sich ein Widerstand von 1 Ω bei einer Temperaturänderung um 1 K ändert. Bezugstemperatur ist 20 °C.

$$\alpha_{Cu} = 0{,}0039 \frac{\Omega}{\Omega \cdot K}; \qquad \alpha_{Al} = 0{,}0038 \frac{\Omega}{\Omega \cdot K}$$

2/30 Ein zweiadriges Kupferkabel mit je 0,5 mm Durchmesser verbindet ein elektromagnetisch betätigtes Pneumatikventil mit dem Signalglied. Das Ventil steuert den Hubzylinder zum Öffnen und Schließen der Tür eines Durchlaufglühofens. Das Kabel liegt auf 8 m Länge an der Ofenwand und erwärmt sich auf 60 °C.

a) Welchen Widerstand hat das Kabel bei 20 °C?
b) Auf welchen Wert steigt der Widerstand bei vollem Ofenbetrieb?

2/31 Bei der Errichtung einer Trockenkammer stört ein Kupferkabel (0,75 mm² Querschnitt). Ein Mechaniker regt an, das Kabel in einem isolierten Rohr durch die Kammer zu ziehen. Es läge dann zweiadrig auf 3 m Länge bei einer Temperatur um 80 °C. Der zuständige Elektroniker hält den Vorschlag für brauchbar, wenn der Widerstand nicht mehr als um 0,3 Ω erhöht wird, da dann Störungen in der Anlage auftreten können.
Prüfen Sie rechnerisch, ob die Lösung möglich ist.

2/32 In einem Kühlhaus sind 50 m Kupferleitung mit 1,5 mm² Querschnitt verlegt.
Um welchen Betrag sinkt der Widerstand dieser Leitung, wenn das Kühlhaus im Betrieb eine Temperatur von - 22 °C hat?

Ohmsches Gesetz

Zwischen Spannung, Stromstärke und Widerstand besteht folgende Beziehung:

Formel

$$R = \frac{U}{I}$$

Formelzeichen

U Spannung in V
I Stromstärke in A
R Widerstand in Ω

2/33 **a)** Zwischen welchen physikalischen Größen stellt das Ohmsche Gesetz einen Zusammenhang her?
b) In welcher Weise müsste man das Ohmsche Gesetz unter dem Gesichtspunkt Ursache ⟷ Wirkung schreiben?

2/34 Wie kann man sich die Widerstandsgröße von 1 Ohm mithilfe des Ohmschen Gesetzes mit einfachen Zahlenbeispielen anschaulich machen?

2/35 In einer Versuchsanlage wird eine Spannung von 6 Volt und eine Stromstärke von 0,2 Ampere gemessen.
Wie groß ist der Widerstand des Verbrauchers?

2/36 Eine Heizspirale hat einen Widerstand von $R = 120$ Ohm. Die anliegende Spannung beträgt $U = 230$ Volt. Welche Stromstärke fließt durch die Heizspirale?

2/37 Zu einem elektromagnetisch betätigten Wegeventil eines pneumatisch betätigten Schiebers führt vom Taster - dem Eingabeglied - aus ein 35 m langes zweiadriges Kupferkabel. Das Kabel hat Adern von je 0,75 mm^2 Querschnitt. Durch das Kabel fließt eine Stromstärke von 240 mA.

a) Welchen Widerstand hat das Kabel?
b) Welcher Spannungsabfall tritt an jeder Ader auf?
c) Welche Spannung liegt an dem Magnetventil an, wenn die Spannungsquelle 24 V liefert?

2/38 Beim Anschweißen von Flanschen an Kühlschlangen aus hoch legiertem Stahl wurde das Schweißkabel an einem Ende angeklemmt und dann an beiden Enden die Flansche geschweißt.

a) Welchen Widerstand hat die Kühlschlange, wenn das Rohr 8 m gestreckte Länge hat?
b) Welchen Spannungsabfall verursacht die Kühlschlange beim Schweißen in der dargestellten Position, wenn die Schweißstromstärke 80 A beträgt?

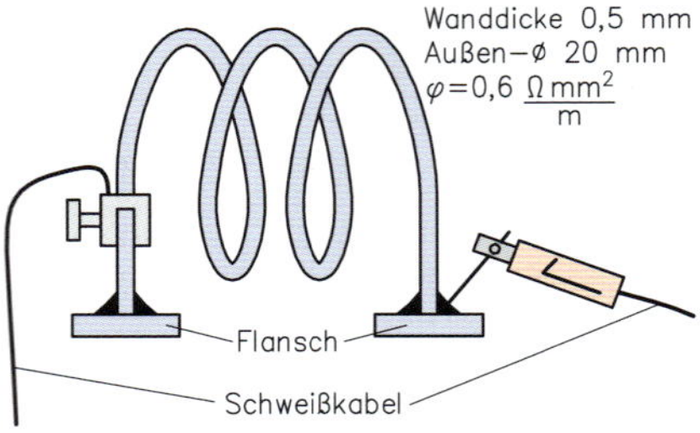

2/39 Ein Strom mit einer Stromstärke von 30 mA kann tödliche Folgen haben, wenn er über das Herz fließt. Der menschliche Körper hat einen Widerstand von etwa 1 800 Ω.
Unter welcher Grenze muss aus diesen Gründen die höchste zulässige Spannung in Anlagen liegen, bei denen eine Berührung durch den Menschen nicht ausgeschlossen ist, damit die tödlich wirkende Stromstärke nicht fließen kann?

3 Grundschaltungen

Reihenschaltung

In einer Reihenschaltung gelten folgende Beziehungen:

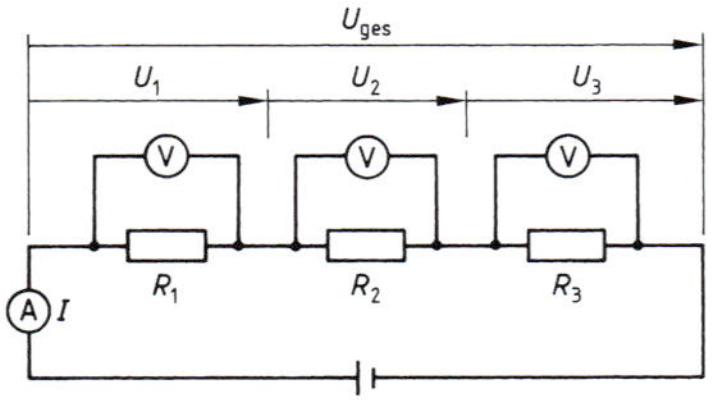

Formeln

$$I_{ges} = I_1 = I_2 = I_3 = \ldots$$
$$R_{ges} = R_1 + R_2 + R_3 + \ldots$$
$$U_{ges} = U_1 + U_2 + U_3 + \ldots$$

Formelzeichen

I_{ges}	Gesamtstromstärke
$I_1; I_2; I_3$	Teilstromstärken
R_{ges}	Gesamtwiderstand
$R_1; R_2; R_3$	Einzelwiderstände
U_{ges}	Gesamtspannung
$U_1; U_2; U_3$	Teilspannungen

3/1 Drei Widerstände sind in Reihe geschaltet.

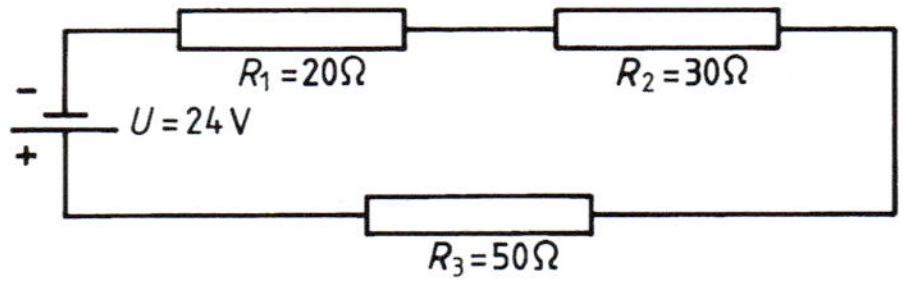

a) Skizzieren Sie diesen Stromkreis ab.
b) Tragen Sie die technische Stromrichtung mit einem Pfeil ein.
c) Berechnen Sie den Gesamtwiderstand R_{ges} der drei Einzelwiderstände.
d) Mit welchem Messgerät können Sie die Stromstärke I messen, und wie müssten Sie dieses Gerät schalten?
e) Berechnen Sie den Spannungsabfall U_1, U_2 und U_3 an jedem Widerstand.
f) Wie könnten Sie den Spannungsabfall an jedem Widerstand messen?

3/2 Die Beleuchtung einer Dekoration hat 16 Glühlampen mit der Aufschrift 14 V.

a) Wie müssen die Lampen geschaltet sein, wenn die Beleuchtung an 230 V angeschlossen wird?
b) Wie groß ist die Stromstärke, die in der Beleuchtung fließt, wenn jede Lampe einen Widerstand von 46 Ω hat?
c) Wie groß ist der Gesamtwiderstand der Beleuchtung?

3/3 Ein Kassettenrecorder mit einer Betriebsspannung von U_1 = 7,5 V nimmt eine Stromstärke von I = 0,4 A auf. Er soll mit einer Spannung von U = 12 V betrieben werden. Die Stromstärke soll 0,4 A nicht übersteigen.

a) Wie groß ist der Widerstand des Kassettenrecorders?
b) Wie kann man dieses Problem lösen? Berechnen Sie alle fehlenden Kenndaten.

Parallelschaltung

In einer Parallelschaltung gelten folgende Beziehungen:

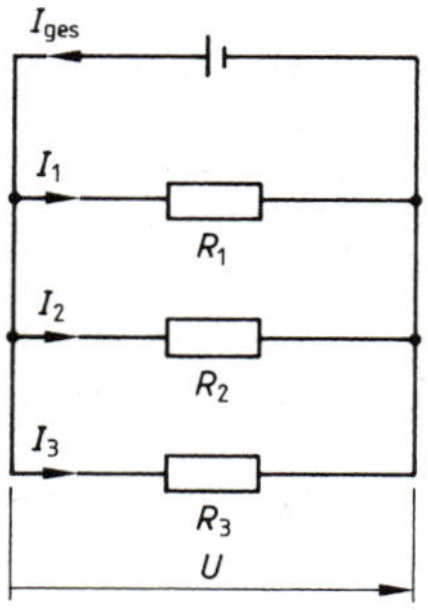

Formeln

$$U_{ges} = U_1 = U_2 = U_3 = \dots$$
$$I_{ges} = I_1 + I_2 + I_3 + \dots$$
$$\frac{1}{R_{ges}} = \frac{1}{R_1} + \frac{1}{R_2} + \frac{1}{R_3} + \dots$$

Formelzeichen

U_{ges}	Gesamtspannung
U_1; U_2; U_3	Teilspannungen
I_{ges}	Gesamtstromstärke
I_1; I_2; I_3	Teilstromstärken
R_{ges}	Gesamtwiderstand
R_1; R_2; R_3	Einzelwiderstände

3/4 Ein elektrischer Heizofen enthält zwei Heizdrähte mit dem gleichen Widerstand von R = 55 Ω, die parallel geschaltet sind. Der Heizkörper wird an die Netzspannung von U = 230 V angeschlossen.

a) Wie groß ist für jeden Heizdraht die Spannung?
b) Wie groß ist die Stromstärke, die durch jeden Heizdraht fließt?
c) Wie groß ist die Gesamtstromstärke?
d) Welchen Widerstand R_3 müsste ein Heizdraht haben, der diese beiden Heizdrähte ersetzt?
e) Welche allgemeine Aussage können Sie aus dem Vergleich der drei Widerstände machen?

3/5 Durch zwei parallel geschaltete Widerstände von R_1 = 12 Ω und R_2 = 8 Ω fließt eine Gesamtstromstärke von I = 6 A.

a) Wie groß ist der Gesamtwiderstand R_{ges} der beiden Einzelwiderstände?
b) Wie groß muss die anliegende Spannung sein?
c) Wie groß sind die Teilstromstärken I_1 und I_2?

3/6 Berechnen Sie für alle gezeichneten Schaltungen der drei Widerstände R_1 = 11 Ω, R_2 = 22 Ω und R_3 = 33 Ω den Gesamtwiderstand.

a)

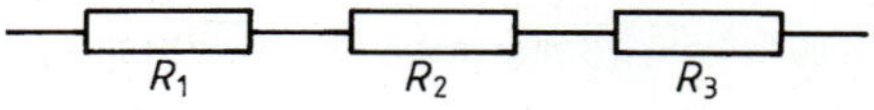

b)

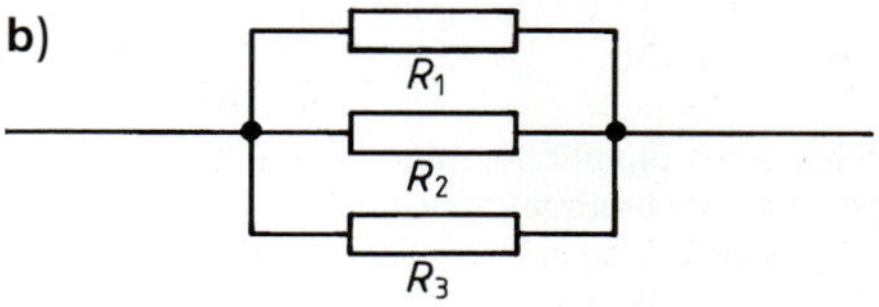

c)

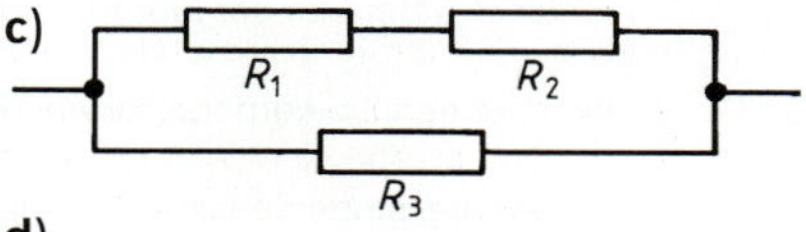

d)

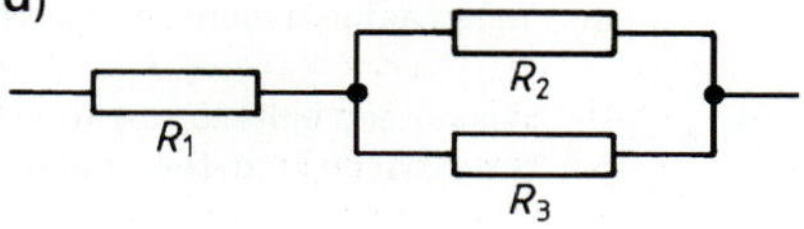

4 Schaltzeichen für elektrische Bauelemente und Schaltpläne

4/1 Im Stromlaufplan einer elektropneumatischen Steuerung sind die dargestellten Taster eingezeichnet. Erklären Sie die Unterschiede.

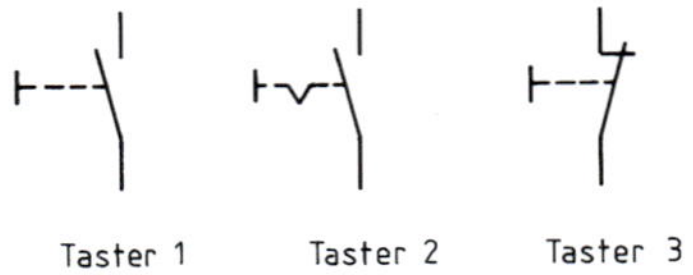

4/2 Skizzieren Sie die nebenstehende Schaltung ab, und benennen Sie ausführlich die gekennzeichneten Bauelemente.
Geben Sie bei den Tastern auch die Art der Betätigung an.

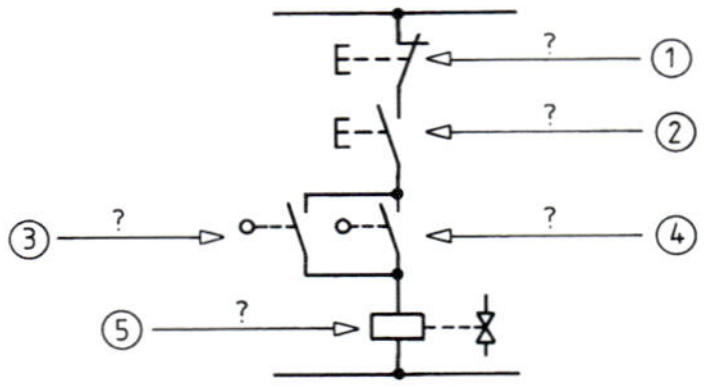

4/3 In einer Pneumatikanlage soll ein Magnetventil so lange betätigt sein, wie der Tastschalter S1 **nicht** betätigt ist.
Zeichnen Sie den nebenstehenden Stromlaufplan ab, und ergänzen Sie ihn durch Eintragen der richtigen Symbole für die Bauelemente.

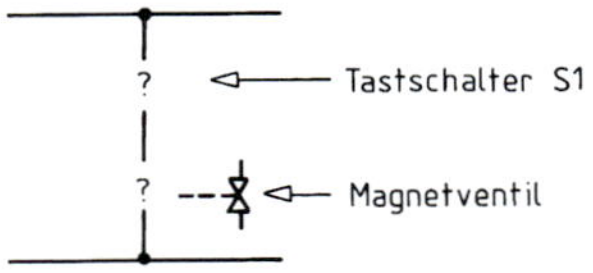

4/4 Welche Symbole und Bezeichnungen sind den dargestellten Tastschaltern zuzuordnen?

a)

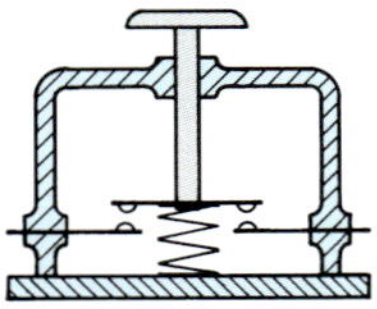

b)

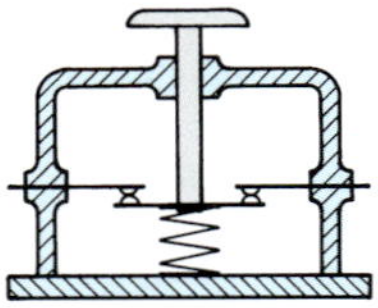

c)

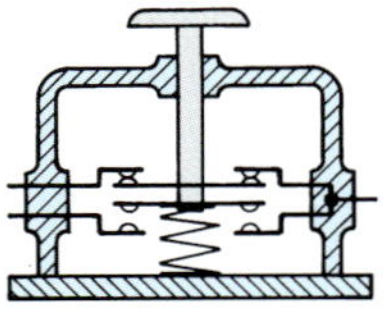

5 Maßnahmen zur Unfallverhütung

5/1 Ein Monteur arbeitet in der Werkstatt auf einer Aluminiumleiter mit Gummifüßen. Er berührt eine Rohrleitung, die aufgrund eines Fehlers Spannung gegen die Erde hat.
Welcher Gefahr ist der Monteur ausgesetzt?

5/2 Beschreiben Sie Körperschäden, die durch elektrischen Strom hervorgerufen werden können.

5/3 Zählen Sie mindestens drei Bedingungen auf, durch die der Übergangswiderstand von stromführenden Teilen auf den menschlichen Körper verringert wird.

5/4 Die Skizze zeigt einen Stromkreis, der infolge eines Isolationsfehlers über einen menschlichen Körper geschlossen wird. Die Spannung gegen die Erde beträgt 230 V.

a) Bei welchem Gesamtwiderstand wäre der Mensch eben noch nicht mit der gefährlichen Stromstärke von 30 mA belastet?
b) Vergleichen Sie die Übergangswiderstände und den Gesamtwiderstand.
c) Welche Grundschaltung bilden in diesem Falle die Übergangswiderstände und der Körperwiderstand – Reihen- oder Parallelschaltung?

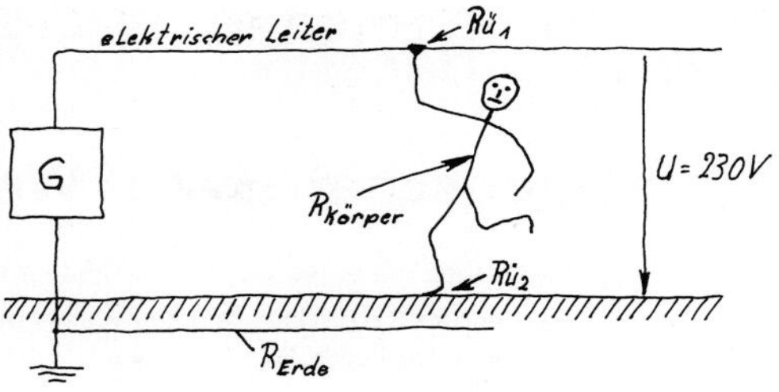

5/5 Beschreiben Sie die Aufgaben, den Aufbau und die Wirkungsweise von Schmelzsicherungen im Stromkreis.

5/6 Welche Gefahren ergeben sich, wenn in einer Wohnung mit einer 16-A-Sicherung nur elektrische Leiter mit 0,75 mm^2 Querschnitt verlegt sind?

5/7 Beschreiben Sie die Gefahren, die durch das unsachgemäße „Flicken" einer Schmelzsicherung mit einem dickeren Schmelzdraht entstehen.

5/8 Beurteilen Sie die folgenden Schmelzsicherungen im Hinblick auf Wirksamkeit und Sicherheit.
a) Eine 10-A-Sicherungspatrone wird in einen Sockel mit gelbem Passring geschraubt.
b) In einen Sockel mit rotem Passring wird eine 16-A-Sicherung geschraubt.

5/9 Beim Einschalten einer Kreissäge löst der Sicherungsautomat aus. Die Säge ist aber in Ordnung und läuft an anderen Stromkreisen.
Wo liegt die Ursache?

5/10 Das Metallgehäuse einer elektrischen Handsäge und das Kunststoffgehäuse einer Küchenmaschine sollen eine Schutzsicherung erhalten.
Durch welche Maßnahmen erreicht man dies in beiden Fällen?

5/11 Der Stecker einer Handschleifmaschine weist keinen Schutzkontakt auf.
Welche elektrischen Schutzmaßnahmen wurden bei dieser Maschine ergriffen?

5/12 Beschreiben Sie, was man unter Schutzkleinspannung versteht und weshalb diese eine netzunabhängige Schutzmaßnahme gegen gefährliche Körperströme ist.

5/13 Schildern Sie die Stationen, über die ein Fehlerstrom von einem defekten Elektrogerät mit Steckeranschluss in die Erde geleitet wird.

5/14 Begründen Sie, warum eine gesetzliche Verpflichtung besteht, in einem Wohnhaus das Rohrnetz der Heizung und die Badewanne zu erden?

5/15 **a)** Mit welchem Symbol wird die Erdung in Schaltplänen dargestellt?
b) Welche Kennfarbe hat der Schutzleiter?

5/16 Eine Anlage soll einen eigenen „Erder" erhalten.
Welche Anforderungen muss dieser „Erder" erfüllen? Welche Ausführung ist möglich?

5/17 Welchen entscheidenden Vorteil haben FI-Schutzschalter?

5/18 An einer Tauchpumpe sind die nebenstehenden Zeichen angebracht.
Was bedeuten sie?

Werkstofftechnik

1 Eigenschaften der Werkstoffe

1/1 Ein Werkstück mit einer Masse $m = 0{,}54$ kg hat ein Volumen $V = 0{,}2$ dm^3.

a) Berechnen Sie die Dichte ϱ des Werkstoffes.
b) Welcher Werkstoff liegt vor?

1/2 Ein Stahlprofil an einem Lkw ist 1,2 m lang und hat den folgenden Querschnitt. Es wird durch ein Aluminiumprofil ersetzt, das wegen der geringeren Festigkeit des Aluminiums einen größeren Querschnitt hat.

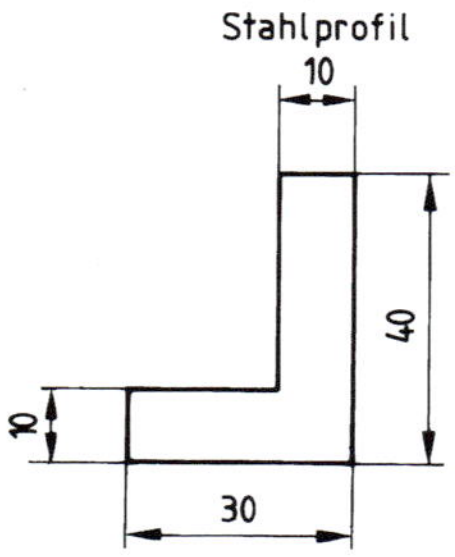

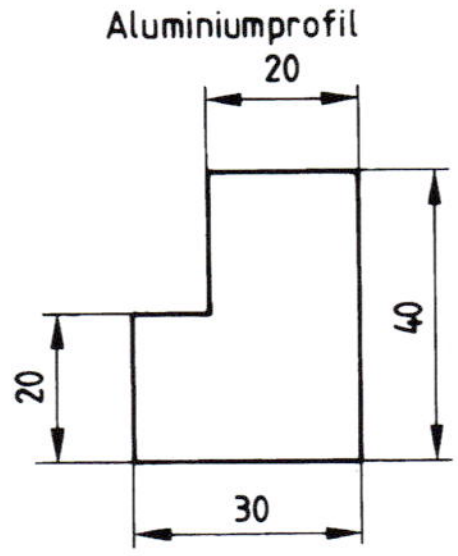

a) Welche Masse hat das Stahlprofil?
b) Welche Masse hat das Aluminiumprofil?
c) Wie viel Prozent der Masse wird durch das Aluminiumprofil eingespart?

1/3 Wird ein Bauteil belastet, so verhindern Kräfte im Werkstoff die Zerstörung.
Wie bezeichnet man diese im Werkstoff wirksamen Kräfte?

1/4
a) Ermitteln Sie die Zugfestigkeit eines Kupferdrahtes. Gehen Sie dabei wie folgt vor:
- Befestigen Sie den Kupferdraht (0,5 mm bis 1 mm Durchmesser) an einem Ende.
- Befestigen Sie an dem anderen Ende einen Federkraftmesser.
- Dehnen Sie den Draht bis zum Bruch. Lesen Sie die größte Kraft am Federkraftmesser ab, und berechnen Sie die Zugfestigkeit.

b) Wie könnte man vorgehen, wenn der Kraftbereich des Federkraftmessers nicht ausreicht, um den Draht zu zerreißen? Machen Sie dazu Vorschläge.

1/5 Ein Stab aus Kupfer hat einen Querschnitt von 4 mm^2. Er reißt bei einer Zugkraft von 400 N. Ein Stab aus Aluminium hat einen Querschnitt von 5 mm^2. Er reißt bei einer Zugkraft von 480 N. Welcher Stab hat die höhere Festigkeit?

1/6 Beantworten Sie jeweils in einem Satz, auf welche Art folgende Bauteile beansprucht werden.

a) Der Schaft eines Steckschlüssels beim Anziehen einer Schraube.
b) Das Fundament einer Werkzeugmaschine.
c) Das Drahtseil an einem Kranhaken beim Heben der Last.
d) Der Knebel eines Schraubstockes beim Spannen.
e) Die Bolzen einer Fahrradkette beim Fahren.

1/7 Welche Art der Festigkeit ist an den jeweils gekennzeichneten Stellen des Wagenhebers für die Auswahl von Werkstoff und Abmessungen von besonderer Bedeutung?
Geben Sie die Bezeichnung des Bauteiles und die Art der Festigkeit tabellarisch nach folgendem Muster an.

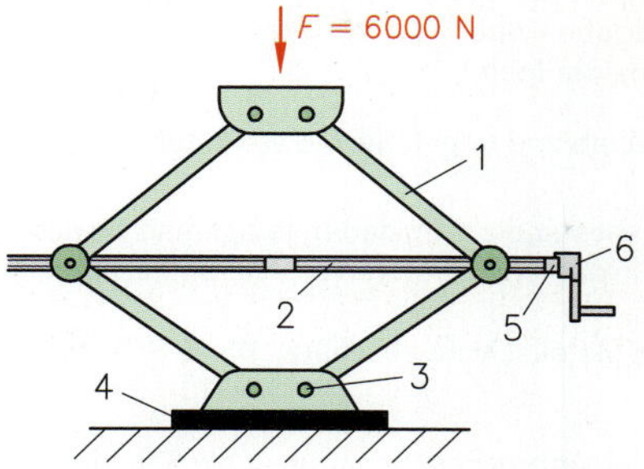

Nr.	Bauteil	Festigkeit
1	Strebe	Knickfestigkeit
2	?	?
3	?	?

1/8 Zeichnen Sie eine Tabelle nach dargestelltem Schema:

elastisch	plastisch	spröde
?	?	?

a) Ordnen Sie folgende Werkstoffe entsprechend den Eigenschaften in diese Tabelle richtig ein: Gummi, Plastilin, Beton, Blei, Fensterkitt, Federstahl, Porzellan, Leder.
b) Suchen Sie noch je ein weiteres Beispiel, und ordnen Sie es ein.

1/9 In einer Kiste liegen gehärtete und ungehärtete Stahlbolzen. Sie sind äußerlich nicht zu unterscheiden.
Wie kann man auf einfache Weise die Bolzen sortieren?

1/10 Stahl dehnt sich um 0,01 mm je Meter Länge und je Grad Temperaturänderung.
Welche Längenänderung erfährt eine Brücke aus einer Stahlkonstruktion, die bei –10 °C 150 m lang ist und im Sommer auf + 30 °C erwärmt wird?

1/11 Im dargestellten Teil eines Getriebes erwärmen sich das Zahnrad und die Welle im Betrieb sehr stark. Es wird dadurch immer wieder ein Lager zerstört. Welchen Fehler hat man bei den Lagern gemacht?

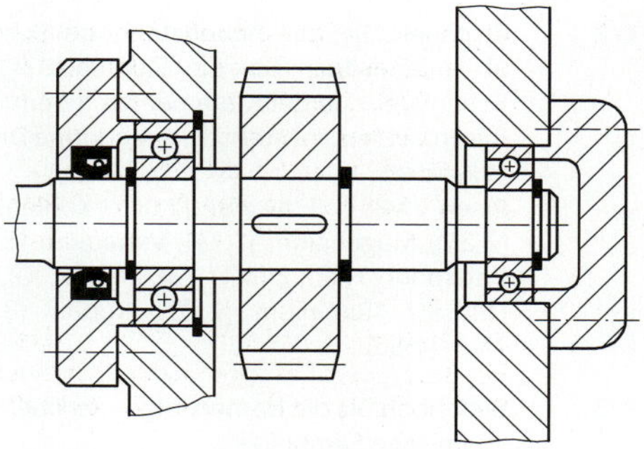

1/12 In einer Wohnung geben die Heizungsrohre häufig „knackende“ Geräusche von sich.
a) Welche Ursachen hat dies?
b) Machen Sie Vorschläge zur Beseitigung der Störung.

1/13 Ein Bimetall besteht aus zwei verschiedenen Metallstreifen, die fest miteinander verbunden sind. Beide Metalle haben eine sehr unterschiedliche Wärmedehnung, sodass sich der Streifen bei Erwärmung verbiegt.
Einem Auszubildenden kam die Idee, eine Zigarettenablage am Aschenbecher mit einem Bimetall so zu gestalten, dass eine vergessene und bis zum Ende glühende Zigarette nicht auf die Tischdecke fällt, sondern automatisch in den Ascher geschoben wird.
Machen Sie einen Vorschlag zur Verwirklichung der Idee.

1/14 Schreiben Sie jeweils die nachfolgenden Sätze ab und tragen Sie die Werkstoffe ein, aus denen die angegebenen Bauteile gefertigt werden.

a) Dachrinnen und Fallrohre sollen witterungsbeständig sein, darum fertigt man sie aus ___?___.

b) Waschlaugen greifen z. B. Baustahl und Zink an und zerstören sie. Darum fertigt man die Trommeln von Waschmaschinen aus ___?___.

c) Wasserrohre aus Stahl werden durch eine Metallschicht geschützt. Diese Schicht ist aus ___?___.

1/15 Einem Kollegen ist ein Quecksilberthermometer zerbrochen. Er sammelt die Scherben auf. Die kleinen Kügelchen vom Quecksilber lässt er in den Fußbodenritzen verschwinden. „So kann sie keiner mehr berühren und sich daran vergiften," sagt er.
Äußern Sie sich dazu.

1/16 In einem Lexikon steht über Gusseisen:
„Gusseisen hat eine Dichte von $\varrho = 7{,}2\ \text{kg/dm}^3$ und lässt sich gut in Formen vergießen. Sein Schmelzpunkt liegt bei etwa 1 200 °C. Gusseisen ist spröde und schlecht schweißbar. Gegenüber vielen Stahlsorten ist Gusseisen korrosionsbeständiger und leichter spanend zu bearbeiten."
Schreiben Sie auf, welche technologischen Eigenschaften des Gusseisens in diesem Bericht erwähnt werden.

1/17 Welche physikalischen, chemischen und technologischen Eigenschaften fordert man von einem Werkstoff für die Felgen eines Rennrades?

2 Aufbau metallischer Werkstoffe

2/1 Suchen Sie aus folgender Aufstellung chemische Elemente heraus:
Wasser, Aluminium, Benzin, Glas, Kohlenstoff, Blei, Zucker, Chlor, Kohlendioxid, Salzsäure, Eisen, Rost, Kochsalz, Wasserstoff.

2/2 Zeichnen Sie das nebenstehende Schema ab, und ordnen Sie die Elemente in das Schema ein. In der Klammer nach dem chemischen Element steht die zugehörige Dichte in kg/dm^3.
Eisen (7,86), Schwefel (2,06), Kohlenstoff (2,25), Magnesium (1,74), Vanadium (5,96), Phosphor (1,82), Zink (7,13), Zinn (7,30), Blei (11,35), Aluminium (2,70), Kupfer (8,93), Titan (4,50).

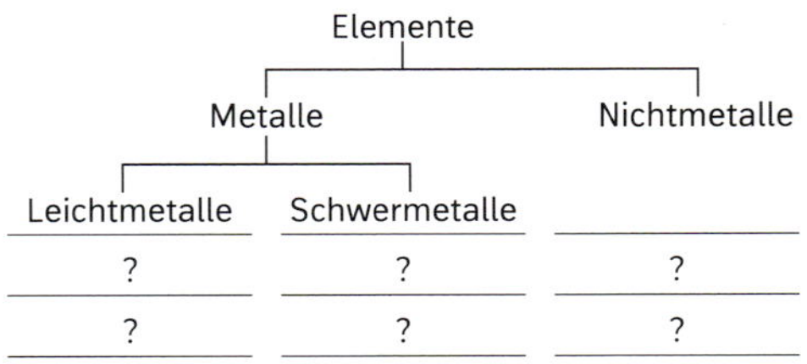

2/3 Schreiben Sie die Namen folgender chemischer Elemente ab, und tragen Sie hinter jeden Namen das chemische Symbol ein.
Wasserstoff, Kupfer, Zinn, Zink, Schwefel, Kohlenstoff, Eisen, Blei, Stickstoff, Mangan, Magnesium, Sauerstoff, Chrom.

2/4 Metallische Werkstoffe werden durch Kurzzeichen erfasst. Im Kurzzeichen der Werkstoffe stehen unter anderem die chemischen Symbole der Elemente, die der Werkstoff enthält.
Schreiben Sie die Kurzzeichen ab, und bestimmen Sie die Namen der chemischen Elemente, die in diesen metallischen Werkstoffen enthalten sind:

- C45
- MgAl6Zn
- NiCu14FeMo
- 16MnCr4
- CuAl12Ni5
- CuZn40Pb2

2/5 Denkt man sich ein Stück Eisen immer wieder geteilt, so erhält man schließlich ein kleinstes Teilchen, das noch Eisen ist.
Wie nennt man dieses kleinste Eisenteilchen?

2/6 Zeichnen Sie folgendes Schema ab, und füllen Sie es vollständig aus.

	Name des Atombausteins	elektrische Ladung	Massevergleich
Atomkern	?	?	?
	?	?	?
Elektronenhülle	?	?	?

2/7 Wodurch unterscheiden sich die Atome zweier verschiedener Elemente in ihrem Aufbau?

2/8 Zeichnen Sie das folgende Schema ab und vervollständigen Sie dieses.

	Ordnungszahl	Protonenzahl	Elektronenzahl
Silizium	14	?	?
Aluminium	?	13	?
Schwefel	16	?	?
Sauerstoff	?	?	8
Helium	?	?	?

2/9 Welche Bausteine des Atoms befinden sich im Atomkern? Welcher Baustein bildet die Atomhülle?

2/10 Die chemischen Elemente Wasserstoff, Lithium und Natrium stehen in der ersten Gruppe untereinander.
Welche Gemeinsamkeit bezüglich der Elektronenhülle lässt sich bei diesen Elementen feststellen?

2/11 In der Tabelle „Atomaufbau der Elemente 1 bis 18" im Lehrbuch stehen links die metallischen Elemente, z. B. Natrium, Magnesium, Aluminium.
Auf der rechten Seite dieser Tabelle stehen die nicht metallischen Elemente, z. B. Sauerstoff, Schwefel, Fluor, Chlor.

a) Welche Gemeinsamkeit in der Atomhülle haben die metallischen Elemente?
b) Welche Gemeinsamkeit in der Atomhülle haben die nicht metallischen Elemente?

2/12 Ein Stück Aluminium besteht aus vielen Aluminiumionen.
Wie werden diese Aluminiumionen zusammengehalten?

2/13 Ein Kochsalzkristall (chemische Formel: NaCl) besteht aus positiv geladenen Natriumionen ⊕ und negativ geladenen Chlorionen ⊖.
Wie wird sich dieser Kristall im Gegensatz zu einem Metallkristall verhalten, wenn man die Schichten um einen Atomabstand gegeneinander zu verschieben versucht?

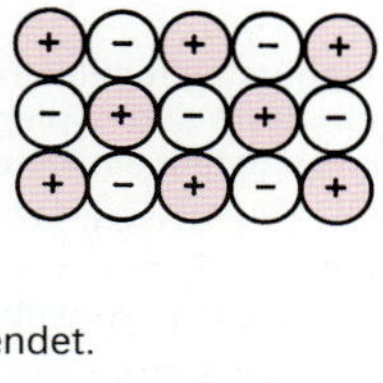

2/14 Metalle werden als elektrische Leiter, z. B. in Elektrokabeln, verwendet.
Warum leiten Metalle den elektrischen Strom?

2/15 Wie verhalten sich die kleinsten Teilchen eines Metallstückes

a) beim Erwärmen des Metallstückes,
b) beim Aufschmelzen des Metallstückes,
c) in der Metallschmelze?

2/16 Um den Erstarrungspunkt von Kupfer zu ermitteln, wurden in einem Versuch nebenstehende Werte ermittelt.

Zeit in min	0	5	15	30	40	45	60
Temperatur °C	1 300	1 190	1 083	1 083	1 083	1 020	860

a) Stellen Sie aus den gegebenen Messwerten ein Diagramm auf, in dem die waagerechte Achse die Zeit in Minuten und die senkrechte Achse die Temperatur von 900 bis 1 400 °C enthält. Zeichnen Sie einen Kurvenzug.

b) Bestimmen Sie aus dem Diagramm die Erstarrungstemperatur von Kupfer.

2/17 Die Abbildung stellt ein stark vergrößertes Schema eines Gefügebildes dar.

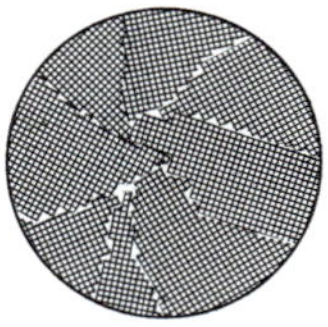

a) Skizzieren Sie das Gefügebild so ab, dass lediglich die Korngrenzen gezeichnet werden.

b) Beschreiben Sie, unter Berücksichtigung des Erstarrungsvorganges, die Begriffe Korn und Korngrenze.

2/18 Stahlteile werden feuerverzinkt, indem man sie nach der Reinigung in flüssiges Zink eintaucht. Man sieht dann oft auf der Oberfläche ein interessantes Muster.
Wie ist dieses Muster aus der Erstarrung der Zinkschicht zu erklären?

2/19 Rundmaterial aus Messing soll grobkorngeglüht werden.

a) Welche Eigenschaft soll damit verbessert werden?

b) Welche Eigenschaft wird mit Sicherheit verschlechtert?

2/20 Zeichnen Sie die Tabelle ab, und ordnen Sie die aufgeführten Metalle nach ihrer Umformbarkeit in die Tabelle ein:

zufriedenstellend umformbar	gut umformbar	sehr gut umformbar
?	?	?

Chrom (krz) Magnesium (hex) Zink (hex) Eisen (erwärmt) (kfz) Aluminium (kfz) Kupfer (kfz)

2/21 In einem Metall sind die Metallionen gemäß der nebenstehenden Zeichnung angeordnet.
Fertigen Sie eine Skizze entsprechend der Vorlage an, und geben Sie den Gittertyp an.
Verbinden Sie zur besseren Übersicht die Mitte eines Ions mit den Mitten seiner Nachbarionen.

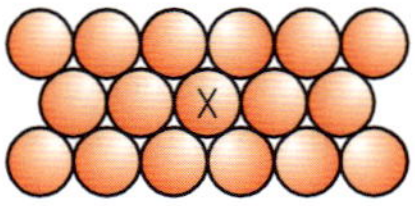

Draufsicht auf den Kristall

2/22 Warum legiert man Werkstoffe?

2/23 Kohlebürsten für Elektromotoren werden wie folgt hergestellt:
Grafitpulver und Kupferpulver werden gemischt. Das Gemisch wird in Formen gepresst und erhitzt. Dabei entsteht ein fester Körper, die Kohlebürsten.
Liegt hier eine Legierung vor? Geben Sie eine begründete Antwort.

2/24 Wie nennt man folgende Legierungen:

a) Eine Legierung, die aus etwa 99 % Eisen und 1 % Kohlenstoff besteht.

b) Eine Legierung, die aus etwa 97 % Eisen und 3 % Kohlenstoff besteht.

c) Eine Legierung, die aus etwa 65 % Kupfer und 35 % Zink besteht.

2/25 Welche Eigenschaften haben Legierungen mit Mischkristallen?

2/26 Tragen Sie die folgenden Bilder und Aussagen richtig in das Schema ein.

Bilder: Gefüge Kornaufbau

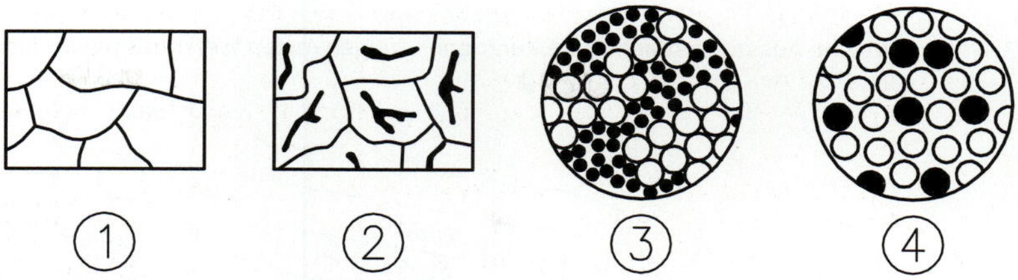

Aussagen: Gusslegierung, Knetlegierung, korrosionsbeständige Legierung, Automatenlegierung (Verwendung auf automatischen Dreh- und Fräsmaschinen).

	Kristallgemenge	Mischkristall
Gefügebild	?	?
Anordnen der Legierungsbestandteile im Korn	?	?
Verwendung	?	?

3 Stahl und Eisen-Kohlenstoff-Gusswerkstoffe

3/1 Das nebenstehende Gefügebild zeigt das Gefüge eines Stahles mit 0,8 % Kohlenstoffgehalt.

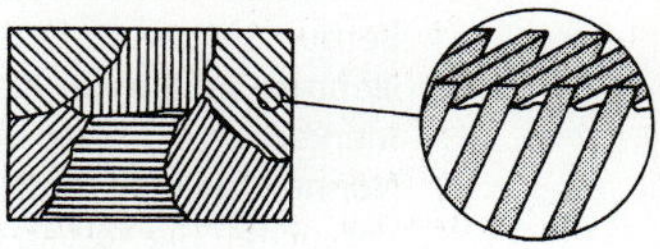

a) Wie bezeichnet man dieses Gefüge?

b) Das streifenförmige Aussehen kommt dadurch zustande, dass zwei einzelne Bestandteile fein verteilt nebeneinanderliegen.
Wie nennt man diese beiden Bestandteile?

c) Welche chemische Formel hat der kohlenstoffreichere Bestandteil?

d) Welche Eigenschaften haben die einzelnen Bestandteile?

3/2 In einem Untersuchungsbericht eines Metalllabors über eine Metallprobe heißt es u.a.: „... das Gefüge weist gleiche Anteile an Ferrit und Perlit auf."

a) Welchen Kohlenstoffgehalt hat der Stahl?

b) Welchen Gitteraufbau hat Ferrit?

3/3 Stähle mit mehr als 0,8 % Kohlenstoffgehalt sind schwer spanend zu bearbeiten.
Begründen Sie vom Gefügeaufbau her die schlechte Zerspanbarkeit.

3/4 Wie verhalten sich Festigkeit, Härte, Umformbarkeit und Schweißbarkeit von Stahl mit steigendem Kohlenstoffgehalt?

3/5 In einem Stanzwerkzeug ist ein Schneidstempel aus C 100 (1 % Kohlenstoff) gebrochen. Der Arbeiter an der Stanze meint, das könne man doch sicher durch Schweißen schnell reparieren. Äußern Sie sich zu dieser Meinung.

3/6 Welche Aussagen machen die Kurzbenennungen in den Werkstoffangaben der dargestellten Stückliste?

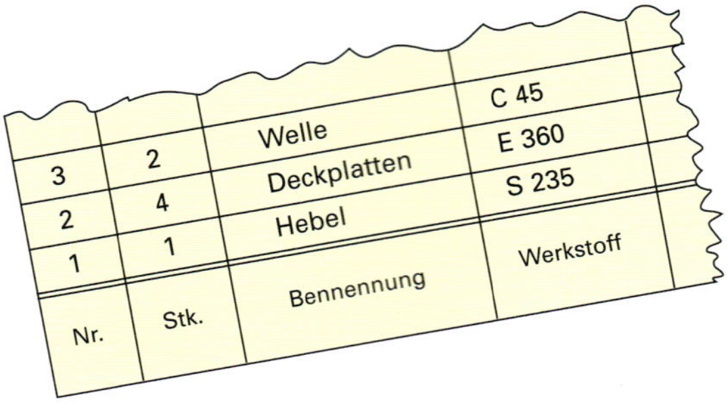

3/7 Welche Zusammensetzung haben die Stähle folgender Bauteile?

a) Kurbelwelle eines Kühlkompressors aus C 45
b) Wälzlagerring aus 105 Cr 2
c) Getrieberitzel aus 50 CrV 4
d) Schraubenfeder aus 70 Si 7
e) Dampfrohr aus 15 Mo 3
f) Turbinenläufer aus 35 CrNiMo 6–4

3/8 Vom chemischen Labor wird für einen Stahl, der nicht gekennzeichnet war, folgende Analyse erstellt: 0,24 % Kohlenstoff, 1,25 % Chrom, 0,5 % Molybdän, etwas Vanadium.
Wie muss die Normbezeichnung dieses Stahles lauten?

3/9 Bei niedrig legierten Stählen werden im Kurznamen die Prozent-Angaben der Legierungselemente durch die Faktoren 4, 10 und 100 verschlüsselt angegeben.

a) Zum leichteren Merken der Legierungselemente, die mit dem Faktor 4 verschlüsselt werden, gibt es den Spruch:
„Sieh, Conrad Cramer Wusste Nie Mangan."
Welche Elemente werden in diesem Merkspruch angegeben?
Lernen Sie den oben angegebenen Merkspruch auswendig.

b) Nennen Sie die vier Elemente, die durch den Faktor 100 verschlüsselt angegeben werden.
Merkspruch: „Caesar Putzte Seine Nase."

c) Nennen Sie die Elemente, die durch den Faktor 10 verschlüsselt angegeben werden.
Versuchen Sie selbst, ein Merkwort oder einen Merksatz zu finden.

3/10 Zeichnen Sie die Tabelle ab, und vervollständigen Sie die Tabelle, indem Sie die Zusammensetzung der Stähle bestimmen.

	C %	Mn %	S %	Cr %	Al %	Ni %	Mo %	V %	Pb %
38 Cr 2	?	?	?	?	?	?	?	?	?
16 MnCr 5	?	?	?	?	?	?	?	?	?
34 CrAlNi 7	?	?	?	?	?	?	?	?	?
40 CrMoV 6-7	?	?	?	?	?	?	?	?	?
9 SMnPb 3-6	?	?	?	?	?	?	?	?	?

3/11

a) Woran erkennt man im Kurznamen hoch legierte Stähle?
b) Durch welchen Faktor wird bei hoch legierten Stählen der Prozentanteil von Kohlenstoff und der übrigen Legierungselemente verschlüsselt angegeben?

3/12 Entschlüsseln Sie die folgenden Kurznamen hoch legierter Stähle:

X 22 CrNi 17, X 6 CrNiMo 18–10, X 10 CrMoWV 12–1.

3/13 Geben Sie die Zusammensetzung der Stähle für folgende Bauteile an:

a) Einlassventil aus X 45 SiCr 6–3,
b) Ablaufblech einer Haushaltsspüle X 6 CrNi 18–9,
c) Auslassventil für einen Rennmotor X 45 CrNiMo 22–6–3.

3/14 Wie viel Prozent Eisen enthält etwa der nicht rostende Stahl, der mit dem Kurznamen X 10 CrNi 18-8 gekennzeichnet ist?

3/15 Werkstoffnummern kann man nur mithilfe von Tabellen näher entschlüsseln. Es gibt jedoch einige einfach zu erkennende Regeln.
Übernehmen Sie die folgenden Sätze und ergänzen Sie diese:

a) Eine Werkstoffnummer für Stahl erkennt man ___?___
b) In den Werkstoffnummern für unlegierte Baustähle beginnt die Sortennummer stets mit ___?___ .

3/16 Schreiben Sie die Kurznamen der für die folgenden Bauteile verlangten Werkstoffe auf.

a) Ein Hebel soll aus Stahl für Maschinenbau mit einer Mindeststreckgrenze von 335 N/mm^2 hergestellt werden.
b) Eine Druckfeder soll aus einem Stahl mit 0,7 % Kohlenstoffgehalt und 1,75 % Siliziumgehalt gewickelt werden.
c) Ein Achsgehäuse soll aus Gusseisen mit Kugelgrafit gegossen werden und eine Mindestzugfestigkeit von 400 N/mm^2 haben.

3/17 Welche Unterschiede bestehen zwischen Stahl und Gusseisen hinsichtlich

- Kohlenstoffgehalt des Werkstoffes,
- Ausbildung des Kohlenstoffs im Gefüge.

3/18 Die nebenstehenden Darstellungen sind Gefügebilder von zwei verschiedenen Gusseisensorten.
Zeichnen Sie die Gefügebilder ab, und benennen Sie jeweils Grundgefüge und Grafitform.

1

2
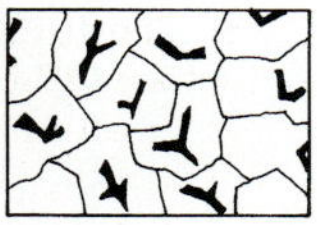

3/19 Gusseisen eignet sich gut als Werkstoff für Gleitlager, für Führungsbahnen sowie für Kolbenringe in Kraftfahrzeugmotoren.
Erklären Sie anhand des Gefüges, warum sich Gusseisen für die genannten Zwecke gut eignet.
Betrachten Sie dazu das Bild „Kristallgemenge als Lagerwerkstoff".

4 Nichteisenmetalle

4/1 Zeichnen Sie das nebenstehende Schema ab.
Ordnen Sie die Metalle Aluminium, Eisen und Kupfer nach ihrem Verbindungsbestreben mit Sauerstoff in das Schema ein.
Tragen Sie ferner ein, seit welcher Zeit Menschen in Mitteleuropa diese Metalle gebrauchen.

steigendes Verbindungsbestreben mit O_2 ↓

Name des Metalls	verwendet als Nutzmetall seit
?	?
?	?
?	?

Ein Metall wird in Mitteleuropa etwa seit 1700 v. Chr. verwendet, das zweite seit 1000 v. Chr. und das dritte erst seit etwa 1900 n. Chr.

4/2 In einer Rahmenkonstruktion für ein Fahrzeug werden Stäbe mit einer Zugkraft von 10 000 N belastet. Man steht vor der Wahl, entweder für diese Stäbe eine Aluminiumlegierung oder Stahl zu verwenden.

a) Welchen Querschnitt muss ein Stab haben, wenn eine Aluminium-Legierung mit einer zulässigen Belastung von $\sigma_{zul} = 60\ N/mm^2$ verwendet wird?
b) Welchen Querschnitt muss ein Stab bei der Verwendung von Stahl haben, wenn der vorgesehene Stahl mit $\sigma_{zul} = 110\ N/mm^2$ belastet werden darf?
c) Die Stäbe sind 1 300 mm lang. Berechnen Sie die Massen der Stäbe ($\varrho_{Al} = 2{,}7\ kg/dm^3$ und $\varrho_{Stahl} = 7{,}8\ kg/dm^3$).

4/3 Warum ist Aluminium in der Luft trotz seines höheren Verbindungsbestrebens mit Sauerstoff korrosionsbeständiger als Stahl?

4/4 Wie ändern sich die Zugfestigkeit, die Dehnbarkeit und die Härte von Reinstaluminium durch Zulegieren anderer Elemente?

4/5 Für welche Fertigungsverfahren sind Aluminium-Knetlegierungen bestimmt?
Nennen Sie die Fertigungshauptgruppe.

4/6 Folgende Bauteile werden aus Aluminiumlegierungen gefertigt:
Motorgehäuse für Moped, Kolben für Verbrennungsmotor,
Profilstab für Rolladen, Fensterrahmenprofil.
Felge für Rennrad,

Ordnen Sie diese Beispiele den folgenden Gruppen zu:
- Aluminium-Knetlegierung,
- Aluminium-Gusslegierung.

4/7 Kupfer wird wegen seiner besonderen Eigenschaften auch als reines Metall häufig verwendet.
Zeichnen Sie das nebenstehende Schema ab, und ergänzen Sie die besonderen Eigenschaften in den vorgegebenen Beispielen.

Verwendung	maßgebende Eigenschaft
Lötkolbenspitze	?
Heizungsrohr	?
Elektrokabel	?
Dichtung für Heißdampfleitung	?
getriebene Haustürverzierung	?

4/8 Man unterscheidet zwei Messingsorten. Die eine Sorte wird für Umformarbeiten, die andere Sorte zum Zerspanen und Gießen verwendet.
Zeichnen Sie das Schema richtig ab, und ordnen Sie folgende Begriffe richtig ein.
Hülsen und Federn, Ventile und Uhrenteile, Kristallgemenge, Mischkristalle, Zinkgehalt unter 38 %, Zinkgehalt über 38 %.

	Gefüge	Zinkgehalt	Beispiele für Verwendung
Messing zum Umformen	?	?	?
Messing zum Gießen und Zerspanen	?	?	?

4/9 In einer Zeichnung ist laut Stückliste für ein Schneckenrad eine gegossene Zinnbronze vorgesehen. Die Normbezeichnung ist jedoch nicht genau zu erkennen. Es kann G-CuSn 16 oder G-CuSn 6 heißen. Welche Bezeichnung muss aus Ihrer Kenntnis über Kupfer-Zinn-Legierungen richtig sein?

4/10 Für Messgeräte sollen Spindeln mit Feingewinde aus Messing hergestellt werden. Es stehen folgende Messingsorten zur Auswahl:
CuZn 28 Sn 1; CuZn 37 Al 1; CuZn 40 Pb 2
Begründen Sie Ihre Auswahl.

5 Kunststoffe

5/1 Untersuchen Sie an den Beispielen in der Tabelle, warum Kunststoff verwendet wird.
Übernehmen Sie dazu die Tabelle und ordnen Sie den vorgegebenen Gegenständen durch Ankreuzen eine oder zwei wichtige Eigenschaften zu, die dazu führen, Kunststoff in diesen Fällen als Werkstoff zu verwenden.

	leicht	korrosions-beständig	elektrische Isolierung	Wärme-isolierung
Gehäuse einer elektrischen Handbohrmaschine	?	?	?	?
Dachrinne	?	?	?	?
Auskleidung einer Tiefkühltruhe	?	?	?	?
Heizöltank	?	?	?	?

5/2 Eine Handbohrmaschine wird in zwei Ausführungen angeboten: einmal mit einem Gehäuse aus einer Aluminiumlegierung und zum anderen aus einem schlagzähen thermoplastischen Kunststoff.

a) Vergleichen Sie beide Gehäuse hinsichtlich Gewicht, elektrischer Isolierfähigkeit und mechanischer Festigkeit.

b) Welche Maschine würden Sie bei häufigem Arbeiten im Freien – auch im Winter – vorziehen? Geben Sie eine kurze Begründung.

5/3 Polyethylen dehnt sich bei Temperaturerhöhung 15-mal mehr als Stahl. Eine 6 m lange Stahlschiene wird bei Erwärmung von 0 auf 30 °C etwa 2,2 mm länger.

a) Berechnen Sie die Verlängerung eines 6 m langen Rohres aus Polyethylen beim Erwärmen von 0 °C auf 30 °C.

b) Um welchen Betrag wird das Kunststoffrohr länger als das Stahlrohr?

5/4 Polyester können je nach Ausgangsstoffen thermoplastisch oder duroplastisch sein. Thermoplastisch ist z. B. der Textilfaserwerkstoff Diolen®, duroplastisch ist z. B. der meist mit Glasfasern verstärkte Karosseriewerkstoff Leguval®.

a) Wo liegt der wesentliche Unterschied im inneren Aufbau der beiden Polyesterarten?

b) Welche unterschiedlichen Eigenschaften sind aufgrund des inneren Aufbaus zu erwarten?

5/5 Erklären Sie die unterschiedliche Eignung von Thermoplasten und Duroplasten
- zum Schweißen,
- zum Umformen

aus der unterschiedlichen Anordnung der Makromoleküle.

5/6 Ordnen Sie die Kunststoffe, welche für die folgenden Fälle verwendet werden müssen, nach Thermoplasten, Duroplasten und Elasten.
- Kunststoffhandlauf auf einem Treppengeländer aus Stahl
- Kunststoff für Dehnungsfugen zwischen Betonplatten
- Kunststoffgriff an Bügeleisen
- Kunststoffplatten für geschweißte Entlüftungsschächte
- Zündverteilerdeckel am Automotor

Technische Kommunikation

1 Technisches Zeichnen

1/1 Beschreiben Sie, was man unter dem Begriff „Technische Kommunikation“ versteht?

1/2 Erörtern Sie, welche der aufgeführten Kommunikationsmittel für die Fertigung eines Werkstücks am besten geeignet ist:
Text, Skizze, Technische Zeichnung, Mündlicher Auftrag.

1/3 Technische Zeichnungen bestehen aus der Darstellung von Körperansichten.

a) Beschreiben Sie in eigenen Worten, was man unter einer Ansicht versteht.
b) Wie viele Ansichten werden benötigt, um ein Werkstück eindeutig darzustellen? Begründen Sie Ihre Antwort.

1/4 Skizzieren Sie die dargestellten Werkstücke in drei Ansichten. Die Lage der Vorderansicht ist vorgegeben. Die Werkstückmaße sind den Werkstückzeichnungen zu entnehmen.

Werkstück 1

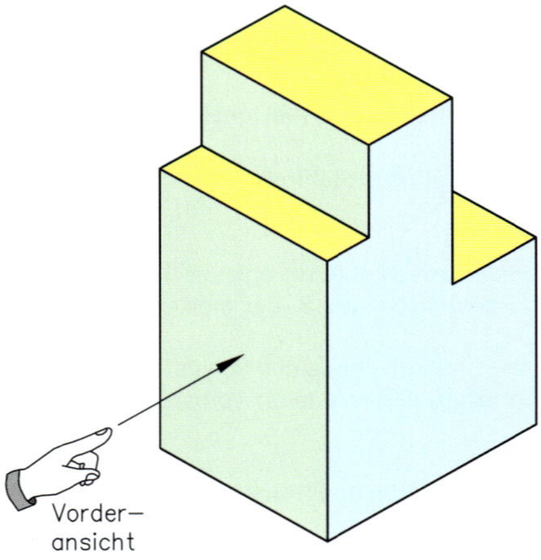

Werkstück 2

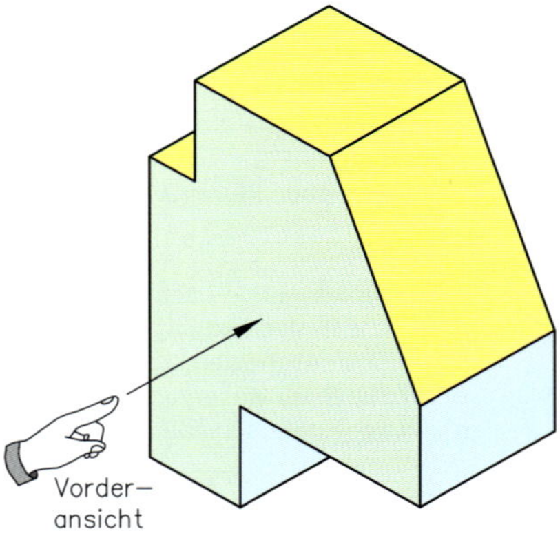

1/5 Wählen Sie nun für die Werkstücke selbst eine geeignete andere Vorderansicht als Hauptansicht aus und skizzieren Sie die Werkstücke nochmals in drei Ansichten.

1/6 Erstellen Sie die jeweilige Werkstückzeichnung auf Zeichenkarton, DIN A4, indem Sie unter Berücksichtigung der angefertigten Skizze die Zeichenfläche einteilen und die skizzierten Werkstücke normgerecht zeichnen. Füllen Sie das Schriftfeld der Zeichnung aus.

1/7 Von den dargestellten Ansichten ist jeweils nur eine richtig. Um die richtigen Ansichten herauszufinden, geben Sie zu allen Feldern in den übrigen Darstellungen die Anzahl der Fehler an.

a)

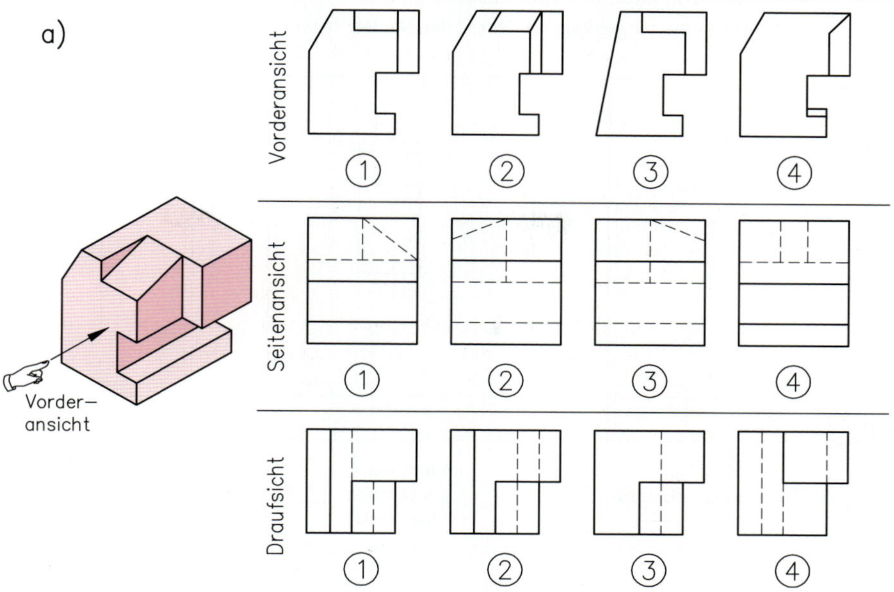

b)

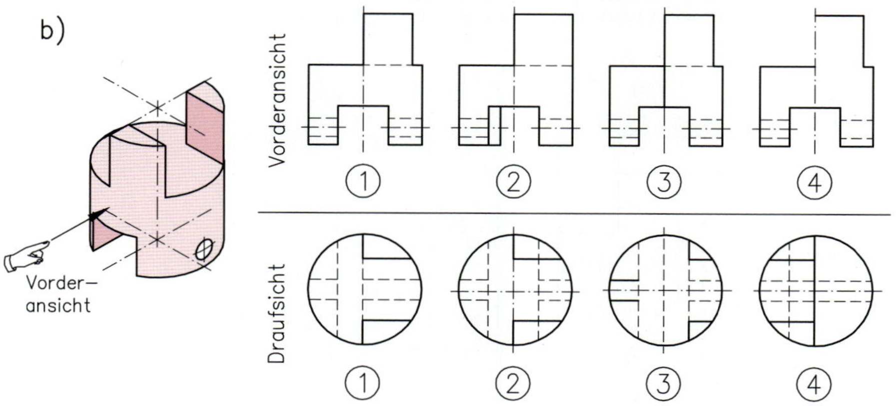

Maßstäbe in Zeichnungen

- Der verwendete Maßstab muss in der Zeichnung kenntlich gemacht werden.
- Die Bemaßung erfolgt immer mit den Maßen des natürlichen Maßstabs

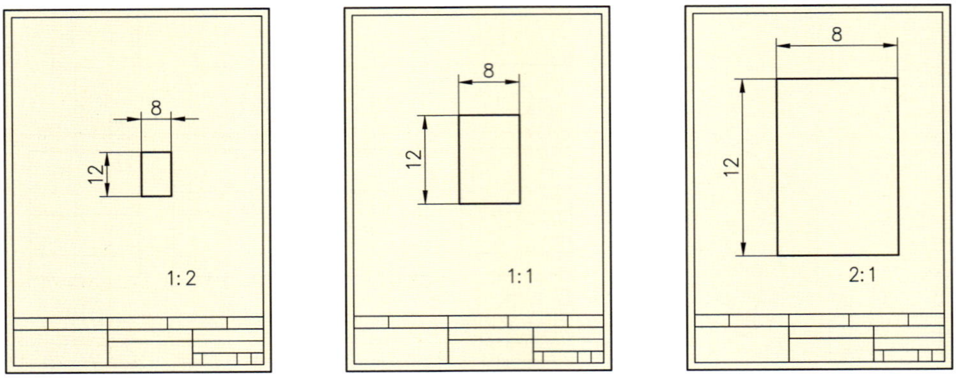

1:10; 1:5; 1:2
Verkleinerungsmaßstäbe ←

Maßstäbe 1:1
natürlicher
Maßstab

2:1; 5:1; 10:1
Vergrößerungsmaßstäbe →

1/8 Maßstäbliche Darstellung eines Werkstücks
Zeichnen Sie das Werkstück im Maßstab 1:2 (1:5) auf Zeichenkarton, DIN A4.

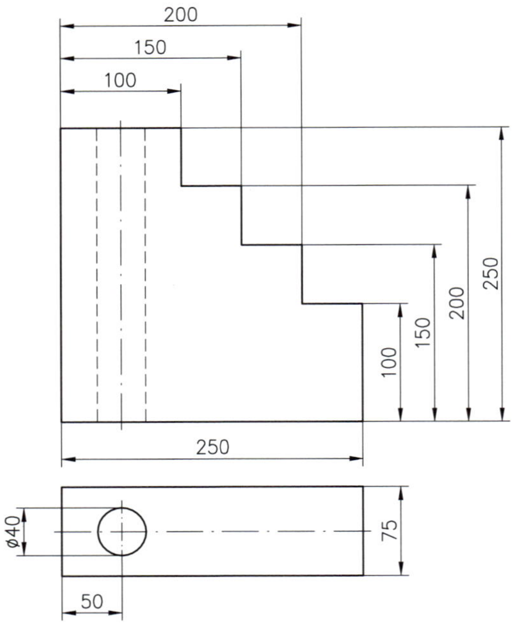

1/9 Für den dargestellten Lkw sollen drei maßstabsgetreue Zeichnungen (DIN A0; DIN A2; DIN A4) gefertigt werden.

a) Ermitteln Sie für die jeweilige Zeichnungsgröße einen geeigneten Maßstab.

b) Zeichnen Sie den Lkw maßstabsgetreu auf ein DIN-A4-Blatt.

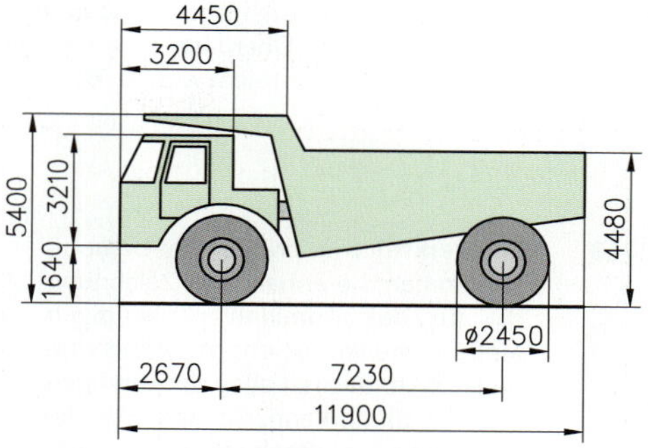

Alle nicht angegebenen Maße sind abzuschätzen.

1/10 Tragen Sie in die Zeichnungen von Aufgabe **1/6** eine normgerechte Bemaßung der Werkstücke ein.

1/11 Darstellung und Bemaßung symmetrischer Werkstücke

a) Skizzieren Sie das Werkstück 3 in drei Ansichten und das Werkstück 4 nur in der Draufsicht. Die Werkstückmaße sind den Werkstückzeichnungen zu entnehmen.

b) Erarbeiten Sie Vorschläge für die Bemaßung der Skizzen.

c) Zeichnen und bemaßen Sie die skizzierten Werkstücke normgerecht. Erstellen Sie die Werkstückzeichnung auf Zeichenkarton, DIN A4.

Werkstück 3

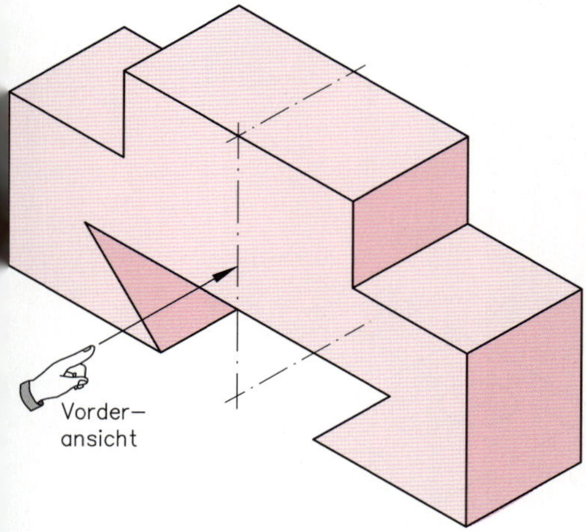

Werkstück 4

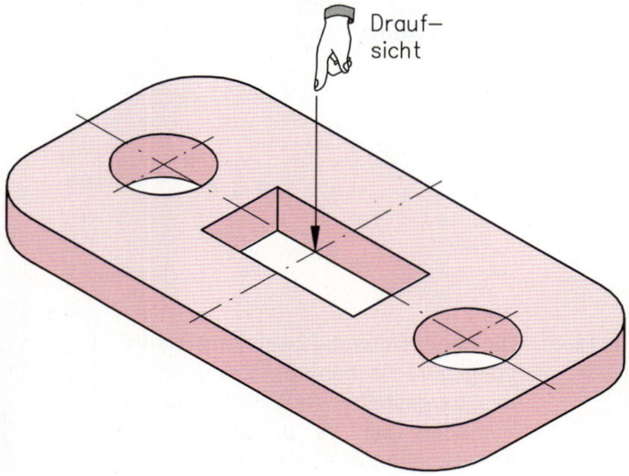

1/12 Ergänzen Sie die Einzelteilzeichnung des Werkstücks 3 (**1/11**) mit folgenden Oberflächenangaben:

- Die Oberfläche der Schwalbenschwanz-Nut soll geschliffen werden und eine Rauheitskenngröße $Rz = 6{,}3\ \mu m$ nicht überschreiten.
- Alle anderen Oberflächen sollen eine Rauheitskenngröße Rz besitzen, die durch Fräsen (geschlichtet) erreicht werden kann.

1/13 Ein Werkstück ist prüfgerecht bemaßt. Bestimmen Sie anhand der Zeichnung die für das Anreißen notwendigen Maße. Erstellen Sie anschließend eine neue Zeichnung mit allen notwendigen Anreißmaßen. Kennzeichnen Sie die gewählten Maßbezugskanten mit einem Pfeil.

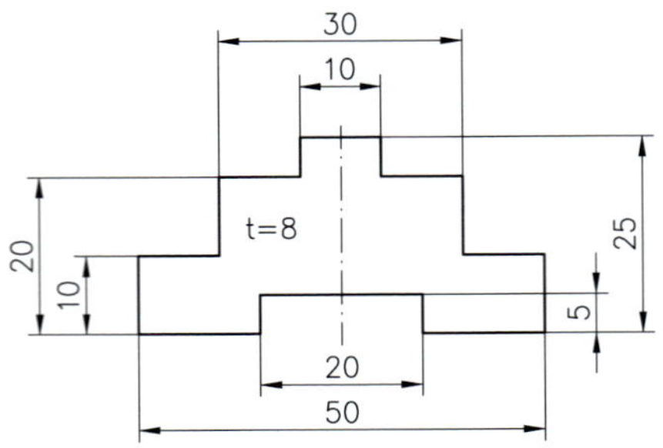

1/14 Erarbeiten Sie Vorschläge, wie der genaue Mittenabstand zweier Bohrungen mithilfe eines Messschiebers ermittelt werden kann.

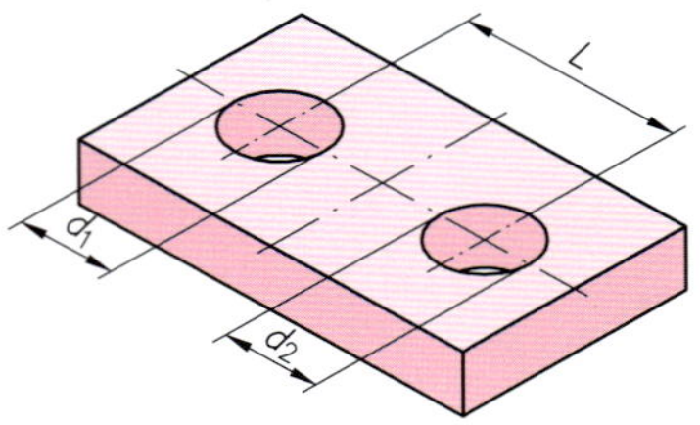

1/15 Die nebenstehende Zeichnung ist fertigungsgerecht bemaßt. Zeichnen Sie das dargestellte Werkstück neu und bemaßen Sie es prüfgerecht. Die angegebenen Maßtoleranzen sind zu beachten.

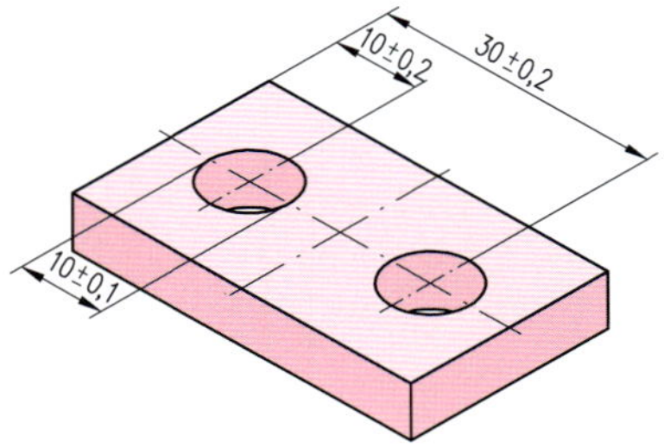

1/16 Darstellung und Bemaßung von Drehteilen

a) Skizzieren Sie die jeweilige Vorderansicht und Seitenansicht von links der Drehteile 5 und 6. Die Werkstückmaße sind dem Raster zu entnehmen. Der Abstand der Rasterlinien entspricht 5 mm.

b) Erarbeiten Sie Vorschläge für die Bemaßung der Skizzen.

c) Zeichnen und bemaßen Sie die skizzierten Werkstücke normgerecht. Erstellen Sie die Werkstückzeichnungen auf Zeichenkarton, DIN A4.

Werkstück 5

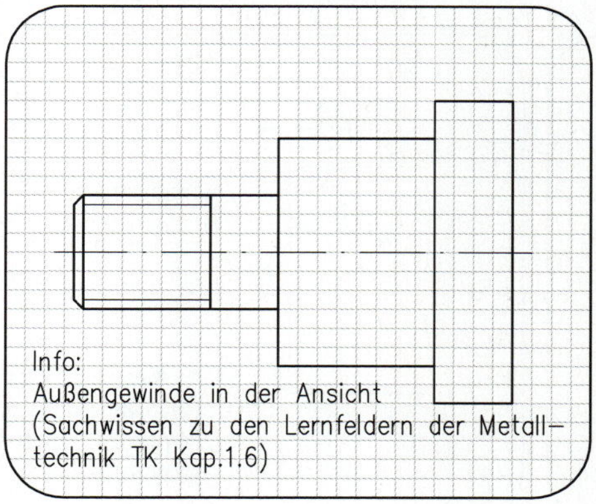

Werkstück 6

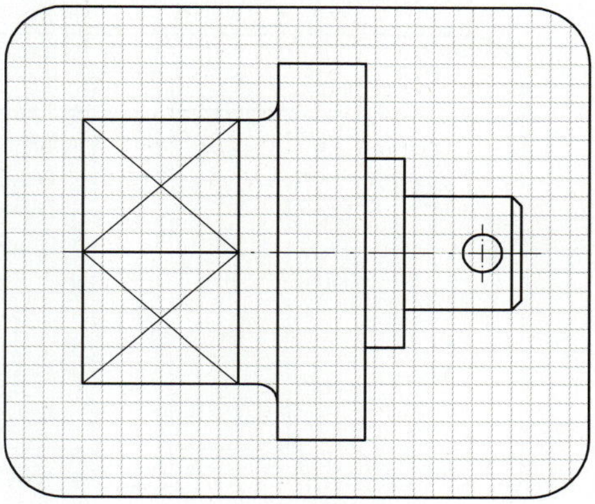

1/17 Darstellung und Bemaßung zylindrischer Werkstücke

a) Skizzieren Sie die Werkstücke 7 und 8 in drei Ansichten. Die Werkstückmaße sind den Werkstückzeichnungen zu entnehmen.

b) Erarbeiten Sie Vorschläge für die Bemaßung der Skizzen.

c) Zeichnen und bemaßen Sie die skizzierten Werkstücke normgerecht. Erstellen Sie die Werkstückzeichnungen auf Zeichenkarton, DIN A4.

Werkstück 7

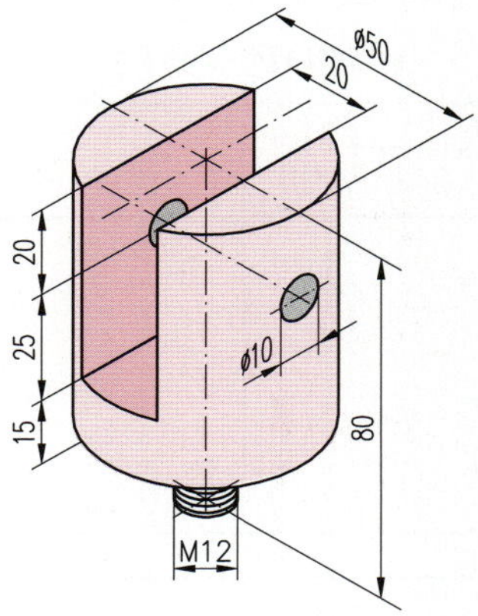

Werkstück 8

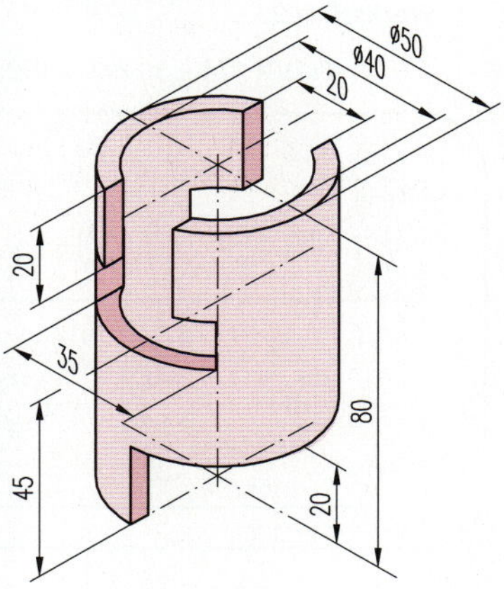

1/18 Schnittdarstellungen und Bemaßung von Drehteilen

a) Skizzieren Sie das Werkstück 11 im Halbschnitt (Maßstab 1:1) und das Werkstück 12 mit Teilschnitt im Maßstab 2:1. Der Teilschnitt für das Teil 12 ist so zu legen, dass die Zentrierbohrung sichtbar wird. Die Werkstückmaße sind dem Raster zu entnehmen. Der Abstand der Rasterlinien entspricht 5 mm.

b) Erarbeiten Sie Vorschläge für die Bemaßung der Skizze von Werkstück 11.

c) Zeichnen und bemaßen Sie die skizzierten Werkstücke normgerecht. Erstellen Sie die Werkstückzeichnung auf Zeichenkarton, DIN A4.

Werkstück 11

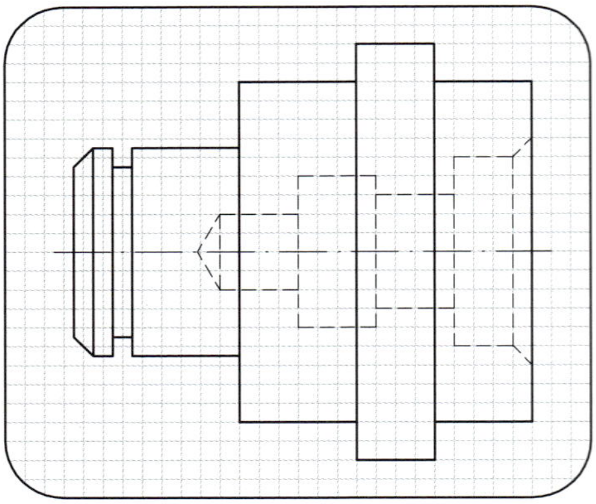

Werkstück 12 (Wellenende)

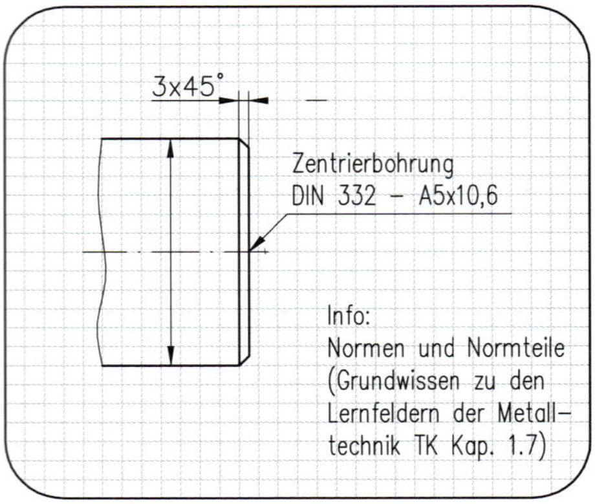

1/19 Darstellung und Bemaßung von Werkstücken im Vollschnitt

a) Skizzieren Sie zu der Draufsicht von Werkstück 9 die Vorder- und Seitenansicht im Vollschnitt. Die Vorderansicht von Werkstück 10 soll im Vollschnitt dargestellt werden. Die Werkstückmaße sind dem Raster zu entnehmen. Der Abstand der Rasterlinien entspricht 5 mm.

b) Erarbeiten Sie Vorschläge für die Bemaßung der Skizzen. Achtung: Die vorgegebene Bemaßung ist vereinfacht dargestellt. Die genauen Maße sind dem Tabellenbuch zu entnehmen.

c) Zeichnen und bemaßen Sie die skizzierten Werkstücke normgerecht. Erstellen Sie die Werkstückzeichnungen auf Zeichenkarton, DIN A4.

Werkstück 9

(Fl DIN 174 – 50 x 40 x 100)

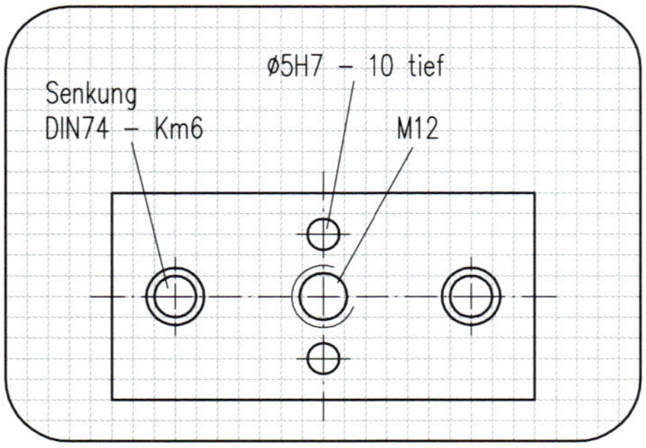

Werkstück 10

(Fl DIN 174 – 80 x 70 x 120)

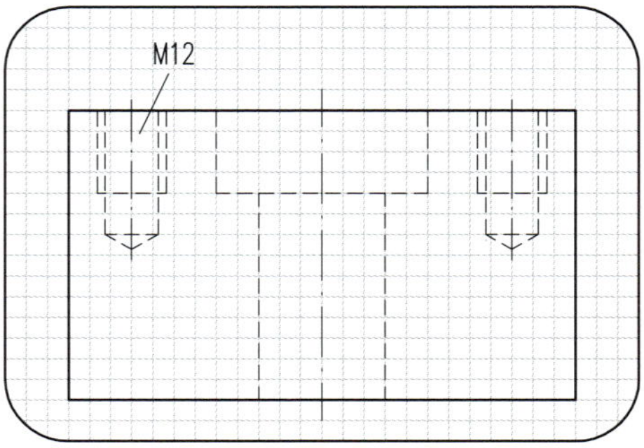

1/20 Schnittdarstellungen

Die nachfolgenden Schnittdarstellungen sind zum Teil fehlerhaft. In jeder Reihe ist jedoch eine Darstellung richtig. Um diese herauszufinden, ist jede Darstellung auf Fehler zu überprüfen. Die gefundenen Fehler sind zu benennen.

a)

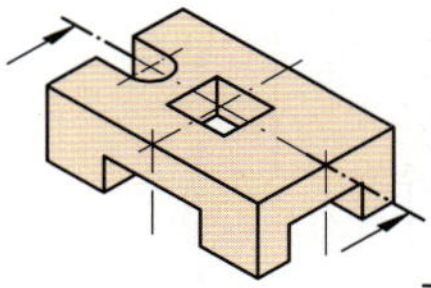

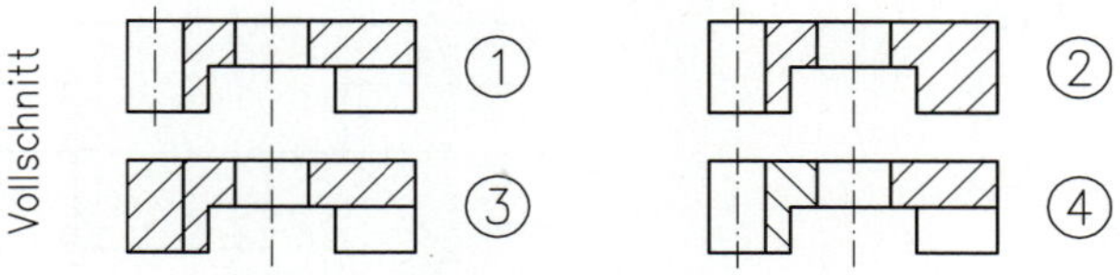

b)

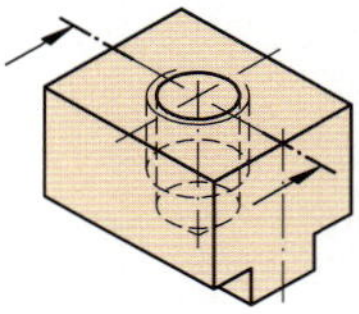

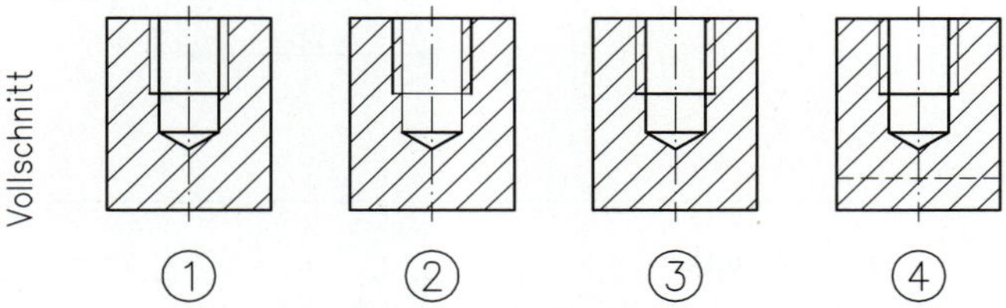

c)

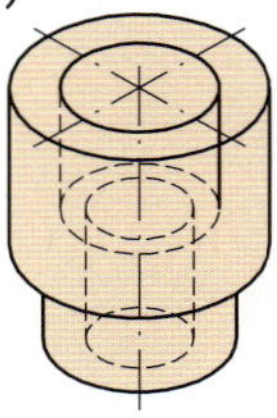

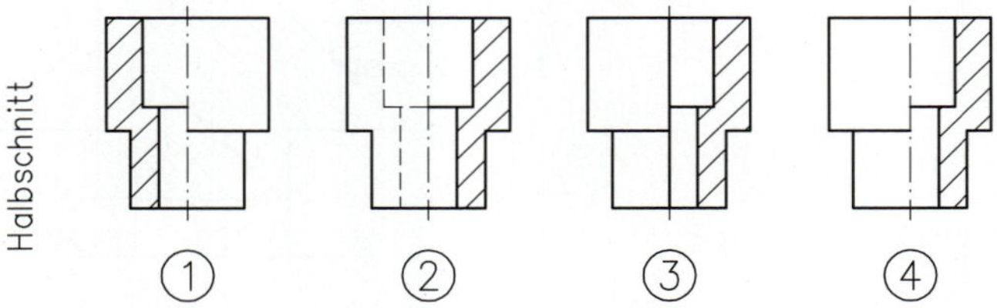

d)

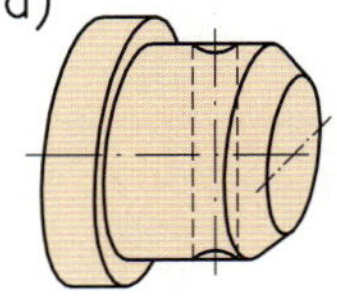

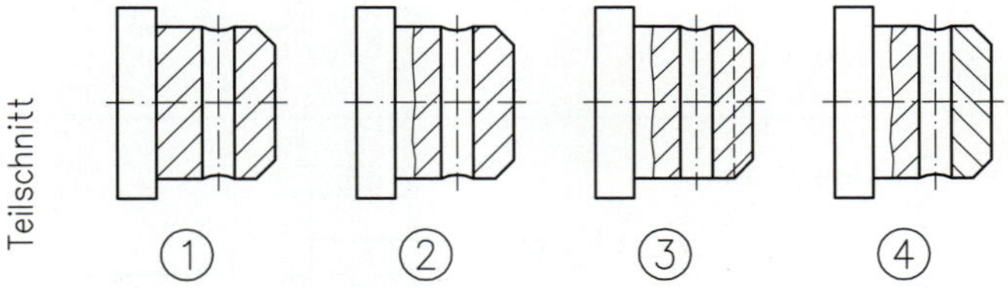

1/21 Bemaßung an Werkstücken

a) Die Bemaßung der folgenden Werkstücke ist fehlerhaft. Geben Sie die Art des Fehlers an und skizzieren Sie einen Verbesserungsvorschlag.

b) Alle Werkstücke sind im Maßstab 2:1 zu zeichnen und fehlerfrei zu bemaßen.

Blech:

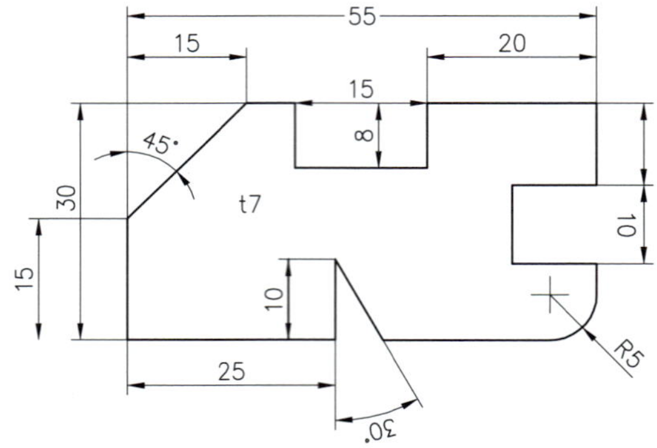

Führungsstück:

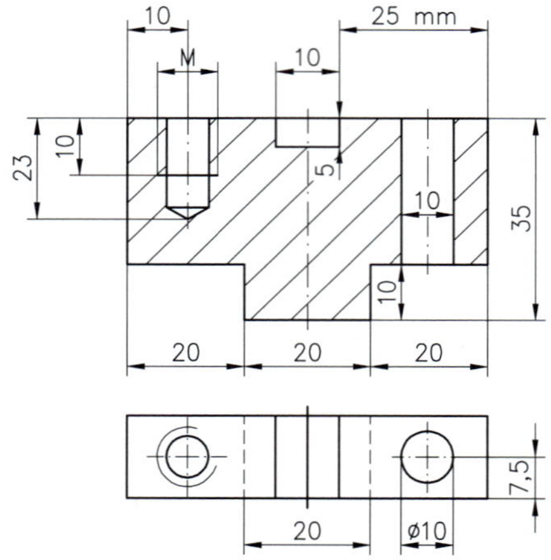

Lagerbolzen:

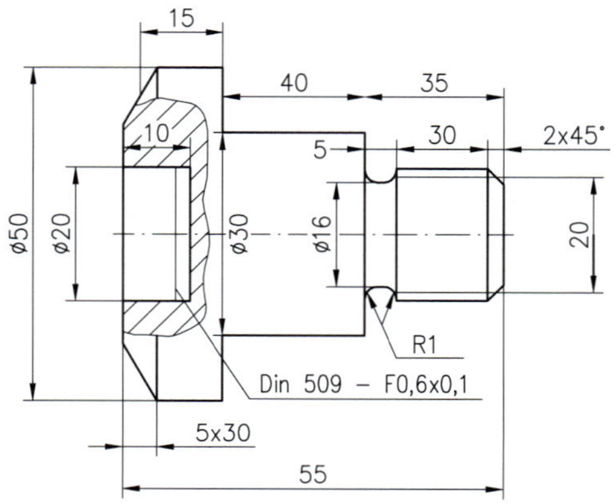

1/22 Analyse einer Teilzeichnung

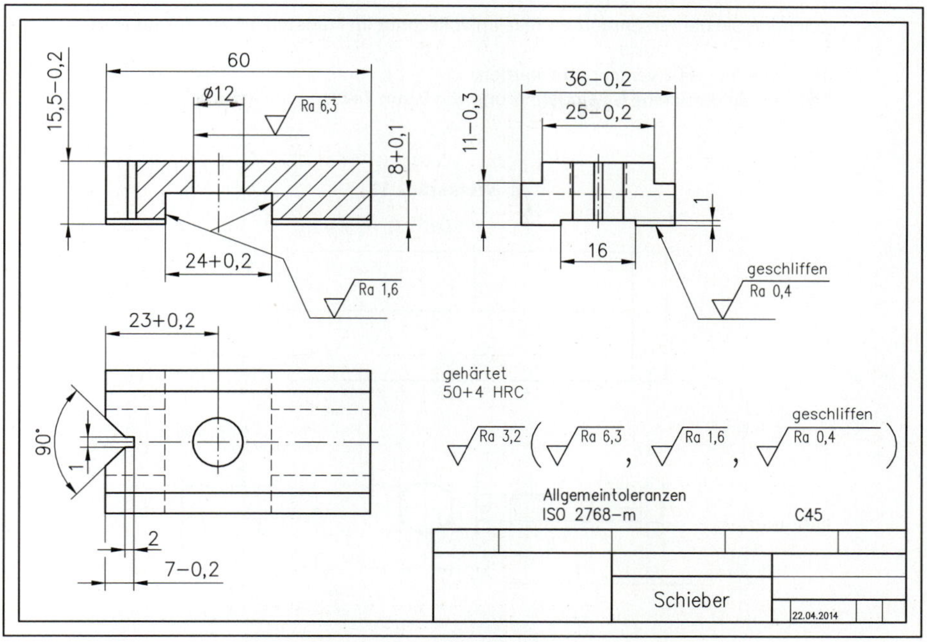

1. Aus welchem Werkstoff soll der Schieber gefertigt werden? Begründen Sie die Werkstoffauswahl.
2. Wählen Sie einen geeigneten Rohling (Halbzeug) zur Herstellung des Schiebers aus.
3. Berechnen Sie die Masse des Rohlings in Gramm.
4. Wie viel Werkstoff muss vom Rohling (Halbzeug) abgespant werden, um den Schieber zu fertigen?
5. Der Preis für 1 kg C45 beträgt 1,10 €. Berechnen Sie den Materialpreis für einen Schieber.
6. Erläutern Sie die Oberflächenangaben in der Teilzeichnung:
   $\sqrt{\text{Ra 3,2}}$ bzw. $\sqrt{\text{Ra 3,2}}$ ($\sqrt{\text{Ra 6,3}}$...)
7. Ist der Oberflächenrauheitswert $\sqrt{\text{Ra 3,2}}$ durch Fräsen ohne besondere Sorgfalt herzustellen?
8. a) Mit welchem Fertigungsverfahren soll der Rauheitswert $\sqrt{\text{Ra 0,4}}$ erreicht werden?
   b) Welcher kleinste Rauheitswert kann mit dem in a) genannten Fertigungsverfahren ohne besondere Sorgfalt erreicht werden?
   c) Mit welchem Rauheitswert sollen die Schenkel des 90°-Winkels gefertigt werden?
9. Geben Sie die Maßtoleranzen für die folgenden Maße an: 1; 60; ∅ 12.
10. Begründen Sie die gewählten Maßtoleranzen der Maße: 8 + 0,1; 25 – 0,2.

1/23 Maßstäbliche Darstellung einer Schraubverbindung

Zeichnen Sie die verschraubten Teile im Vollschnitt im Maßstab 5:1 auf Zeichenkarton, DIN A4.

Teil 1 soll mit Teil 2 verschraubt werden.
Teil 2 erhält dafür eine Gewindebohrung von 9 mm Tiefe.

Werkstück 13

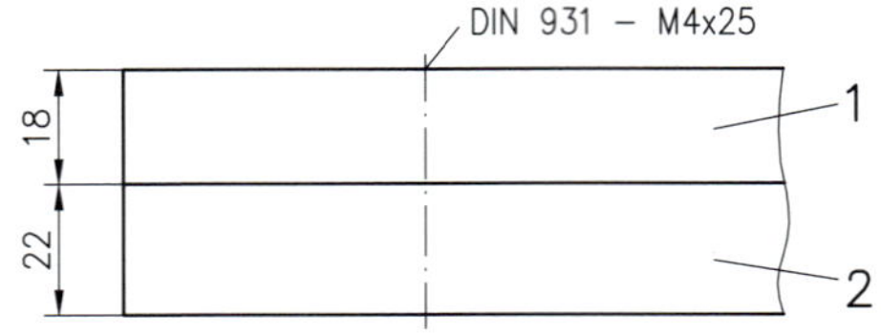

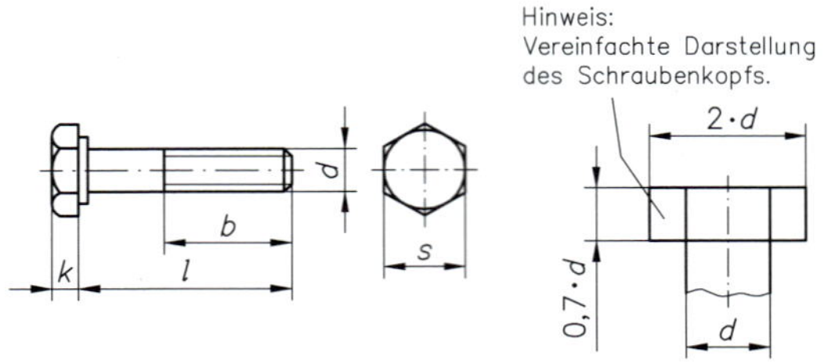

d	M4	M5	M6	M8
s	7	8	10	13
k	2,8	3,5	4	5,3
b	14	16	18	22
l	25–40	25–50	30–60	35

Info: ***Konstruktion eines Sechskants siehe*** **Tabellenbuch**

1/24 Analyse der Gesamtzeichnung: „Spannvorrichtung“

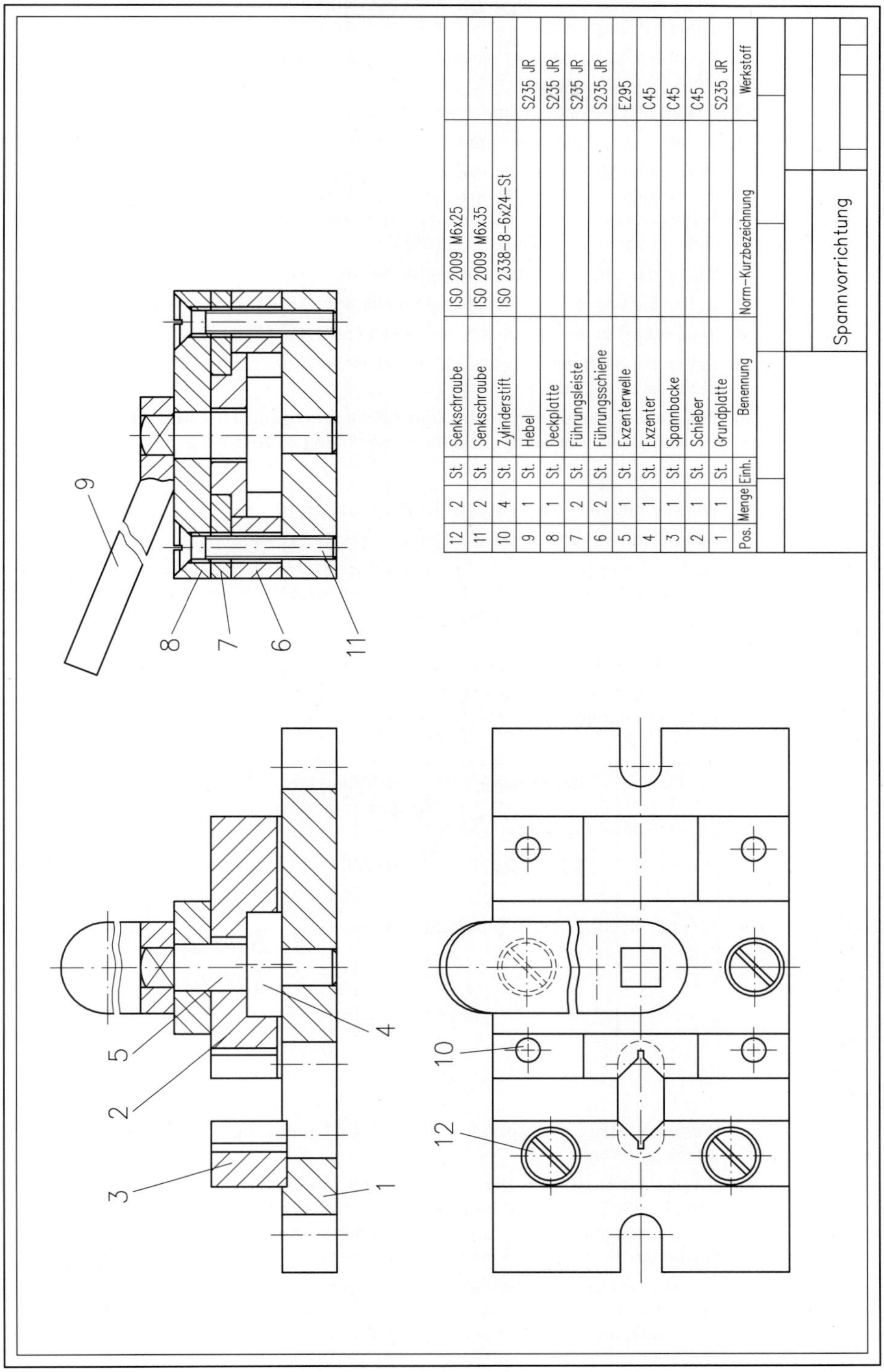

Pos.	Menge	Einh.	Benennung	Norm-Kurzbezeichnung	Werkstoff
12	2	St.	Senkschraube	ISO 2009 M6x25	
11	2	St.	Senkschraube	ISO 2009 M6x35	
10	4	St.	Zylinderstift	ISO 2338-8-6x24-St	
9	1	St.	Hebel		S235 JR
8	1	St.	Deckplatte		S235 JR
7	2	St.	Führungsleiste		S235 JR
6	2	St.	Führungsschiene		S235 JR
5	1	St.	Exzenterwelle		E295
4	1	St.	Exzenter		C45
3	1	St.	Spannbacke		C45
2	1	St.	Schieber		C45
1	1	St.	Grundplatte		S235 JR

Spannvorrichtung

1/24

a) Fragen zu Funktionen (siehe Zeichnung auf der Vorseite)

1. Beschreiben Sie die Vorgänge, die in der dargestellten Spannvorrichtung ablaufen, wenn Hebel 9 bewegt wird.

2. Die Spannvorrichtung ist besonders zum Spannen runder Teile geeignet. Begründen Sie diese Aussage.

3. Bestimmen Sie den maximalen Hub der Spannvorrichtung.

4. Um welchen Winkel muss der Hebel gedreht werden, damit der größte Hub erreicht wird?

5. Bestimmen Sie den kleinsten und den größten Werkstückdurchmesser, der mit der Spannvorrichtung gespannt werden kann. Beachten Sie beI ihren Überlegungen, dass der Spannbereich eines Exzenterspanners zwischen 60° und 120° liegt. Die Hebeldrehung beginnt dabei in der hinteren Endstellung der Vorrichtung.

6. Begründen Sie, warum die Auflagefläche des Schiebers eine Längsnut hat.

7. Geben Sie Gründe an, weshalb die Spannbacke 3 in die Grundplatte 1 eingelassen wurde.

8. Warum besitzt die Grundplatte an beiden Enden Langlöcher?

9. Geben Sie die Bedeutung des Langlochs in der Grundplatte an, das sich im Spannbereich der Vorrichtung befindet.

10. Welcher Bohrungsdurchmesser kann für die Durchgangsbohrungen in zylindrischen Werkstücken verwendet werden, ohne die Vorrichtung zu beschädigen?

b) Fragen zur Montage

1. Welche Aufgabe haben die Zylinderstifte Position 10?

2. Aus welchem Grund braucht Teil 3 nicht verstiftet zu werden?

3. Zu Beginn der Fertigung der Einzelteile gibt der Meister den folgenden Hinweis: „Die Bohrungen für die Stifte fertigt ihr erst, nachdem ihr die Vorrichtung verschraubt habt." Begründen Sie die Anweisung des Meisters.

c) Fragen zur Fertigung der „Spannvorrichtung"

1. Zählen Sie die Fertigungsverfahren auf, die bei der Herstellung der Vorrichtung zum Einsatz kommen. Fertigen Sie zu diesem Zweck eine Tabelle mit folgendem Muster an:

Pos.	Benennung	Fertigungsverfahren	
		Gruppe	Verfahren
8	Deckplatte	Trennen	1. Sägen 2. Feilen 3. Bohren 4. Senken

2. Warum werden Grundplatte 1, Schieber 2 und Exzenterwelle 5 aus unterschiedlichen Werkstoffen gefertigt?

3. Für die Abmessungen der Einzelteile der Vorrichtung sollen die Allgemeintoleranzen DIN ISO 2768-m gelten. Überlegen Sie, ob das auch für den Zapfen an der Exzenterwelle 5 und die zugehörige Bohrung in der Grundplatte 1 gelten kann. Begründen Sie Ihre Antwort. Erarbeiten Sie einen Vorschlag für die Tolerierung von Zapfen und Bohrung.

4. Nennen Sie weitere Stellen an der Vorrichtung, an denen die Abmessungen der Einzelteile gesondert toleriert werden müssen. Formulieren Sie anschließend einen allgemeinen Grundsatz, der die Stellen beschreibt, für die eine gesonderte Tolerierung notwendig ist.

2 3D-CAD-Systeme

2/1 Erstellen Sie ein Aufbauschema nach dem Sie den skizzierten Körper in einem 3D-CAD-System erstellen würden.

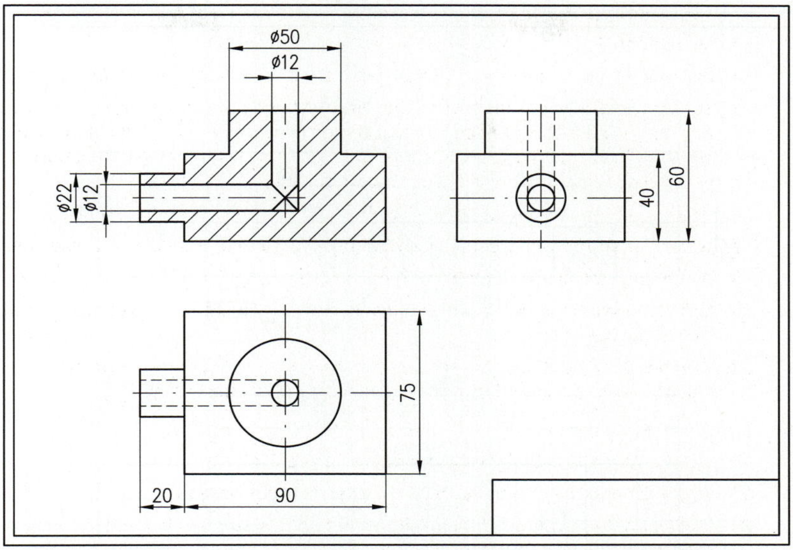

Konstruieren Sie, soweit Ihnen die Möglichkeiten gegeben sind, den Körper aus **Aufgabe 2/1** in einem 3D-CAD-System.

3 Technische Informationsquellen

3/1 Erstellen Sie für die dargestellte Grundplatte, Teil 1 der Spannvorrichtung, einen Arbeitsplan.

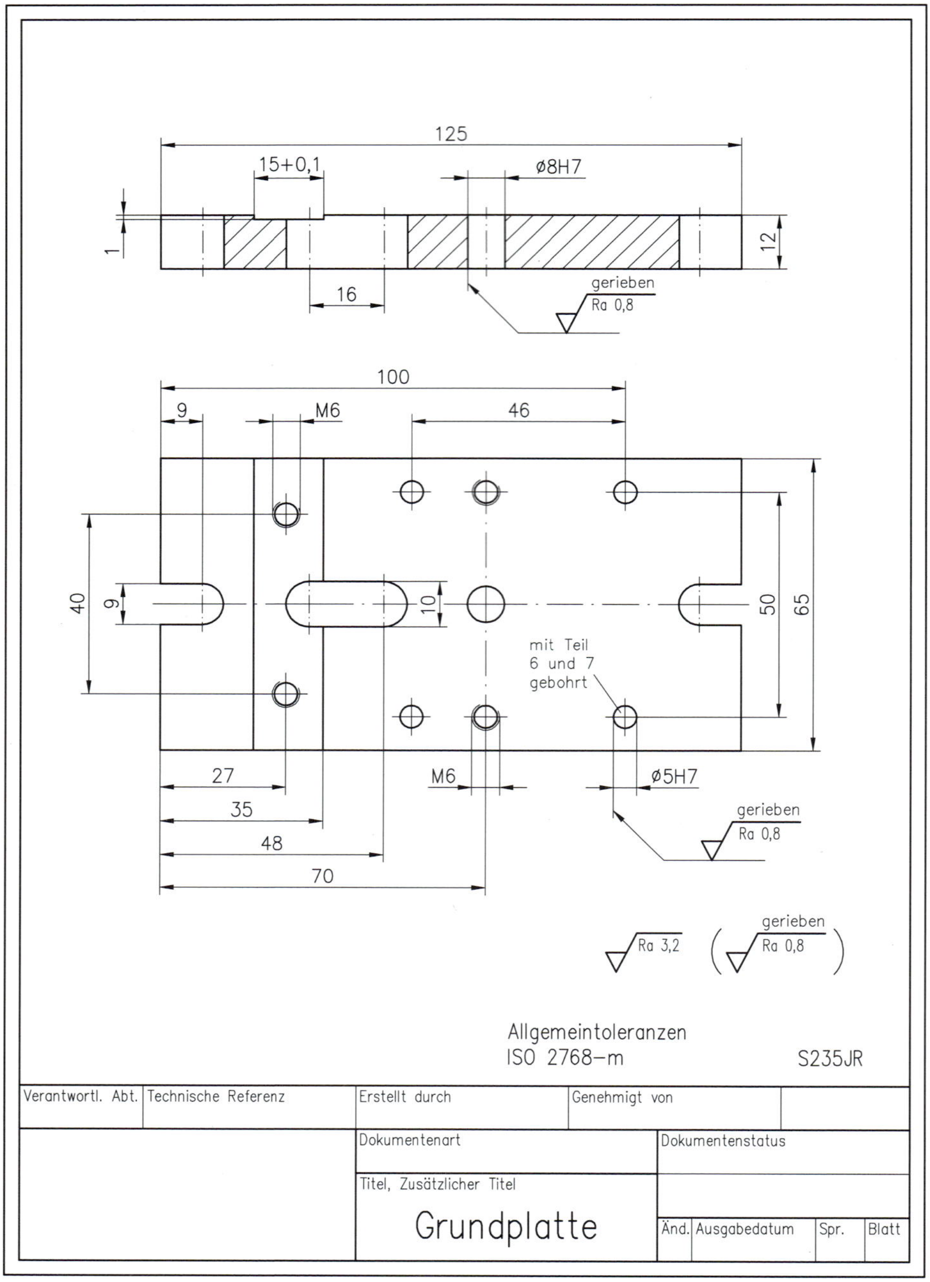

Steuerungstechnik

1 Grundlagen der Steuerungstechnik

1/1 In den Steuerungseinheiten von Anlagen nimmt der Anteil der Elektronik ständig zu. Welche Gründe vermuten Sie dafür?

1/2 Welche Energie verwendet man im Steuerungs- und Leistungsteil bei der hydraulischen Bremsanlage eines Pkw?

1/3 Welchen Energieträger schlagen Sie für die Steuerung von Ventilen in einer explosionsgefährdeten Anlage vor?

1/4 In einem Bürohaus wird die Eingangstür automatisch geöffnet bzw. geschlossen. Die Bauelemente der Anlage sind Getriebemotor (230 V), Schalteinrichtung für Motor, Steuerung, Sensor und zwei Spannungsquellen, die eine mit 24 V, die andere mit 230 V.
Skizzieren Sie das Schema der Anlage ab, benennen Sie die Elemente und tragen Sie die Verbindungen zwischen den Bauteilen ein.

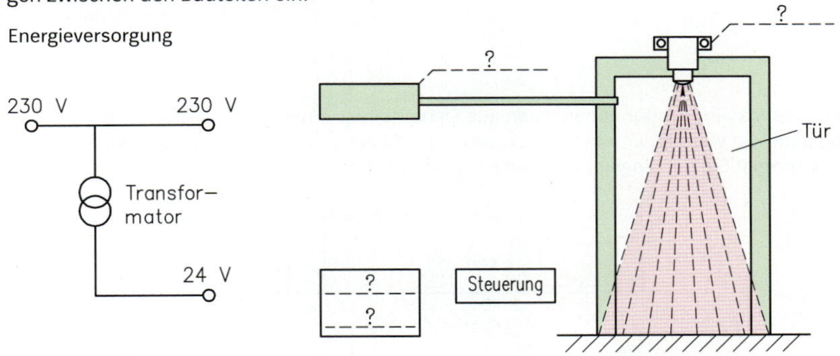

1/5 Das dargestellte Logiksymbol ist ein UND-Glied mit drei Eingängen.
Ergänzen Sie die Funktionstabelle.

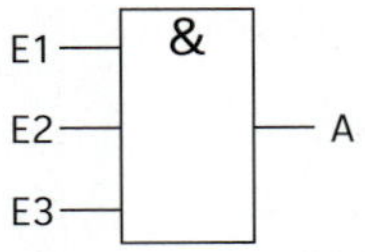

E1	E2	E3	A
0	0	0	?
0	0	1	?
0	1	0	?
0	1	1	?
1	0	0	?
1	0	1	?
1	1	0	?
1	1	1	?

1/6 Eine Steuerung soll ein Ausgangssignal geben, wenn an Eingang E1 ein Signal anliegt UND E2 NICHT beaufschlagt ist. Skizzieren Sie das Logiksymbol und stellen Sie die Funktionstabelle auf.

1/7 Eine Steuerung erfüllt folgende Funktion:
Ausgangssignal nur dann, wenn E1 ODER E2 UND E3 Signal geben.
Stellen Sie die Wertetabelle auf.

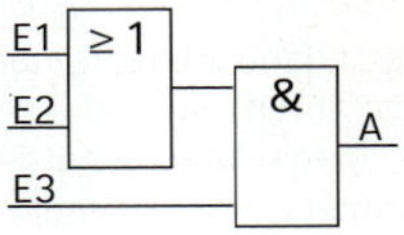

E1	E2	E3	A
0	0	0	?
0	0	1	?
0	1	0	?
0	1	1	?
1	0	0	?
1	0	1	?
1	1	0	?
1	1	1	?

1/8 Ein Schieber am Speicher einer Abfüllanlage wird durch einen Pneumatikzylinder betätigt.

- Der Zylinder fährt ein und öffnet dann, wenn der Knopf „Füllen“ gedrückt wird,
- ein Behälter unter dem Silo steht,
- der Taster unter der Gewichtskontrolle nicht gedrückt ist.

Zeichnen Sie den Logikplan und stellen Sie die Funktionstabelle auf.

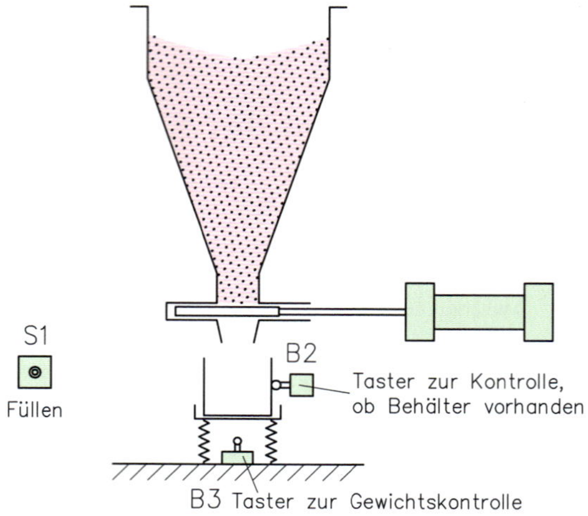

1/9 Ein Spannzylinder spannt nur, wenn aus Sicherheitsgründen zwei Handtaster (E1 und E 2) gleichzeitig gedrückt werden. Er fährt zurück, wenn der Taster „Lösen“ (E3) gedrückt wird.
Übertragen Sie den Logikplan und die Funktionstabelle und ergänzen Sie diese.

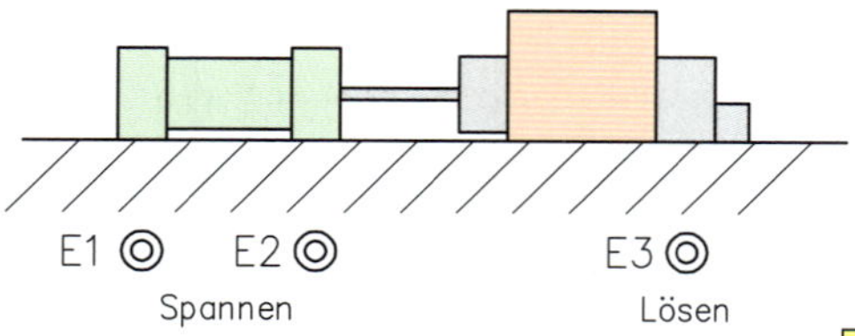

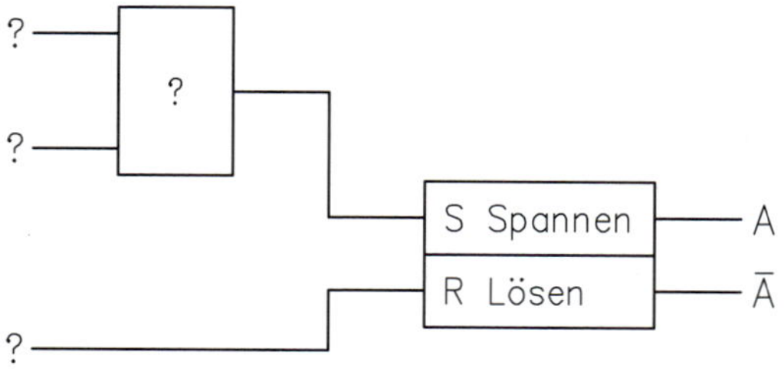

E1	E2	E3	A	$\overline{A}$
0	0	0	?	?
0	0	1	?	?
0	1	0	?	?
0	1	1	?	?
1	0	0	?	?
1	0	1	?	?
1	1	0	?	?
1	1	1	?	?

1/10 Eine Presse soll erst dann arbeiten, wenn das Schutzgitter zugefahren ist und entweder beide Taster der Handschaltung am Ständer der Maschine betätigt werden oder ein Taster am 2 m entfernten Steuerstand betätigt wird. Nach Loslassen der Taster fährt die Maschine in die Ausgangsstellung zurück. Es sind Logikplan und Funktionstabelle anzulegen.

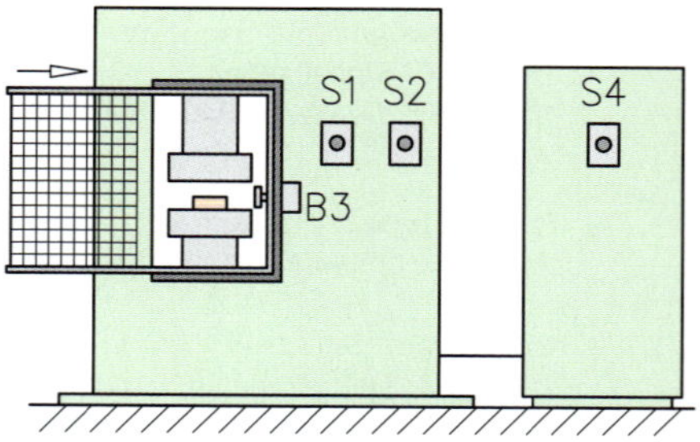

2 Grundlagen für pneumatische Steuerungen

Druck und Kolbenkraft

Für den auf ein Gas oder eine Flüssigkeit ausgeübten Druck gilt:

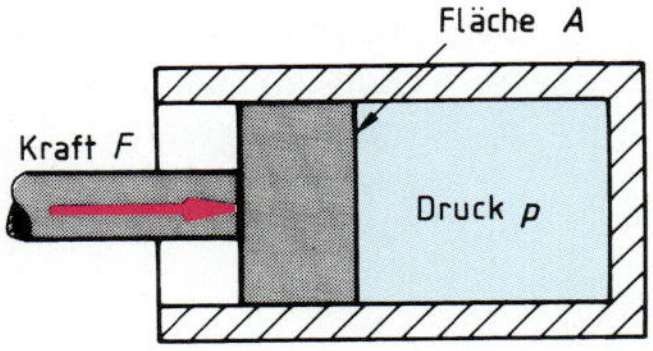

Formel

$$p = \frac{F}{A}$$

Formelzeichen

- p absoluter Druck in dem Medium
- A Fläche
- F Kraft, die senkrecht auf die Fläche wirkt

Einheiten des Druckes

Wirkt eine Kraft von 1 N senkrecht auf eine Fläche von 1 m^2, so wirkt ein Druck von 1 Pa (Pascal).

Einheit	Kurzzeichen	Umrechnung
1 Pascal	1 Pa	1 Pa = 1 N/m^2
1 Bar	1 bar	1 bar = 10^5 Pa 1 bar = 10 N/cm^2

2/1 Übertragen und ergänzen Sie folgende Tabelle.

Energieträger	Technologie	Beispiel zur Anwendung
Druckluft	?	?
?	?	Bagger
?	Elektrik	?
feste Körper	?	?

2/2 Rechnen Sie die gegebenen Drücke in die angegebenen Einheiten um.

gegebener Druck	in andere Einheiten umgerechneter Druck					
	Pa	bar	hPa	daN/cm^2	N/mm^2	mbar
4 · 10^6 N/m^2	?	?	?	?	?	?
710 mbar	?	?	?	?	?	–
25 bar	?	–	?	?	?	?
120 N/mm^2	?	?	?	?	–	?

2/3 Berechnen Sie den Druck in bar, der in einem Hydraulikzylinder herrscht, wenn auf den Kolben mit d = 30 mm eine Kraft von F = 5 kN ausgeübt wird.

2/4 Im Wetterbericht lautet z. B. eine Ansage: „Der Luftdruck in Köln betrug 1 010 hPa.“ Wie groß war er in Pa und in mbar?

2/5 Übertragen und ergänzen Sie folgende Tabelle.

Luftdruck bar	Absoluter Druck bar	Überdruck bar
1,05	?	4,3
1,0	180	?
?	1,73	0,75

2/6 In einer Hydraulikanlage herrscht ein Druck von etwa 200 bar. Warum ist es für die Abläufe in der Anlage unbedeutend, ob der angegebene Druck der absolute Druck oder der Überdruck ist?

2/7 Im Hydraulikbremskreis eines Autos tritt bei einem Bremsvorgang in der Anlage ein Druck von 22 bar auf. Der Kolben im Bremszylinder hat eine wirksame Fläche von 490 mm^2. Welche Kraft wirkt auf die Bremse (Angabe in N)?

Boyle-Mariottesches-Gesetz

Verdichten von Druckluft ohne Temperaturänderung (Anwendung des Gesetzes von Boyle-Mariotte).

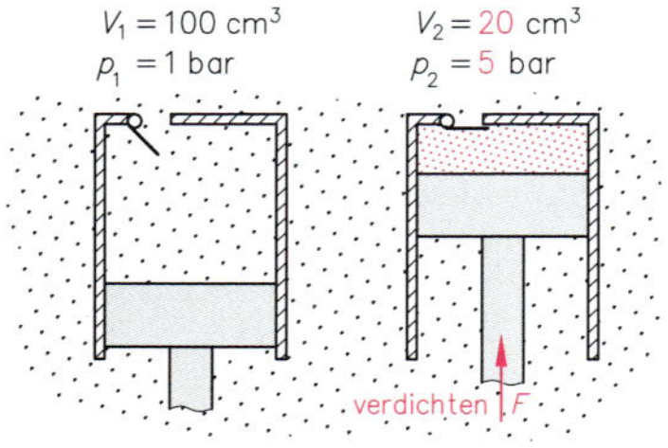

Formel

$$V_1 \cdot p_1 = V_2 \cdot p_2$$

Formelzeichen

V_1 Volumen im Zustand 1
p_1 Druck im Zustand 1
V_2 Volumen im Zustand 2
p_2 Druck im Zustand 2
p_e vom Messgerät angezeigter Druck
p_{amb} Luftdruck

$100\ cm^3 \cdot 1\ bar = 20\ cm^3 \cdot 5\ bar$

Beachten Sie: p_1 bzw. p_2 sind der **tatsächliche Druck** des Gases, also vom Messgerät angezeigter Druck plus Luftdruck, z. B.

$$p_1 = p_{e1} + p_{amb}$$

2/8 Bei einem Luftdruck von 1 015 mbar zeigt ein Feinmanometer in einer Drucküberwachungsanlage 1,78 bar an.
Wie groß ist der absolute Druck in der Anlage?

2/9 In einem Kompressor werden je Sekunde 2,4 m^3 Luft angesaugt und auf ein Volumen von 0,4 m^3 verdichtet (Luftdruck: 1 bar).

a) Welchen absoluten Druck hat die Luft nach dem Verdichtungsvorgang?
b) Welchen Druck zeigt das Messgerät an?

2/10 In einer Druckluftanlage steht ein Speicher von 2 m Länge und einem Durchmesser von 800 mm. Die Druckanzeige weist 8,4 bar auf. Durch Undichtigkeit entweicht die gesamte verdichtete Luft über Nacht aus der Anlage.
Wie viel Kubikmeter Luft sind allein aus dem Speicher verloren gegangen?

2/11 Jemand möchte sich einen Kompressor für seine Hobbywerkstatt kaufen. Bei dem Vergleich der Angebote findet er folgende Angaben:

Firma A: „Kompressor mit einer Liefermenge von 800 Liter/min bei einem Betriebsdruck von 6 bar“

Firma B: „Kompressor mit einer Liefermenge von 700 Liter/min bei einem Betriebsdruck von 7 bar“

Welche Firma liefert den leistungsfähigeren Verdichter?

2/12 Skizzieren Sie das grafische Symbol eines Verdichters ab und ergänzen Sie die Anzüge mit den Fachbegriffen für das jeweils symbolisch dargestellte Element.

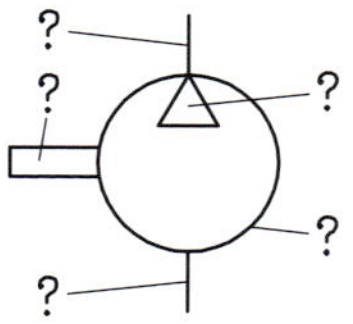

2/13 Ordnen Sie die aufgeführten Bauteile oder Begriffe den entsprechenden Verdichtertypen zu:

Bauteile:

Einlassventil, Schaufel, Strömungsprinzip,
Kolben, Schieber, Turbinenrad,
Rotor, Zelle, Verdrängungsprinzip,

Verdichtertypen:

Axialverdichter, Hubkolbenverdichter, Lamellenverdichter.

2/14 Welche Aufgaben hat ein Windkessel in einem Druckluftnetz?

2/15 In größeren Druckluftanlagen wird nach dem Verdichter manchmal ein Kühler eingebaut.
Warum kühlt man die Druckluft ab?

2/16 Ein Kugelsitzventil ist falsch eingebaut worden. Der Monteur hat die Anschlüsse 1 (P) und 2 (B) vertauscht.
Was geschieht, wenn dem Ventil Druckluft zugeführt wird?

2/17 Ein Druckregelventil arbeitet wie folgt:

- Über die Einstellschraube wird der Druck eingestellt, indem die Membranfeder vorgespannt wird.
- Die Membranfeder hebt den Stößel vom Dichtsitz. Dadurch kann die Druckluft von der Versorgungsseite zur Verbraucherseite fließen.
- Der Druck von der Verbraucherseite wirkt auch auf die Membranfläche.
- Druckschwankungen auf der Verbraucherseite werden wie folgt ausgeregelt:
  - Ist der Druck zu hoch, so wölbt sich die Membrane nach unten und der Stößel verringert den Einströmquerschnitt.
  - Ist der Druck zu niedrig, so wölbt sich die Membrane nach oben und der Stößel vergrößert den Einströmquerschnitt.

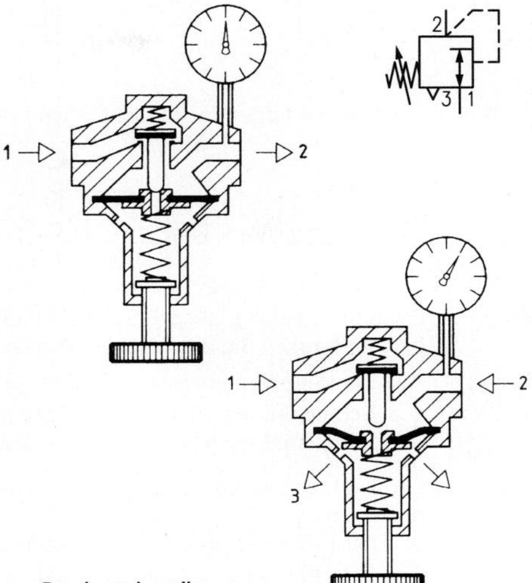

Druckregelventil

a) Warum sind Druckbegrenzungsventile in Druckerzeugungsanlagen vorgeschrieben?
b) Die Einstellschraube wird weiter eingeschraubt.
Wie ändert sich der Druck nach dem Druckregelventil (Sekundärdruck)?
c) Welche Auswirkungen auf die Wirkungsweise des Druckregelventils hat eine gebrochene bzw. verklemmte Feder am Stößel?
d) Wozu sind die Bohrungen „3" erforderlich?

2/18 Ein Ventil hat drei Schaltstellungen und fünf Rohranschlüsse.
Zeichnen Sie das grafische Symbol mit angenommenen Durchflussrichtungen.

2/19 Wie kennzeichnet man in einem Ventil – Sperrichtung, – Durchflussrichtung?

2/20 Erklären Sie die Bezeichnung „5/3-Wegeventil".

2/21 Zeichnen Sie die gegebenen grafischen Symbole für Ventile ab und benennen Sie die Ventile jeweils nach ISO 1219. Kennzeichnen Sie die Ventilanschlüsse nach DIN ISO 5599.

a)
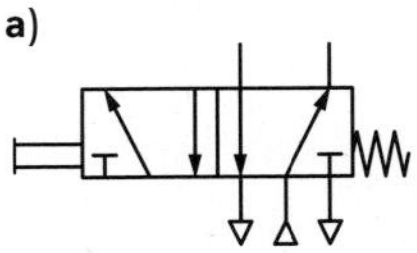

b)
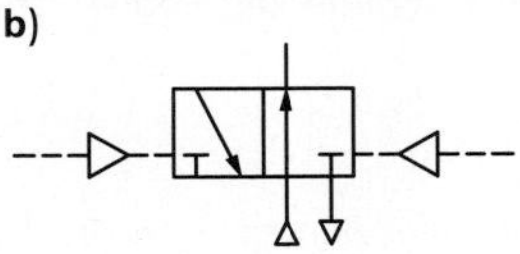

c)
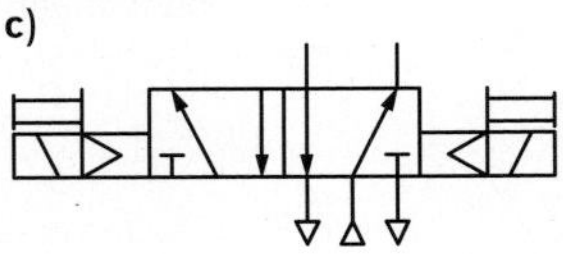

2/22 Skizzieren Sie die Symbole für die Wegeventile vergrößert ab. Kennzeichnen Sie alle Anschlüsse nach DIN ISO 5599.
Tragen Sie auch die alte Kennzeichnung für die Anschlüsse in Klammern dahinter ein.

a)
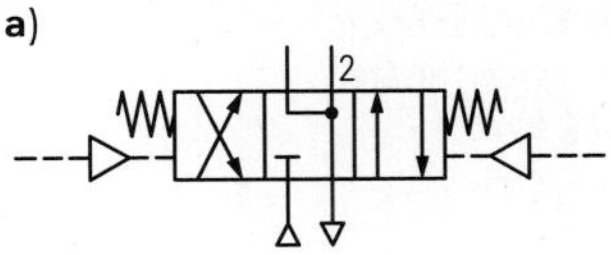

b)
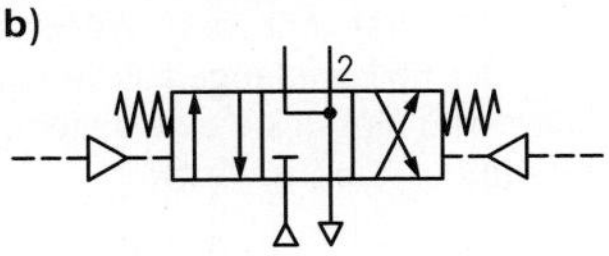

2/23 Die dargestellten Wegeventile entsprechen nicht den Vereinbarungen der Norm.
Zeichnen Sie die grafischen Symbole richtig.

a)
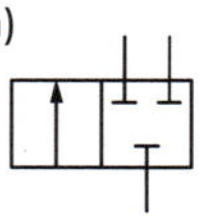

b)
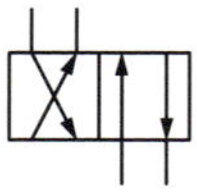

c)
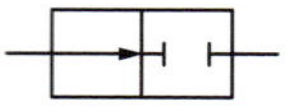

d)
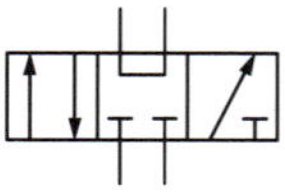

2/24 Erklären Sie folgende grafischen Symbole von Wegeventilen.

a)
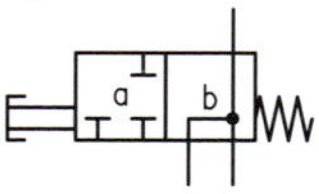

b)
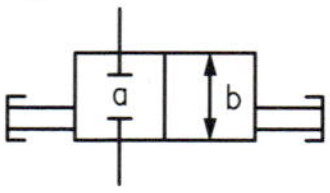

c)
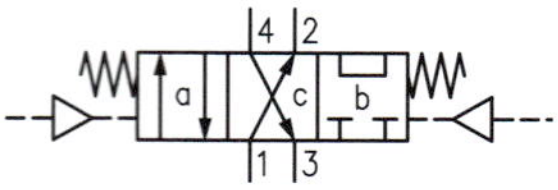

d)
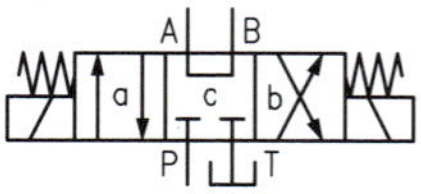

2/25 Zeichnen Sie das grafische Symbol für ein Wegeventil mit drei Anschlüssen und drei Schaltstufen (a, b, c) und tragen Sie die Anschlussbezeichnungen nach neuer Norm ein.

- in der Ruhestellung (b) ein Durchflussweg, ein Anschluss gesperrt,
- in Schaltstellung (a) alle Anschlüsse gesperrt,
- in Schaltstellung (c) alle Anschlüsse verbunden.

2/26 Ein Zylinder soll im ausgefahrenen Zustand einen pneumatischen Endschalter (3/2-Wegeventil) betätigen.
Skizzieren Sie das grafische Symbol des Ventils mit möglichen Betätigungen.

2/27 Ein 4/3-Wegeventil ist defekt und soll ausgetauscht werden.
Welche Angaben für eine Ersatzteilbeschaffung muss man kennen?

2/28 Welche Steuerleitung des Ventils muss mit Druck beaufschlagt werden, damit der Leitung 4 (A) Druckluft zugeführt wird?

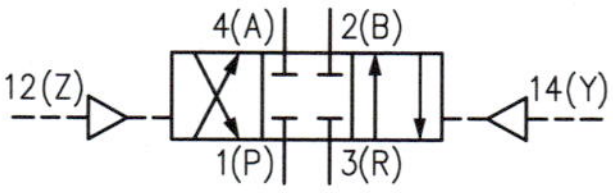

2/29 Welche Aufgaben können pneumatische Arbeitselemente haben?

2/30 Beschreiben Sie den Unterschied zwischen einem einfach wirkenden Zylinder und einem doppelt wirkenden Zylinder,

a) im Aufbau, **b)** in der Wirkungsweise, **c)** in der Anwendung.

2/31 Ein einfach wirkender Zylinder hat im Kolbenstangenraum eine Feder und eine Abluftbohrung.
Welche Aufgaben hat die Feder, wozu dient die Bohrung?

2/32 Skizzieren Sie das grafische Symbol für einen Zylinder ab und ergänzen Sie die Anzüge mit den folgenden Fachbegriffen:
Kolben, Kolbenstange, Zylinderrohr, Deckel, Boden, Druckluftanschluss.

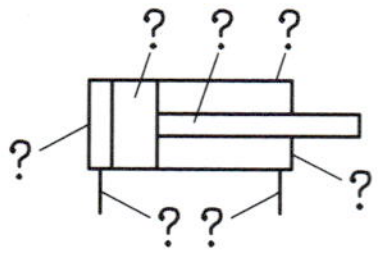

2/33 An welchen Stellen in einem Zylinder würden in der Druckluft mitgerissene Schmutzteile besonders schädlich sein?

2/34 Die Kolbenstangen von Pneumatikzylindern tragen am herausragenden Ende meist Gewinde und zwei Schlüsselflächen.
Welche Aufgabe hat das Gewinde, wozu dienen die Schlüsselflächen?

2/35 Der Kolben eines doppelt wirkenden Zylinders wird von beiden Seiten mit dem Druck von 5 bar beaufschlagt.
Fährt die Kolbenstange aus, bleibt sie in der gezeichneten Lage oder nimmt sie eine beliebige Stellung ein?
Begründen Sie Ihre Antwort.

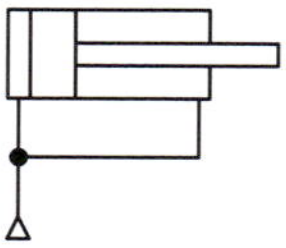

Effektive Kolbenkraft

Einfach wirkender Zylinder

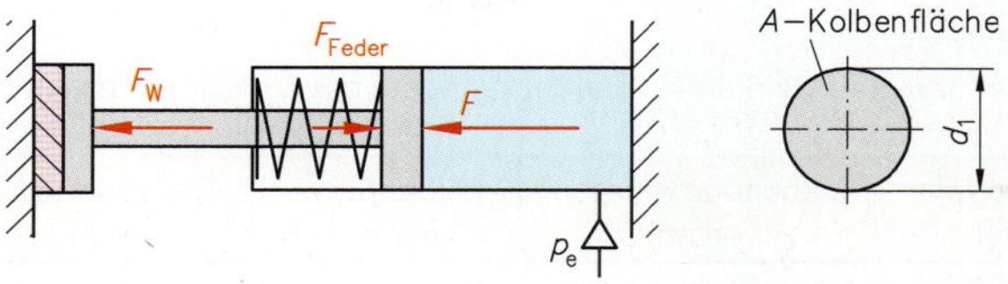

Formeln

$F = p_e \cdot A$

$F_w = 0{,}75 \cdot F$

$$F_w = 0{,}75 \cdot p_e \cdot d_1^2 \cdot \frac{\pi}{4}$$

Doppelt wirkender Zylinder (Vorhub)

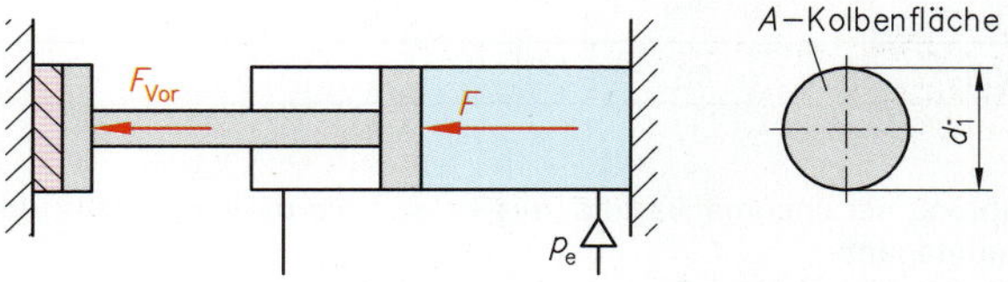

$F_{vor} = 0{,}8 \cdot F$

$$F_{vor} = 0{,}8 \cdot p_e \cdot d_1^2 \cdot \frac{\pi}{4}$$

Doppelt wirkender Zylinder (Rückhub)

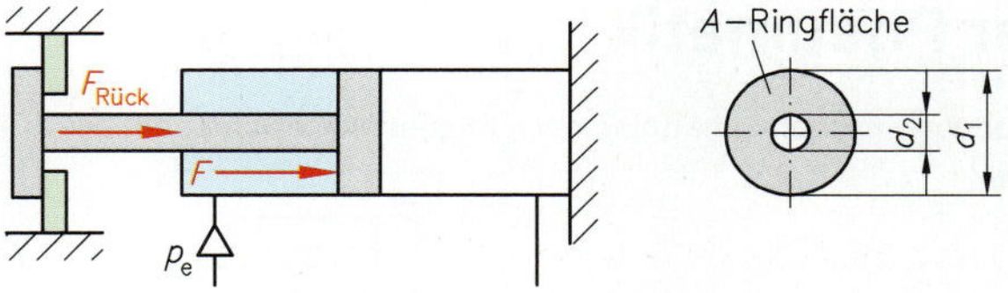

$F_{rück} = 0{,}8 \cdot F$

$$F_{rück} = 0{,}8 \cdot p_e \cdot \frac{\pi}{4} \, (d_1^2 - d_2^2)$$

Formelzeichen

p_e	Betriebsdruck ≙ Arbeitsdruck
d_1	Kolbendurchmesser
d_2	Kolbenstangendurchmesser
A	Fläche (druckbelastet)
F	Druckkraft (Kraft im Druckraum)
F_w	effektive Kolbenkraft bei einfach wirkenden Zylindern
F_{vor}	effektive Kolbenkraft bei doppelt wirkenden Zylindern im Vorhub
$F_{rück}$	effektive Kolbenkraft bei doppelt wirkenden Zylindern im Rückhub

$$1\ \text{bar} = 10\ \frac{\text{N}}{\text{cm}^2}$$

2/36 Die effektive Kolbenkraft eines einfach wirkenden Zylinders soll 1 080 N betragen. Der Kolben hat einen Durchmesser von 50 mm. Es werden etwa 70 % der Druckkraft wirksam.

Berechnen Sie den Betriebsdruck, mit dem die Anlage mindestens versorgt werden muss.

2/37 Bei einem doppelt wirkenden Zylinder mit dem Kolbendurchmesser von 100 mm beträgt laut Datenblatt die Kolbenkraft im Vorhub 4 550 N und im Rückhub 4 260 N.

a) Berechnen Sie den Betriebsdruck.

b) Berechnen Sie den Kolbenstangendurchmesser.

2/38 Ein einfach wirkender Zylinder soll zum Spannen von Werkstücken eingesetzt werden. Die Spannkraft muss mindestens 1 500 N betragen.
Reicht ein Zylinder von 6 cm Kolbendurchmesser aus, wenn die Anlage maximal mit einem Druck von 7 bar betrieben werden darf? Der Reibungsverlust liegt bei 25 %.

2/39 Der Kolben eines doppelt wirkenden Zylinders hat einen Durchmesser von 50 mm; die Kolbenflächenseite wird mit 6 bar beaufschlagt. Die Reibungsverluste im Zylinder betragen 20 %.

a) Wie groß ist die wirksame Kraft an der Kolbenstange?

b) Wie verändert sich die Kraft an der Kolbenstange, wenn der Druck auf 8 bar erhöht wird?

2/40 Berechnen Sie die fehlenden Werte für einfach wirkende Zylinder (Verluste mit 30 % annehmen).

	Effektive Kolbenkraft in N	Druckkraft in N	Kolbendurchmesser in mm	Kolbenfläche in mm^2	Betriebsdruck in bar
a)	3 200	?	?	?	8
b)	?	280	?	?	6
c)	1 800	?	63	?	?
d)	?	800	?	1 960	?
e)	?	2 500	80	?	?

2/41 Neben einer pneumatischen Dämpfung bei Pneumatikzylindern gibt es auch die Möglichkeit der mechanischen Dämpfung durch Gummipuffer.
Untersuchen Sie die Vor- und Nachteile einer solchen Dämpfung.

3 Schaltpläne in der Pneumatik

3/1 Untersuchen Sie den vorgelegten pneumatischen Schaltplan nach folgenden Gesichtspunkten:

a) Erklären Sie die Betätigungen an den Signalgliedern.

b) Welche Aufgabe hat das Ventil 1.4?

c) Ändern Sie den Schaltplan wie folgt ab:

- Das Stellglied 1.5 wird durch ein 5/2-Wegeventil ersetzt,
- die Signalglieder 1.1 und 1.2 sollen durch eine UND-Verknüpfung verbunden werden,
- die Ausgangsstellung der Anlage soll so sein, dass die Kolbenstange des Arbeitsglieds 1.6 ausgefahren ist.

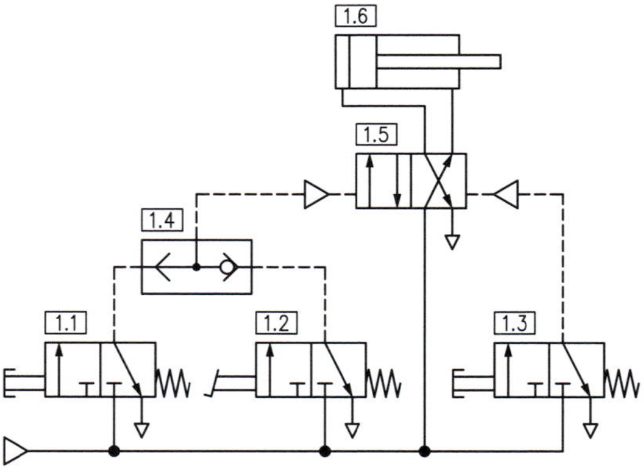

3/2 Stellen Sie in der Werkstatt oder im Pneumatiklabor folgende Ventile zusammen:

- Wegeventil,
- Sperrventil,
- Druckventil,
- Stromventil.

a) Skizzieren Sie jeweils das grafische Symbol mit allen Anschlussbezeichnungen.

b) Bei alten Anschlussbezeichnungen tragen Sie zusätzlich die Anschlussbezeichnungen nach DIN ISO 5599 ein.

3/3 In Schaltplänen der Fluidtechnik sind die Bauteile besonders gekennzeichnet. Entschlüsseln Sie die gegebenen Kennzeichnungen:

a) 2 – P1.5 **b)** A – H2.3 **c)** L1.8 **d)** 3.6

4 Pneumatische Steuerungen

4/1 Ein einfach wirkender Zylinder soll mit einem 4/2-Wegeventil gesteuert werden, weil kein geeignetes 3/2-Wegeventil vorhanden ist.
Zeichnen Sie den Schaltplan.

4/2 Beantworten Sie die Fragen zu der dargestellten Schaltung mit Begründung.

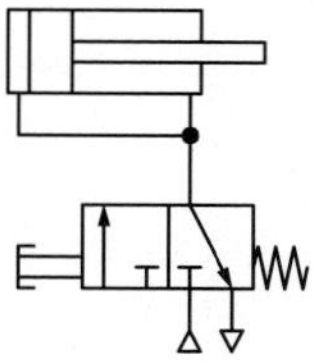

a) Lässt sich in der Ausgangsstellung die Kolbenstange durch eine äußere Kraft bewegen?

b) Nimmt die Kolbenstange bei Schalterbetätigung eine bestimmte Schaltstellung ein?

4/3 Die Drehzahl für einen Druckluftmotor soll im Rechtslauf und im Linkslauf gesteuert werden. Die Druckluft wird dem Motor über ein geeignetes 4/3-Wegeventil zugeführt, das handbetätigt sein soll. In der mittleren Stellung des Ventiles muss die Bewegung des Motors blockiert sein.
Zeichnen Sie den Schaltplan.

4/4 Warum baut man die Drossel zur Steuerung der Kolbengeschwindigkeit zwischen Stellglied und Arbeitsglied und nicht vor dem Stellglied ein?

4/5 In eine Pneumatikanlage soll ein Drosselrückschlagventil eingebaut werden. Ein solches Ventil ist nicht verfügbar. Man kann sich mit dem Einbau einer Drossel und eines Rückschlagventiles helfen.
Zeichnen Sie den entsprechenden Teil des Schaltplanes.

4/6 In einer Leitung muss die Druckluft in beiden Richtungen gedrosselt werden. Es stehen nur Drosselrückschlagventile zur Verfügung.
Zeichnen Sie die Schaltung.

4/7 Welche Betätigungsarten sind typisch für willensabhängige Steuerungen?
Zeichnen Sie die entsprechenden grafischen Symbole, und geben Sie dazu Erläuterungen.

4/8 Unter welchen Voraussetzungen kann in einer Pneumatikanlage eine Signalfolge verwirklicht werden?

4/9 Wie kennzeichnet man in Schaltplänen für die Pneumatik die Lage von Signalgliedern, die wegeabhängig gesteuert werden?

4/10 Zeichnen Sie die typischen Betätigungssymbole für wegeabhängig gesteuerte Ventile in der Pneumatik.

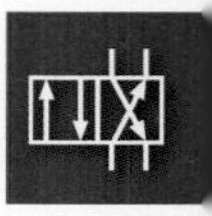

4/11 Ein Rüttelsieb soll pneumatisch hin- und herbewegt werden. Die Geschwindigkeit der Rüttelbewegung soll sowohl im Vorlauf als auch im Rücklauf steuerbar sein.
Zeichnen Sie den Schaltplan.

4/12 Skizzieren Sie das grafische Symbol für ein Verzögerungsventil mit nachfolgendem Stellglied, das folgende Funktion haben soll:
- Nullstellung durch Federkraft, dabei Druckluft auf Arbeitsleitung 4 (A) und Arbeitsleitung 2 (B) entlüftet,
- in Schaltstellung ist die Druckluft mit 2 (B) verbunden und 4 (A) entlüftet, die Umsteuerung soll mit Druckluft erfolgen und zeitverzögert sein.

4/13 Eine Prägevorrichtung arbeitet halb automatisch in vorgegebener Reihenfolge:

- In eine Werkstückaufnahme wird von Hand ein Kunststoffplättchen etwa in der Größe eines 2-Euro-Stückes eingelegt.
- Durch einen Pneumatikzylinder wird die Werkstückaufnahme unter den Prägestempel geschoben.
- Die Prägung erfolgt mithilfe eines zweiten Pneumatikzylinders.
- Nachdem der Zylinder für den Prägestempel in die Ausgangslage zurückgefahren ist, wird die Werkstückaufnahme in die Ausgangsstellung zurückgezogen.

a) Skizzieren Sie das Technologieschema.
b) Geben Sie an, welche Startbedingungen bestehen müssen.
c) Beschreiben Sie die einzelnen Schritte der Ablaufsteuerung.

4/14 Die gezeigte Maschine dient zum Ablängen von Kunststoffstangen.

a) Beschreiben Sie mit Ihren Worten den Ablauf eines Ablängvorganges.
b) Stellen Sie den Ablauf im Weg-Schritt-Diagramm dar.

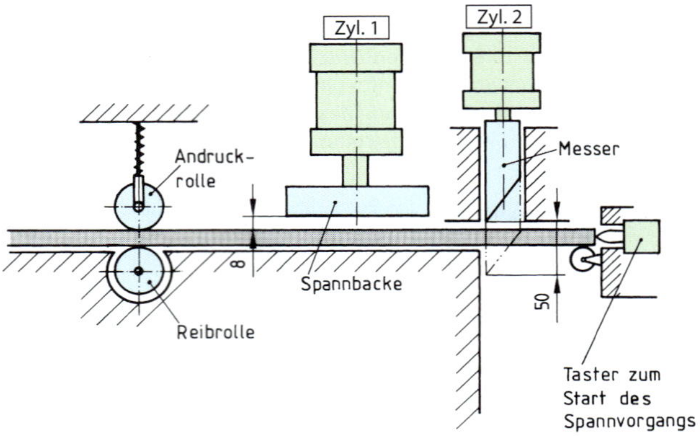

4/15 In einen Metallring sollen zwei Durchgangslöcher gebohrt werden, die radial verlaufen und um 30° versetzt sind. Beide Bohrungen liegen in dem gleichen Kreisquerschnitt.

a) Skizzieren Sie das Technologieschema mit einem pneumatischen Spannzylinder und zwei Bohrspindeln, die über pneumatische Vorschubeinheiten angetrieben werden.
b) Geben Sie eine genaue und vollständige „Aufgabenstellung" für diese Steuerung.
Beschreiben Sie dabei die Abfolge der Bewegungen der Arbeitselemente.

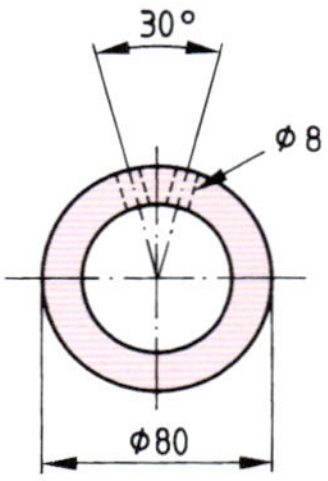

c) Legen Sie die Startverriegelung fest und nennen Sie notwendige Absicherungen.

4/16 In einer Biegevorrichtung werden Werkstücke pneumatisch gespannt und anschließend selbsttätig gebogen. Der Steuerungsablauf erfolgt in Schritten:

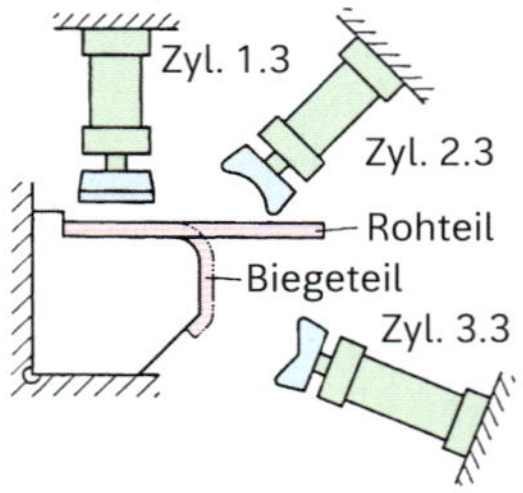

Schritt	Beschreibung des Ablaufes
1.	Zylinder 1.3 fährt aus, spannt Biegeteil
2.	Zylinder 2.3 fährt aus, biegt Werkstück vor
3.	Zylinder 3.3 fährt aus, biegt Werkstück fertig
4.	Zylinder 2.3 und 3.3 fahren ein
5.	Zylinder 1.3 fährt ein, Werkstück wird entnommen

Zeichnen Sie das Zustands-Schritt-Diagramm mit Signallinien.

4/17 Beschreiben Sie anhand des folgenden Funktionsdiagramms:

a) die Startbedingungen,
b) die Schrittfolge der Steuerung,
c) die Wirkung der Endschalter 1.3 und 1.2.

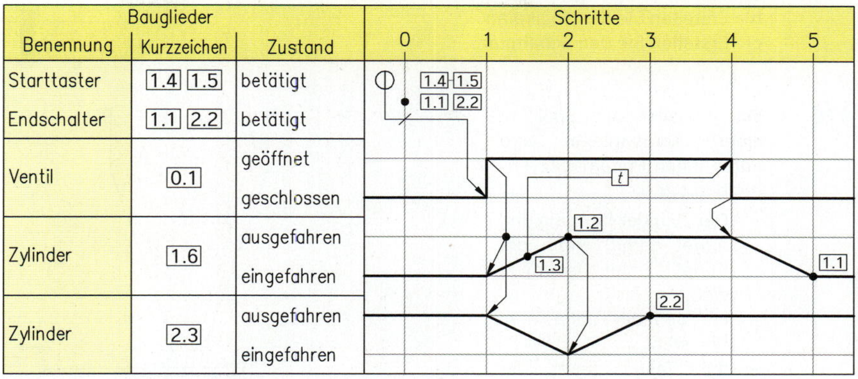

4/18 Beschreiben Sie anhand des Funktionsdiagramms:

a) die Startbedingungen,
b) die Schrittfolge der Steuerung,
c) den Automatikbetrieb.

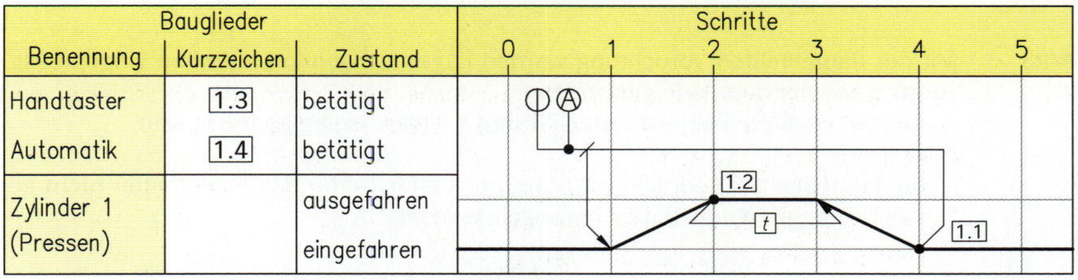

4/19 Eine Biegevorrichtung für Bleche arbeitet mit einem Pneumatikzylinder. Dabei wird der Zylinder schnell zugestellt, während der Biegevorgang selbst langsam erfolgt.

a) Erstellen Sie für den Pneumatikzylinder das Funktionsdiagramm.
b) Tragen Sie die Signalglieder und die Signallinien in das Diagramm ein, wenn Folgendes bekannt ist:
- Der Zylinder betätigt im eingefahrenen Zustand den Endtaster 1.1.
- Bei gleichzeitiger Betätigung der Handtaster 1.4 und 1.5 fährt der Zylinder schnell aus.
- Am Ende der Zustellung betätigt der Zylinder den Endschalter 1.2 und schaltet so auf den langsameren Biegevorgang um.
- Nach dem Biegevorgang betätigt der Zylinder den Endschalter 1.3 und schaltet sich selbst um.
- Im eingefahrenen Zustand fährt der Zylinder wieder auf den Endschalter 1.1.

4/20 In der Pneumatik und Hydraulik unterscheidet man folgende Pläne und Diagramme:

- Technologieschema,
- Schaltplan,
- Weg-Zeit-Diagramm,
- Weg-Schritt-Diagramm,
- Zustands-Schritt-Diagramm,
- Funktionsdiagramm.

Erläutern Sie die Aufgabe dieser Pläne bzw. Diagramme.

4/21 In einer Rohrleitung soll ein Schieber durch einen Pneumatikzylinder geöffnet und geschlossen werden. Öffnen und Schließen geschieht auf Knopfdruck von Hand. Bei geschlossenem Schieber ist der Kolben ausgefahren.

a) Wählen Sie geeignete Bauelemente aus.
b) Erstellen Sie den Logikplan.
c) Erstellen Sie den Schaltplan.

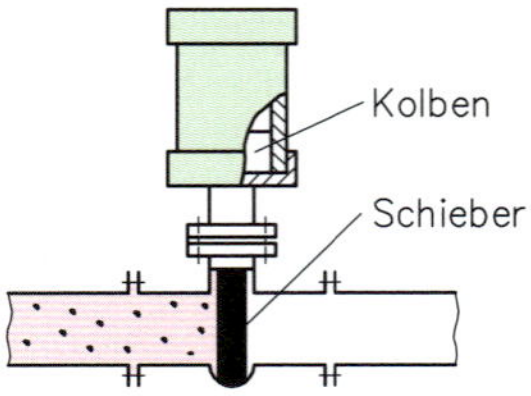

4/22 Ein Schieber am Speicher einer Abfüllanlage wird durch einen Pneumatikzylinder betätigt.

– Der Zylinder fährt ein und öffnet damit, wenn der Knopf „Füllen“ gedrückt wird,
– ein Behätler unter dem Silo steht,
– der Taster unter der Gewichtskontrolle nicht gedrückt ist.

a) Zeichnen Sie das Funktionsdiagramm.
b) Zeichnen Sie den Pneumatikschaltplan.

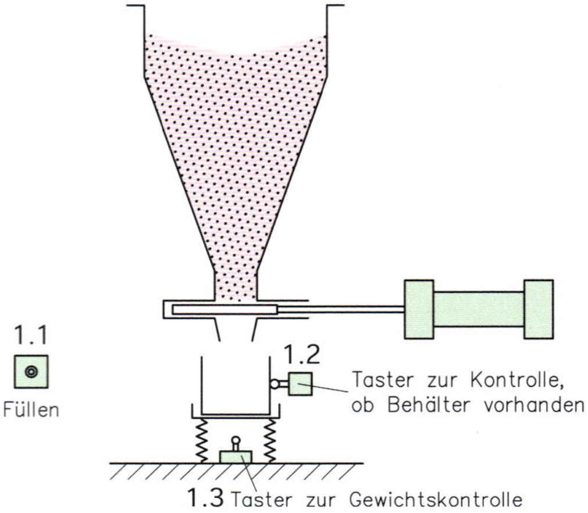

4/23 Mit der dargestellten Vorrichtung werden Lagerbuchsen in Laufrollen eingepresst. Der Einpressvorgang soll nur dann erfolgen, wenn

– mit den Händen die Handtaster 1.1 **und** 1.2 gleichzeitig gedrückt sind,

oder wenn

– der Fußtaster 1.3 gedrückt wird **und** der Taster 1.4 für das Schutzgitter **nicht** gedrückt ist, weil das Schutzgitter vollständig herabgelassen ist.

Technologieschema

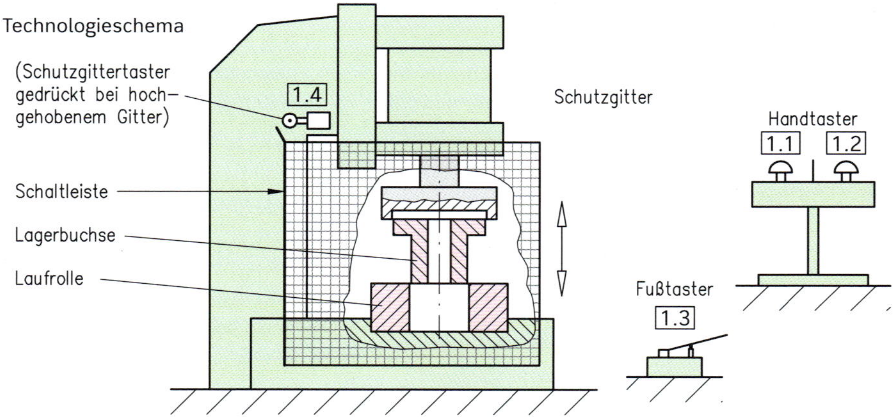

a) Beschreiben Sie den Steuerungsablauf in Schritten.
b) Zeichnen Sie das Funktionsdiagramm.
c) Entwerfen und zeichnen Sie den Pneumatikschaltplan.
d) Zeichnen Sie den Logikplan für das Ausfahren des Zylinders.
e) Zeichnen Sie den Logikplan für das Einfahren des Zylinders.

5 Zeichnen und simulieren pneumatischer Steuerungen am PC

5/1 Ein langer Druckluftzylinder (1.9) soll mit unterschiedlichen Geschwindigkeiten beim Ausfahren gesteuert werden. Vorgeschlagen ist dazu der skizzierte Schaltplan.

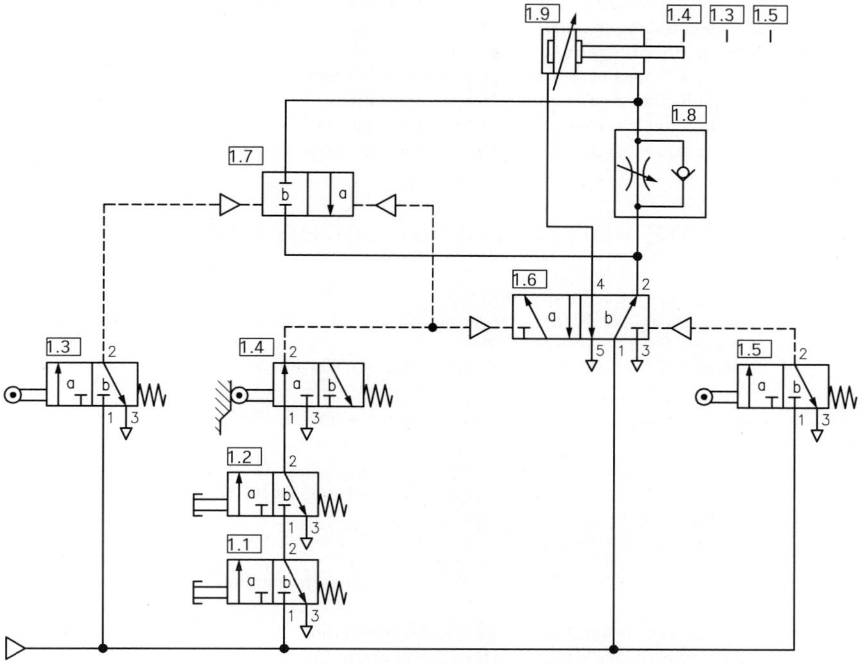

a) Übernehmen Sie den Pneumatikschaltplan in ein Simulationsprogramm und testen Sie ihn aus.

b) Testen Sie die Schaltung im Pneumatiklabor, verwenden Sie dabei einen möglichst langen Zylinder.

c) Üben Sie sich in der Fehlersuche in Steuerungen, indem Sie von Ihrem Nachbarn Veränderungen im Aufbau der zunächst funktionstüchtigen Anlage vornehmen lassen. Suchen Sie die Fehler systematisch mithilfe des Funktionsdiagrammes und des Pneumatikschaltplanes.

d) Welche Aufgabe sollen die Ventile 1.1 und 1.2 erfüllen?

6 Aufbau und Inbetriebnahme von pneumatischen Steuerungen

6/1 **a)** Beschreiben Sie die Gefahren für das Instandsetzungspersonal, die zu Beginn der Reparatur an einer stillgesetzten elektropneumatischen Steuerungsanlage bestehen.

b) Geben Sie notwendige Sicherheitsmaßnahmen an, die bei der Demontage oder beim Um rüsten einer Anlage eingehalten werden müssen.

c) Nehmen Sie Stellung zu dem Hinweis: „Diese Anlage muss vor Inbetriebnahme vom TÜV abgenommen werden."

6/2 Eine Steuerung wurde einer gründlichen Inspektion unterzogen und soll wieder in Betrieb genommen werden. Ordnen Sie die Einzelanweisungen zur Inbetriebnahme so, dass die Anlage unfallfrei angefahren werden kann.

A Aktoren in Grundstellung bringen
B Spannung anlegen und Arbeitsdruck langsam erhöhen
C Anlage drucklos und spannungslos schalten
D Drosselventile schließen
E Probelauf ohne Werkzeug und ohne Werkstück durchführen
F Druckeinstellungen und Geschwindigkeiten optimieren
G Funktion der Anlage in Schritten prüfen (Drosselventile langsam öffnen)
H Ventile mit Speicherverhalten über die Handhilfsbetätigung in die vorgesehene Stellung bringen
I Testlauf mit allen geforderten Daten durchführen
K Probelauf mit Werkzeug und Werkstück vornehmen
L Sicherheitsventile auf niedrigst zulässigen Betriebsdruck einstellen

7 Wartung von pneumatischen Anlagen

7/1
a) Untersuchen Sie in Ihrem Betrieb oder im Pneumatiklabor vorhandene Pneumatiksteuerungen im Hinblick auf die Anzahl und die Anordnung der eingebauten Wartungseinheiten. Schreiben Sie einen kurzen Bericht.
b) Erklären Sie die Aufgaben aller Elemente einer Wartungseinheit.

7/2 In pneumatischen Anlagen kann das Leitungssystem aus Rohren oder aus Kunststoffschläuchen bestehen.
a) Nennen Sie die Vor- und Nachteile des jeweiligen Leitungssystems.
b) Geben Sie Gründe an, warum für die Gesamtversorgung mit Druckluft eine Ringleitung bevorzugt wird.
c) In einem Leitungssystem tritt unverhältnismäßig hoher Kondensatanfall auf. Welche Ursachen können vorliegen?
d) Wie lassen sich Leckverluste in Leitungssystemen feststellen?

7/3 Die Explosionszeichnung des doppelt wirkenden Zylinders gibt Hinweise für die Montage bzw. Demontage des Zylinders und zeigt die Einzelteile für eventuell notwendige Ersatzbestellungen. In einer Liste werden die Einzelteile des Zylinders wie folgt aufgeführt:

Abschlussdeckel
Abstreifring
Dichtring
Federring
Kolbenstange
Lagerbuchse
Lagerdeckel
Nutring
Scheibe
Sechskant-Mutter
Spannring
Zylinder-Schraube
Zylinderrohr
Topfmanschette

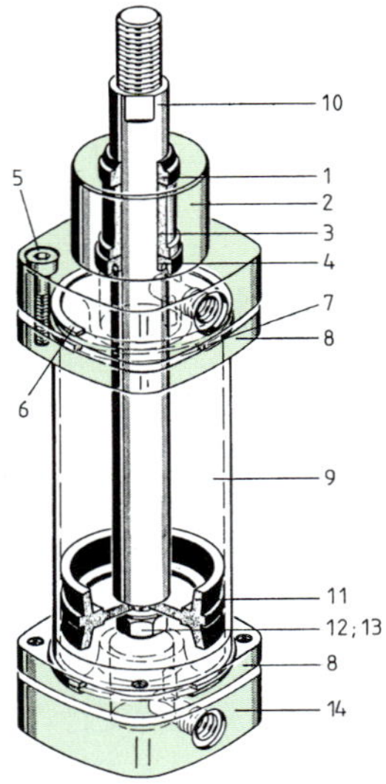

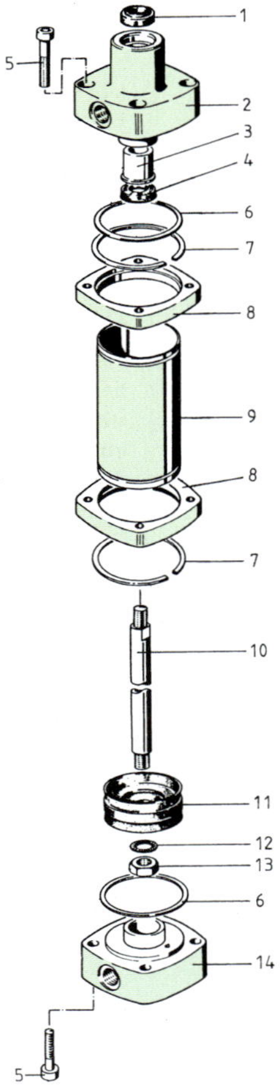

a) Übernehmen Sie die Benennungen der Einzelteile in eine Tabelle. Ordnen Sie die Positionsnummern aus der Zeichnung den Einzelteilen zu.

b) Welche Bauteile müssen ausgewechselt werden, wenn sich auf der Kolbenstange Abrieb zeigt?

c) In Firmenkatalogen werden für Teile, die verschleißen können, nicht einzelne Ersatzteile angeboten, sondern ganze Verschleißteilsätze. Welche Teile gehören für den gegebenen Zylinder zu einem solchen Verschleißteilsatz?

d) Die Topfmanschette im Zylinder ist undicht. Wie wirkt sich diese Störung auf die Steuerung aus?

e) Die Kolbenstange ist bei Montagearbeiten beschädigt worden. Es ist eine Aufwulstung entstanden.
Welche Einzelteile werden im Betrieb unmittelbar beschädigt?

7/4 Die Explosionszeichnung des 3/2-Wegeventils gibt Hinweise für die Montage bzw. Demontage des Ventiles und zeigt die Einzelteile für eventuell notwendige Ersatzbestellungen. In einer Liste werden die Einzelteile des Ventiles wie folgt aufgeführt:

Druckfeder (kurz)	Scheibe
Druckfeder (lang)	Ventilgehäuse
Kugel	Ventilrohr
Kugelhalter	Ventilteller
Nutring	Verschluss
O-Ring	

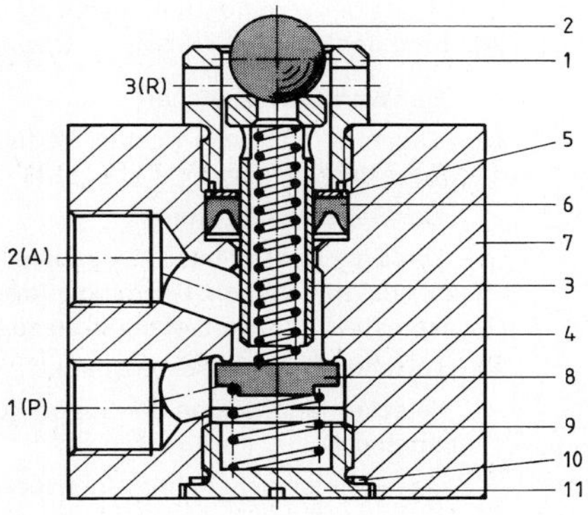

a) Übernehmen Sie die Benennungen der Einzelteile in eine Tabelle. Ordnen Sie die Positionsnummern aus der Zeichnung den Einzelteilen zu.

b) In Firmenkatalogen werden für Teile, die verschleißen können, nicht einzelne Ersatzteile angeboten, sondern ganze Verschleißteilsätze. Welche Teile gehören bei dem gegebenen Ventil zum Verschleißteilsatz?

c) Die lange Druckfeder im Ventil ist gebrochen. Wie wirkt sich diese Störung auf die Funktion des Ventiles aus?

d) Das Ventil ist schwergängig. Welche Gründe können vorliegen? Wie lässt sich der Schaden beheben?

e) Die Druckleitungen sind durch Montagearbeiten verschmutzt. Welches Verschleißteil wird besonders stark in Mitleidenschaft gezogen?

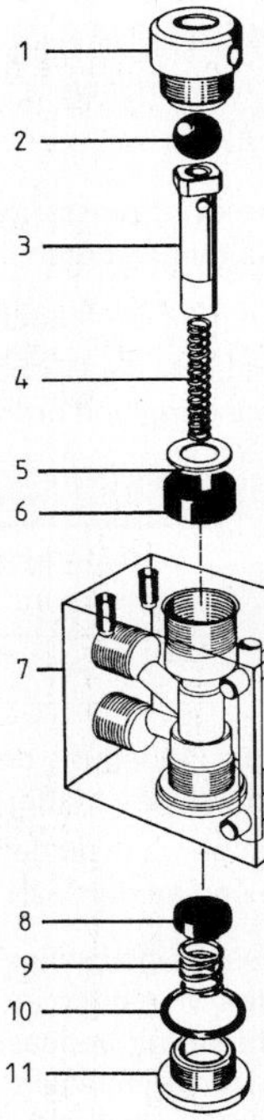

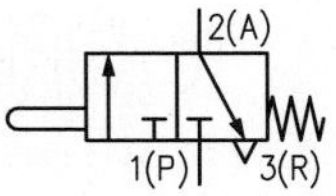

7/5 An welchen Bauteilen einer Steuerung kann der allmähliche Verschleiß frühzeitig erkannt werden? An welchen Bauteilen ist dies nicht der Fall?

Kreativ- und Präsentationstechniken

1 Kreativtechniken

1/1 Ein Mitschüler stellt bei einer Arbeitsprobe fest, dass der Kraftaufwand beim Sägen eines Rohres sehr hoch ist. Da er keine Erklärung für diesen Umstand findet, wird die Frage: „Welche Ursachen führen zu einem erhöhten Kraftaufwand beim Sägen eines Rohres?“ in der Klasse bearbeitet. Die Klasse entscheidet sich dafür, die Regeln der kreativen Ideenfindung bei ihrer Arbeit zu beachten. Versetzen Sie sich nun in die Rolle eines Mitschülers, der von der Klasse beauftragt wird, für die Einhaltung der vereinbarten Regeln zu sorgen.
Während der Phase der kreativen Ideenfindung kommt es zu folgenden Ideen und Aussagen:

- „Der Werkstoff ist zu hart.“
- „Sägen ist nicht das richtige Verfahren.“ **Zuruf:** „Das stimmt nicht, ich habe schon mehrere Rohre durchgesägt.“
- „Das Sägeblatt ist stumpf.“
- „Das Sägeblatt ist falsch eingebaut. Ich musste mal ein ziemlich breites U-Profil auf eine Länge von 100 mm kürzen. Um mir die Arbeit zu erleichtern, habe ich erst einmal ein neues Sägeblatt eingespannt und angefangen zu sägen. Nach einer kurzen Zeit habe ich festgestellt, dass ...“
- „Falsches Sägeblatt eingespannt.“
- „Falsche Handhabung der Säge.“ **Zuruf:** „Das kann nicht sein, wir sägen in der Lehrwerkstatt immer so.“
- „Das Rohr ist nicht richtig eingespannt.“
- „Weil heute Freitag ist.“

Bei welchen Aussagen müssen Sie eingreifen, weil die Regeln verletzt werden?
Benennen Sie bei Ihrer Antwort jeweils die Regel, gegen die verstoßen wird.

1/2 Führen Sie in der Klasse ein Brainstorming zum Thema: „Müllvermeidung im Klassenraum“ unter folgenden Rahmenbedingungen durch:

- Ein Mitschüler übernimmt die Moderation.
- Ein Mitschüler übernimmt die Beobachterrolle, d. h. er notiert alle Verstöße gegen die Regeln der kreativen Ideenfindung und ordnet sie den nachfolgend dargestellten Kategorien zu.

Regelverstöße	
Vom Moderator erkannt	Vom Moderator nicht erkannt
...	...

- Ein Schüler notiert die Einhaltung der Vorgaben zur Durchführung eines Brainstormings sowie die Abweichungen durch den Moderator.
- Alle anderen Schüler nehmen an dem Brainstorming teil. Die Ideen werden vom Moderator auf Karten geschrieben und an der Tafel befestigt.

Nach der Beendigung des Brainstormings bekommt der Moderator eine Rückmeldung von den beiden Beobachtern, die den Umgang mit den Regeln zur kreativen Ideenfindung und die Einhaltung der Vorgaben zur Durchführung beobachtet haben. Die Rückmeldungen sollten so erfolgen, dass dem Moderator zunächst mitgeteilt wird, was er richtig gemacht hat (Loben) und anschließend die kritischen Punkte genannt werden.
Die Ergebnisse des Brainstormings können von der Klasse als Maßnahmen zur „Müllvermeidung im Klassenraum“ vereinbart werden.

1/3 Viele Firmen fordern von ihren Auszubildenden ein hohes Maß an Selbstständigkeit. Offen bleibt jedoch häufig die Antwort auf die Frage: „Wann bin ich selbstständig?“
Versuchen Sie, diese Frage in Ihrer Arbeitsgruppe zu beantworten. Erstellen Sie zu diesem Zweck eine Mindmap zum Thema:

Vergleichen Sie anschließend die Ergebnisse der einzelnen Kleingruppen und diskutieren Sie darüber. Fassen Sie die für die Klasse wichtigen Aktivitäten eines selbstständigen Schülers in einer gemeinsamen Mindmap zusammen.

1/4 Die Bearbeitungszeit für den nebenstehenden Bolzen ist zu hoch. Finden Sie gemeinsam mit Ihren Mitschülern mögliche Ursachen heraus. Erstellen Sie zu diesem Zweck ein Ursache-Wirkungs-Diagramm. Legen Sie anschließend gemeinsam die für die Klasse wahrscheinlichste Ursache fest.

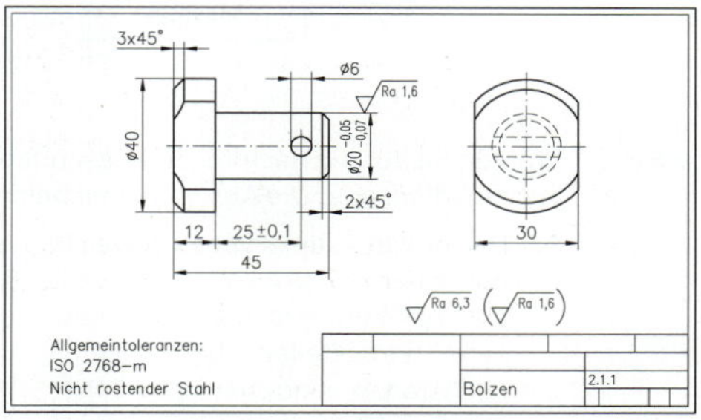

2 Präsentationstechniken

2/1 Lesen Sie die nachfolgenden Textabschnitte unter der Fragestellung „Ziel oder Maßnahme“ sorgfältig durch.

1. „Wir stellen fest, welche Fertigungsschritte Vorrang vor anderen haben und legen so eine ausführbare Reihenfolge fest.“
2. „Alle für die Fertigung des Bolzens (vgl. Aufgabe KP–4) erforderlichen Arbeitsschritte sind im Arbeitsplan in einer ausführbaren Reihenfolge notiert.“
3. „Wir legen zunächst die erforderlichen Arbeitsschritte für die Fertigung des Bolzens anhand der Fertigungszeichnung fest.“

a) Entscheiden Sie, ob es sich bei den Textstellen 1. bis 3. jeweils um eine Maßnahme oder um eine Zielumformulierung handelt.
b) Bewerten Sie die Qualität der gefundenen Zielformulierung(en) anhand der Bedingungen für eine aussagekräftige Zielformulierung. Schreiben Sie zu diesem Zweck die gefundene Zielformulierung ab und kennzeichnen Sie die Stellen im Text, durch die sie die Bedingungen erfüllt sehen.

2/2 a) Welche Ziele können mit einer Präsentation verfolgt werden?
b) Formulieren Sie zwei unterschiedliche Präsentationsziele, die Sie im Rahmen ihrer Ausbildung im Betrieb oder in der Berufsschule möglicherweise verfolgen könnten. Die Formulierung muss den Anforderungen an eine aussagekräftige Zielformulierung genügen.

2/3 Um die Zielgruppenbeschreibung für die nächste Präsentation schneller durchführen zu können, haben Sie sich in Ihrer Arbeitsgruppe überlegt, einen Planungsbogen zu entwerfen, der übersichtlich aufgebaut ist und Sie bei der Zielgruppenbeschreibung anhand von Fragen leitet. Der Planungsbogen kann tabellenförmig aufgebaut sein und Felder für Beschreibungen oder zum Ankreuzen enthalten. Entwerfen Sie nun in Ihrer Arbeitsgruppe einen Planungsbogen zur Zielgruppenbeschreibung, der die Vorbereitungszeit zur Planung einer Präsentation reduziert.

2/4 Chemische Elemente können in Metalle, Halbmetalle und Nichtmetalle unterschieden werden.
Der Begriff Halbmetall klingt etwas seltsam. Hier sind Elemente gemeint, die bei höheren Temperaturen Metalleigenschaften besitzen, sich aber bei niedrigen Temperaturen wie Nichtmetalle verhalten.
Zu diesen Halbmetallen gehören Arsen (As), Silizium (Si) und Germanium (Ge). Die genannten Elemente werden u. a. in Halbleitern eingesetzt. Die Metalle werden eingeteilt in Leicht- und Schwermetalle. Die Leichtmetalle haben eine Dichte von unter 4,5 kg/dm^3.
Überführen Sie den vorangestellten Text in eine schematische Darstellung. Ergänzen Sie zu diesem Zweck die nachfolgende Struktur. Tragen Sie auch die Symbole einiger Elemente als Beispiel ein.

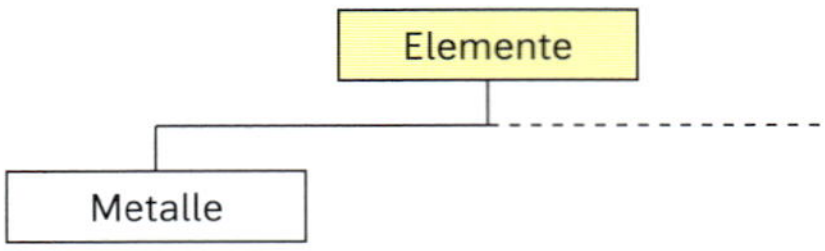

2/5 Wählen Sie für die nachfolgend beschriebenen Präsentationssituationen ein geeignetes Präsentationsmedium aus. Die Auswahlentscheidung ist zu begründen.

1. Die in vier Kleingruppen jeweils auf einem DIN-A4-Blatt entwickelten Montagepläne für die aus zehn Einzelteilen bestehende Lochstanze sind vor den Mitschülern im Klassenraum zu präsentieren. Die vier Lösungen sollen miteinander verglichen werden.
2. Das Strukturnetz zur Montage einer Lochstanze, siehe erste Präsentationssituation, ist vor den Mitschülern im Klassenraum zu präsentieren. Aus den vier in Kleingruppen entwickelten Strukturnetzen soll ein gemeinsam optimiertes Strukturnetz entwickelt und vereinbart werden. Der Planungsprozess bringt es mit sich, dass Vorschläge, die eben dokumentiert wurden, im nächsten Moment wieder korrigiert werden müssen, bis eine zufriedenstellende Lösung vorliegt.

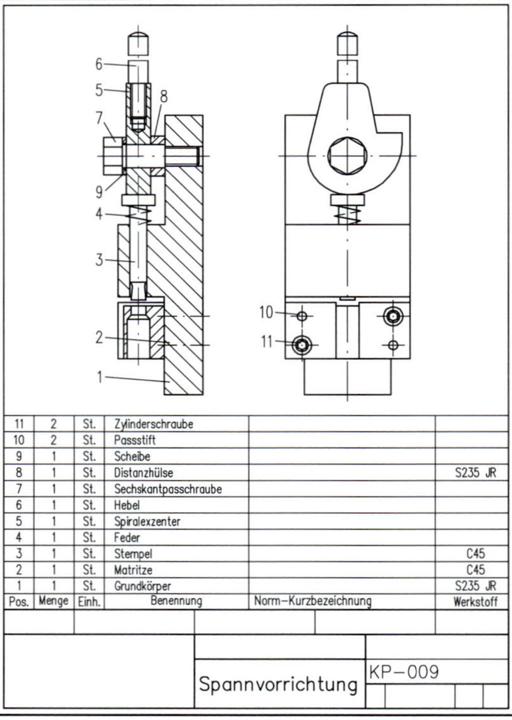

Pos.	Menge	Einh.	Benennung	Norm-Kurzbezeichnung	Werkstoff
11	2	St.	Zylinderschraube		
10	2	St.	Passstift		
9	1	St.	Scheibe		
8	1	St.	Distanzhülse		S235 JR
7	1	St.	Sechskantpassschraube		
6	1	St.	Hebel		
5	1	St.	Spiralexzenter		
4	1	St.	Feder		
3	1	St.	Stempel		C45
2	1	St.	Matritze		C45
1	1	St.	Grundkörper		S235 JR

Spannvorrichtung KP–009

3. Anhand einer Fertigungszeichnung sollen die erforderlichen Fertigungsschritte für die Fertigung einer Anpressbuchse gemeinsam von der gesamten Klasse festgelegt werden.

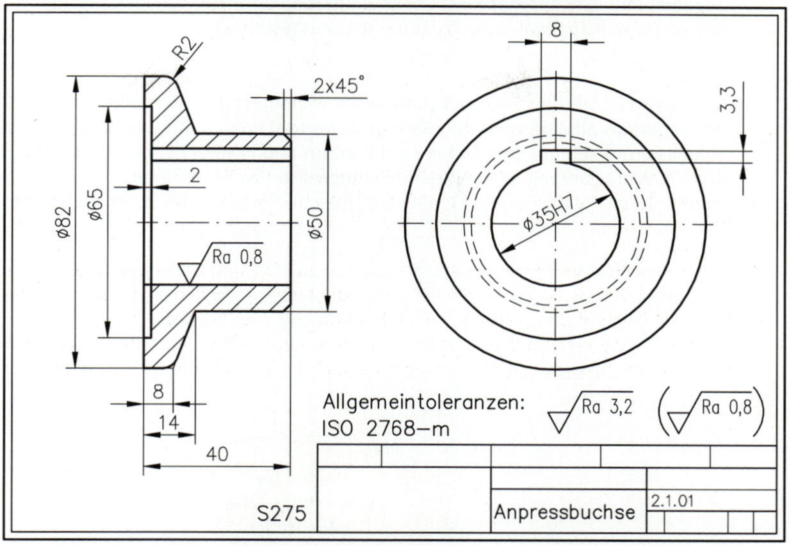

4. Bei der Erstellung einer Fertigungszeichnung gibt es bei einigen Mitschülern Verständnisschwierigkeiten hinsichtlich der Toleranzangabe eines Bolzendurchmessers. Sie haben in Ihrem Fachbuch eine anschauliche Darstellung der Zusammenhänge zwischen Höchstmaß, Mindestmaß und Toleranz entdeckt und glauben, Ihrem Mitschüler anhand dieser Darstellung weiterhelfen zu können. Beim Versuch, die Zusammenhänge zu erklären, kommt es, obwohl alle das Lehrbuch vorliegen haben, immer wieder zur Frage, auf welche Darstellung beziehst du dich im Moment.
Es steht Ihnen ein Scanner, PC und Beamer zur Verfügung

2/6 Überprüfen Sie in Ihrem Klassenraum, ob die Hinweise zur Schriftgestaltung in Ihrem Fachbuch hilfreich sind bzw. zutreffen.

a) Erstellen Sie zu diesem Zweck unterschiedliche Schriftproben mit dem Text: „Schriftgestaltung". Die unterschiedlichen Schriftproben sollten die folgenden Gestaltungsregeln berücksichtigen.

	Gestaltungsregel 1	Gestaltungsregel 2
Schriftprobe 1	Druckbuchstaben	Schreibschrift
Schriftprobe 2	Druckbuchstaben in Groß- und Kleinschreibung	Druckbuchstaben nur in Großschreibung
Schriftprobe 3	Druckbuchstaben mit engem Buchstabenabstand	Druckbuchstaben mit weitem Buchstabenabstand

Bei den Schriftproben sollten die Großbuchstaben eine Schrifthöhe von 35 mm aufweisen. Die Ober- und Unterlängen bei der vorgegebenen Schrifthöhe sind entsprechend zu wählen.

Nach der Fertigstellung der Schriftproben sind die Ergebnisse im Klassenraum zu präsentieren, um zu überprüfen, ob die Beachtung der Gestaltungshinweise zu einer besseren Lesbarkeit führt.

b) Überprüfen Sie die „Empfehlung für Schrifthöhe und Zuhörerabstand“ in Ihrem Fachbuch, indem Sie ein beliebiges Wort in den Schrifthöhen 15 mm, 25 mm, 35 mm und 45 mm nach den angegebenen Gestaltungsregeln schreiben und von Ihren Mitschülern überprüfen lassen, ob das Wort beim angegebenen Zuhöhrerabstand lesbar ist.

2/7 a) Strukturieren Sie den Text aus „Lernfelder Metalltechnik“, Bestellnummer 55030 in Kap. 2.5 (Präsentation planen, durchführen und bewerten) von „Eröffnung“ bis „Schluss“ mithilfe von Visualisierungselementen. Dabei sind Formen und Farben als Bedeutungsträger einzusetzen und die Visualisierungselemente mit Schlagworten zu beschriften.

b) Strukturieren Sie die Regeln für eine erfolgreiche Präsentation in der nachfolgenden Form.

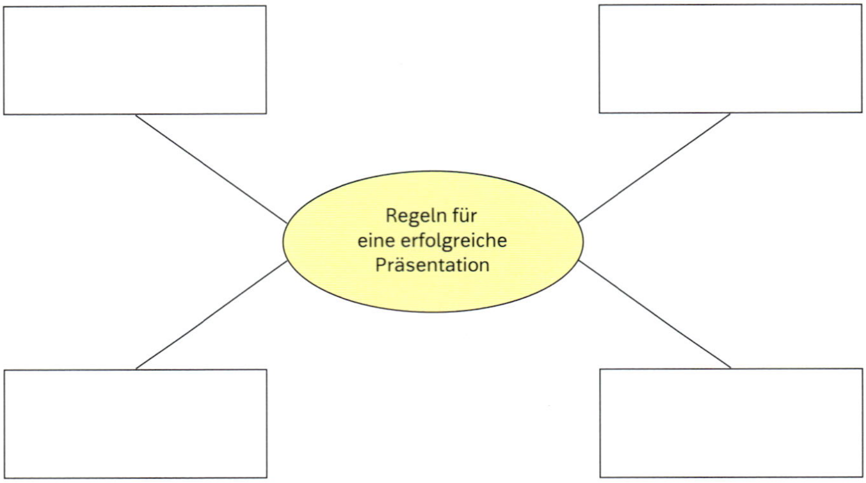

Fächerübergreifende mathematische Übungen

1 Gleichungen

Eine Gleichung hat zwei mathematische Ausdrücke, die durch Gleichheitszeichen verbunden sind. Beim Umformen muss die Gleichheit erhalten bleiben.
Zur Lösung von Aufgaben muss die gesuchte Größe
– allein auf einer Seite stehen, – positives Vorzeichen haben.

Beispiel: *Gegeben:* $V = \frac{A \cdot h}{3}$ *Gesucht:* h

Lösungsschritte: $3 \cdot V = \frac{A \cdot h \cdot \cancel{3}}{\cancel{3}}$ $\quad | \cdot 3$

$\frac{3 \cdot V}{A} = \frac{\cancel{A} \cdot h}{\cancel{A}}$ $\quad | : \mathbf{A}$

$h = 3 \cdot V / A$

Stellen Sie die Gleichungen nach der fett gekennzeichneten Größe um.

1/1 $U_B = \frac{\mathbf{d} \cdot \pi}{360°} \cdot \alpha$

1/2 $A = \frac{d^2 \cdot \pi \cdot \alpha}{4 \cdot 360°}$

1/3 $V = \frac{\mathbf{d} \cdot \pi}{4} \cdot \frac{l}{3}$

1/4 $A_M = \frac{a + a_1}{2} \cdot \mathbf{h} \cdot n$

1/5 $V = \frac{1}{6} \cdot (A + \mathbf{A_1} + 4 \cdot A_M)$

1/6 $l = d_m \cdot \pi \cdot (\mathbf{n} + 2)$

1/7 $m = \frac{d^2 \cdot \pi}{4} \cdot \mathbf{l} \cdot \rho$

1/8 $M_t = \frac{\mathbf{P} \cdot 71\,620}{n}$

1/9 $Y_o = \frac{2 \cdot r \cdot \mathbf{s}}{3 \cdot b}$

1/10 $t_h = \frac{\mathbf{l}}{s \cdot n} \cdot \mathbf{z}$

1/11 $\frac{D}{2} \cdot t \cdot p_e = (t - d_1) \cdot \mathbf{s} \cdot \sigma_{zzul}$

1/12 $t_h = \frac{\mathbf{d}}{2 \cdot s \cdot n} \cdot z$

1/13 $F = \frac{(d^2 - d^2{}_1) \cdot \pi}{4} \cdot p \cdot \mathbf{n}$

1/14 $t_h = \frac{D - \mathbf{d}}{2 \cdot s \cdot n} \cdot z$

1/15 $F_1 = \frac{\mathbf{F_2} \cdot r \cdot r_1}{R \cdot R_1}$

1/16 $t = \frac{2 \cdot \mathbf{s}}{v_a + v_e}$

1/17 $F_2 = \frac{\mathbf{F_1} \cdot 2 \cdot R}{R - r}$

1/18 $P = \frac{F \cdot \mathbf{s}}{t \cdot \mu}$

1/19 $F_2 = \frac{F_2 \cdot 2 \cdot \mathbf{r} \cdot \pi \cdot n}{1\,000 \cdot 60}$

1/20 $P = \frac{\mathbf{F_r} \cdot v}{\eta \cdot 1\,000}$

1/21 $F_2 = \frac{\mathbf{F_1} \cdot 2 \cdot r \cdot \pi}{h}$

1/22 $a = \frac{d_1 + \mathbf{d_2}}{2}$

1/23 $P = \frac{b \cdot s_z \cdot z \cdot \mathbf{F_1} \cdot d \cdot \pi \cdot n}{2 \cdot 1\,000 \cdot 60 \cdot \eta \cdot 1\,000}$

1/24 $F = \frac{d + s}{2 \cdot \mathbf{F_1}}$

1/25 $a = \mathbf{b} \cdot s + (s - c)^2 \cdot \tan \frac{\alpha}{2}$

1/26 $V = \frac{\mathbf{L}}{l} \cdot \frac{D - d}{2}$

1/27 $\tan \frac{\alpha}{2} = \frac{\mathbf{D} - d}{2 \cdot l}$

1/28 $s = \mathbf{v_a} \cdot t - \frac{a \cdot t^2}{2}$

Ü

2 Lehrsatz des Pythagoras

Für rechtwinklige Dreiecke gilt:
Das Hypotenusenquadrat ist gleich der Summe der Kathetenquadrate.

Formel

$c^2 = a^2 + b^2$

Bezeichnungen

c Hypotenuse
a Kathete
b Kathete

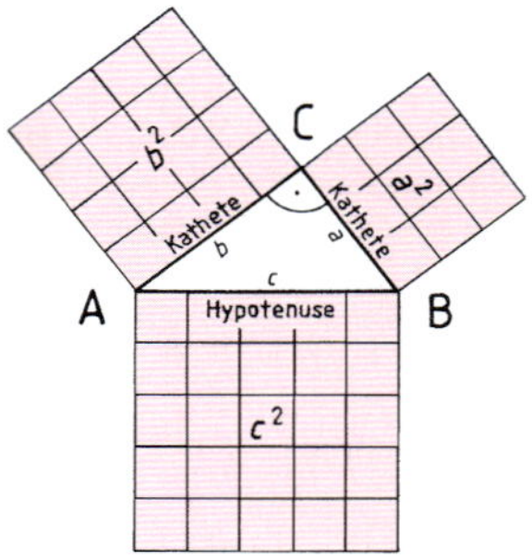

Lösen Sie folgende Aufgaben mithilfe des Lehrsatzes des Pythagoras.

2/1 Berechnen Sie die jeweils fehlende Seite.

a	*b*	*c*
200 mm	400 mm	? mm
13 cm	? cm	200 mm
? mm	2 m	40 dm

2/2 An eine Welle soll ein Vierkant mit 20 mm Schlüsselweite angearbeitet werden. Welchen Durchmesser muss die Welle an der zu bearbeitenden Stelle haben, wenn der Vierkant scharfkantig herausgearbeitet werden soll?

2/3 An eine Welle von 40 mm Durchmesser soll ein scharfkantiger Vierkant gefräst werden. Welche Seitenlänge hat er?

2/4 Die Rechtwinkligkeit eines Rahmens von 850 mm x 1 400 mm wird über die Diagonale geprüft. Wie lang ist diese?

2/5 Wie lang ist die Raumdiagonale eines Würfels von 50 mm Kantenlänge?

2/6 An einen runden Zapfen soll ein Sechskant mit der Schlüsselweite von 17 mm gefräst werden. Berechnen Sie den Durchmesser, den der Zapfen mindestens haben muss.

2/7 Ein Spiralbohrer von $d = 26$ mm Durchmesser hat bei einem bestimmten Anschliff eine Spitzenhöhe von $0{,}4 \cdot d$. Wie lang ist seine Schneidkante c?

2/8 Ein Stanzstempel hat den Querschnitt eines gleichseitigen Dreiecks mit der Kantenlänge $a = 42$ mm. Wie groß ist die Fläche A des Stempelquerschnittes?

2/9 Eine Blechwand mit den Maßen $a = 4{,}85$ m und $b = 2{,}6$ m wird auf einer Seite nach allen vier Ecken diagonal versteift. Wie viel Meter Material (l) sind dazu nötig?

2/10 Ein rechtwinklig-gleichschenkliger Dachbinder hat die Kathetenlänge $a = 4{,}52$ m.

a) Wie groß ist seine Diagonallänge c?
b) Wie groß ist die Höhe l?

3 Proportionen

Bildet man aus zwei gleichwertigen Verhältnissen eine Gleichung, so erhält man eine Proportion.
Schreibweise der Proportionen:

$$a : b = c : d \text{ oder } \frac{a}{b} = \frac{c}{d}$$

Beispiel: $1 : 3 = 2 : 6$ oder $\frac{1}{3} = \frac{2}{6}$

Bei Proportionen ist das Produkt der Innenglieder gleich dem Produkt der Außenglieder (Produktengleichung).

Proportion: $a : b = c : d$ Produktengleichung: $b \cdot c = a \cdot d$

Beispiel: Proportion: $1 : 3 = 2 : 6$ Produktengleichung: $3 \cdot 2 = 1 \cdot 6$

Lösen Sie die folgenden Aufgaben mithilfe der Proportionen.

3/1 Berechnen Sie die Werte für *x*.

a) $1 : 5 = 3 : x$ **c)** $3{,}5 : 14 = x : 4$ **e)** $\frac{1}{2} : \frac{1}{6} = x : 27$

b) $4 : x = 12 : 60$ **d)** $\frac{2}{3} : x = 4 : 24$ **f)** $0{,}25 : 2 = 75 : x$

3/2 Prüfen Sie die Ergebnisse der vorherigen Aufgaben 4/1 a) bis f) mithilfe der Produktengleichung, indem Sie die gefundenen Lösungen einsetzen.

3/3 Ein Zugstab muss einen Querschnitt von 150 mm^2 haben. Die Längen der Kanten sollen sich dabei wie 2:3 verhalten.
Berechnen Sie die Kantenlängen *a* und *b*.

4 Maßstäbe

Der Maßstab (Zeichnungsmaßstab) gibt das Verhältnis einer gezeichneten Länge zu ihrer wirklichen Größe an.

Genormte Maßstäbe

Natürlicher Maßstab
1:1

Vergrößerungsmaßstäbe
50:1 20:1 10:1
5:1 2:1

Verkleinerungsmaßstäbe
1:2 1:5 1:10
1:20 1:50 1:100
1:200 1:500 1:1000

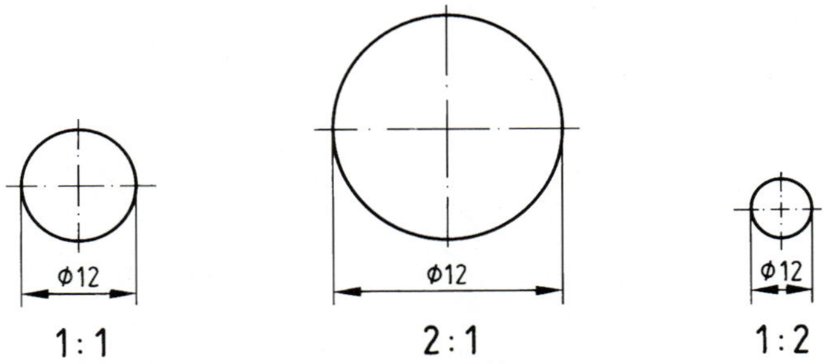

Merke: Maßstab 1:100 bedeutet 1 mm in der Zeichnung ≙ 100 mm in der Wirklichkeit.

4/1 Berechnen Sie die fehlenden Angaben.

Maßstab	Werkstück	Zeichnungsmaß
1:1	45 mm	?
5:1	?	52,5 mm
1:10	2,5 m	?
?	3,7 cm	185 mm

Maßstab	Werkstück	Zeichnungsmaß
?	0,25 mm	2,5 mm
2:1	?	320 mm
1:5	40 dm	?
1:20	4,25 m	?

Ü

4/2 Zeichnen Sie die Werkstücke maßstäblich genau:

a) Werkstück A im Maßstab 1:5

b) Werkstück B im Maßstab 2:1

A

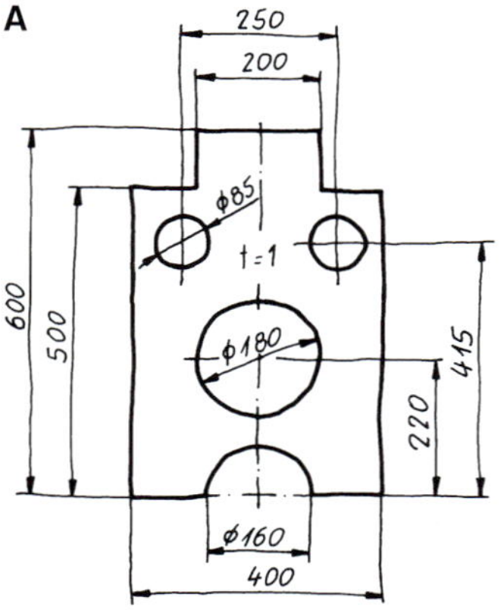

B

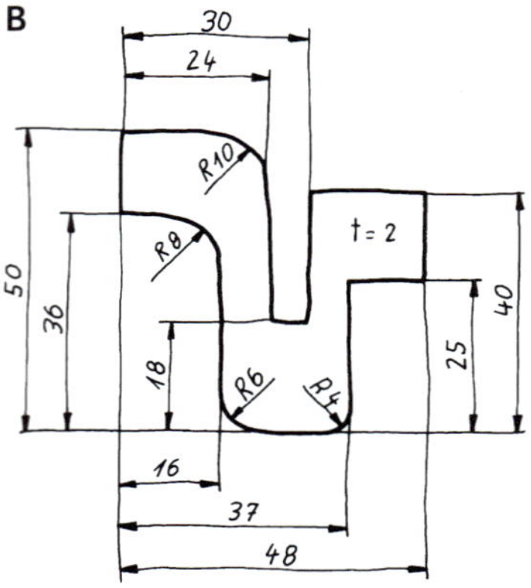

5 Strahlensätze

Werden zwei Strahlen, die von einem Punkt ausgehen, von Parallelen geschnitten, so bestehen zwischen gleichliegenden Abschnitten gleiche Verhältnisse.

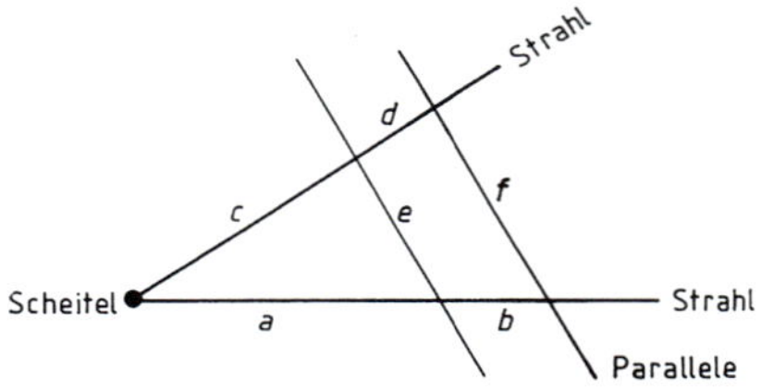

1. Strahlensatz

$a : b = c : d$

2. Strahlensatz

$a : (a + b) = e : f$

Aus den Strahlensätzen ergeben sich Verhältnisse an ähnlichen Dreiecken:
Dreiecke mit gleichen Winkeln sind einander ähnlich. In **ähnlichen Dreiecken** bilden gleichliegende Seiten gleiche Verhältnisse.

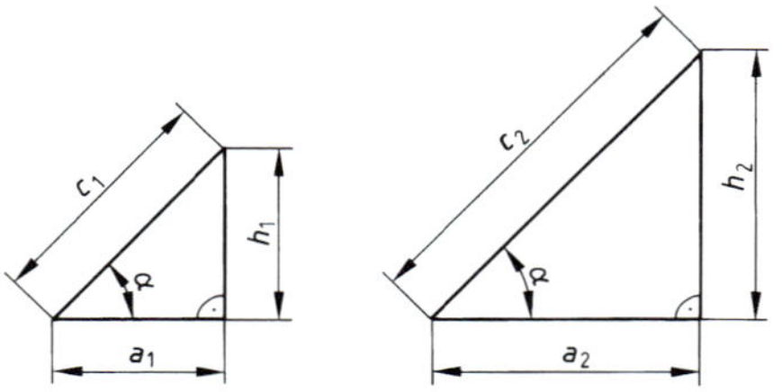

Formeln

$a_1 : h_1 = a_2 : h_2$

$c_1 : h_1 = c_2 : h_2$

$a_1 : c_1 = a_2 : c_2$

Lösen Sie folgende Aufgaben über Verhältnisse in ähnlichen Dreiecken bzw. nach Strahlensätzen.

5/1 An einem Dreieckfenster sollen die Maße $a_1 = 2{,}1$ m, $a_2 = 3{,}15$ m, $h_1 = 1{,}05$ m und $c_1 = 2{,}35$ m betragen. Berechnen Sie die fehlenden Maße.

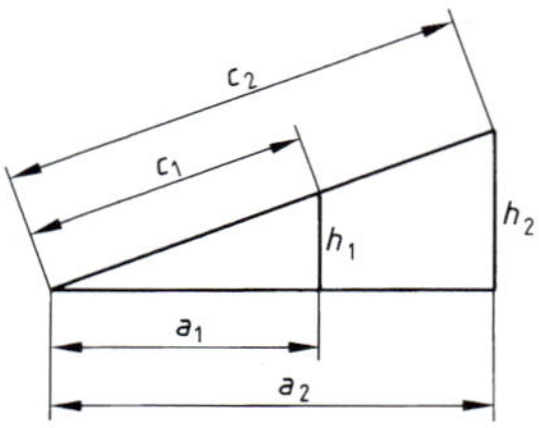

5/2 Berechnen Sie die fehlenden Maße.

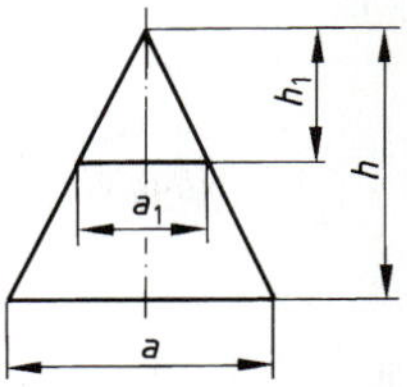

a	h	a_1	h_1
40 mm	120 mm	? mm	90 mm
5 m	? m	3 m	9 m
6 dm	75 cm	0,4 m	? m
? cm	10 m	50 dm	2 m

5/3 Bei einem rechteckigen Blech sollen sich die beiden Seiten a und b wie 2:5 verhalten. Das Blech soll eine Fläche von 1 000 mm² haben.
Berechnen Sie die Seiten a und b.

5/4 Berechnen Sie jeweils das Maß x.

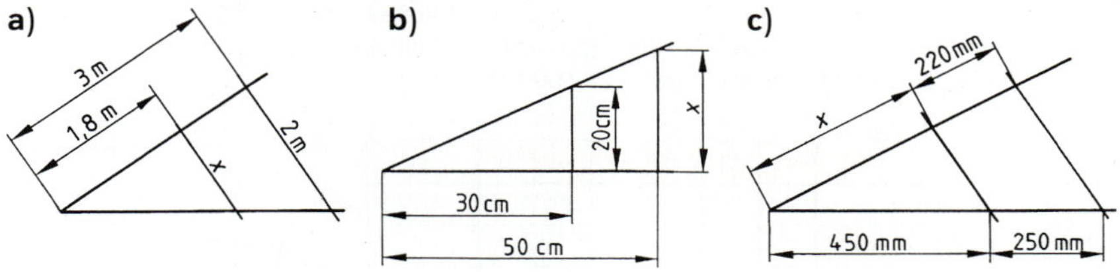

6 Winkelfunktionen in rechtwinklgen Dreiecken

In Dreiecken mit gleichen Winkeln stehen gleichliegende Seiten im gleichen Verhältnis zueinander. Seitenverhältnisse werden für einen der spitzen Winkel aufgestellt. Die Katheten werden danach benannt, wie sie zu dem betrachteten Winkel liegen.

Ankathete (AK) → Seite, die einen Schenkel des zu betrachtenden Winkel bildet

Gegenkathete (GK) → Seite, die dem zu betrachtenden Winkel gegenüberliegt

Hypotenuse (HY) → Seite gegenüber dem rechten Winkel

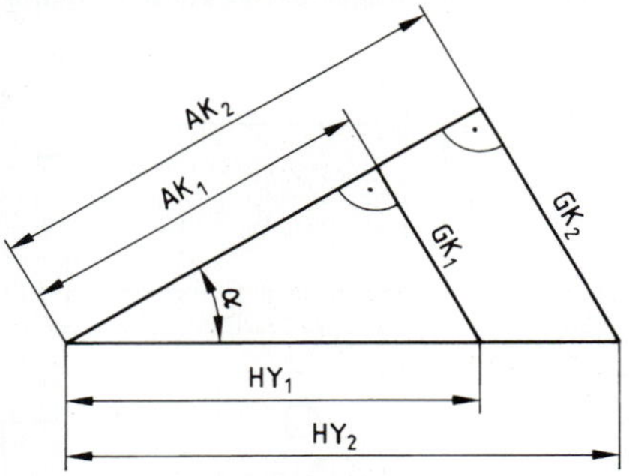

für den Winkel a gilt:

$$\frac{GK_1}{HY_1} = \frac{GK_2}{HY_2} \qquad \frac{AK_1}{HY_1} = \frac{AK_2}{HY_2} \qquad \frac{GK_1}{AK_1} = \frac{GK_2}{AK_2}$$

$$\text{Sinus } \alpha = \frac{\text{Gegenkathete}}{\text{Hypotenuse}} \qquad \text{Cosinus } \alpha = \frac{\text{Ankathete}}{\text{Hypotenuse}} \qquad \text{Tangens } \alpha = \frac{\text{Gegenkathete}}{\text{Ankathete}}$$

$$\sin \alpha = \frac{GK}{HY} \qquad \cos \alpha = \frac{AK}{HY} \qquad \tan \alpha = \frac{GK}{AK}$$

6/1 Berechnen Sie die fehlenden Maße im rechtwinkligen Dreieck mithilfe der Winkelfunktionen.

	a)	b)	c)	d)	e)	f)	g)	h)
Ankathete	245 mm	66 cm	?	?	?	?	255 cm	?
Gegenkathete	183 mm	?	880 mm	4,60 m	75 dm	?	?	15 mm
Hypotenuse	?	91 cm	1 220 mm	?	?	150 mm	?	?
Winkel α	?	?	?	35°	58°	30°	77°	10°

Ü

6/2 **a)** Berechnen Sie für den Kegel den Spitzenwinkel α in Dezimalschreibweise und in Grad/Minuten/Sekunden.
b) Berechnen Sie die Länge der Mantellinie l.

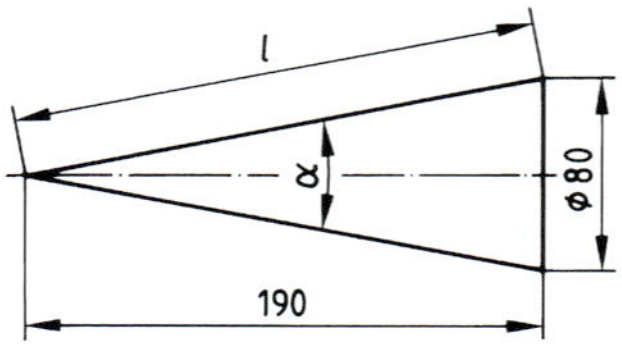

6/3 Berechnen Sie für den Keil den Steigungswinkel α in Dezimalschreibweise und in Grad/Minuten/Sekunden.

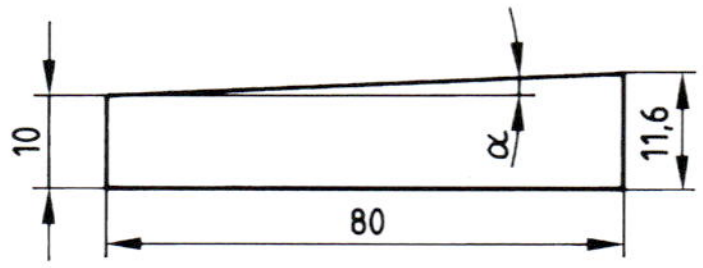

6/4 Berechnen Sie für das Sinuslineal die Endmaßhöhe h, die für die angegebenen Winkel untergelegt werden müssen. Geben Sie die Ergebnisse in Millimeter und drei Stellen hinter dem Komma an. Die Länge des Sinuslineals beträgt l_1 = 500 mm.

	a)	b)	c)	d)	e)	f)	g)
Winkel α	10°	15°	20°	25°	30°	12,4°	8° 42' 25''
Endmaßhöhe h	?	?	?	?	?	?	?

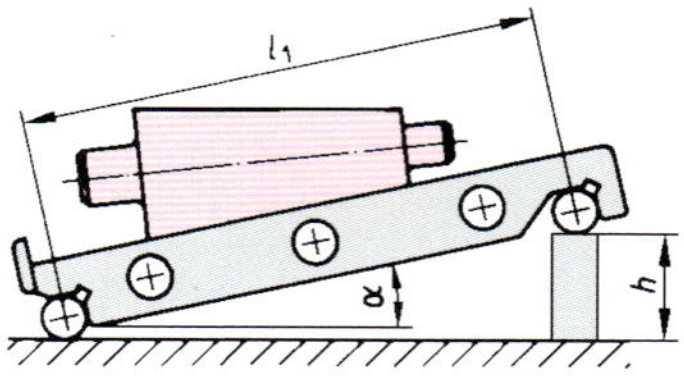

6/5 Berechnen Sie die fehlenden Maße. Skizzieren Sie zu jeder Aufgabe ein rechtwinkliges Lösungsdreieck und tragen Sie die zur Berechnung notwendigen Maße ein.

①

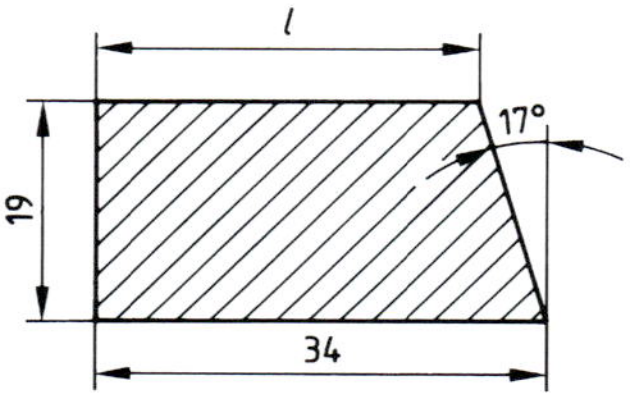

②

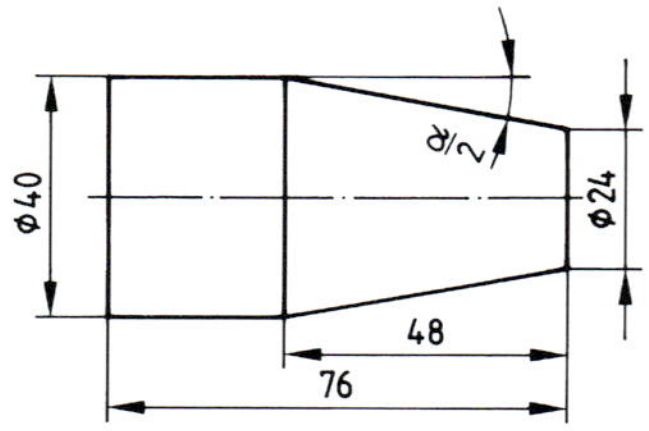

③

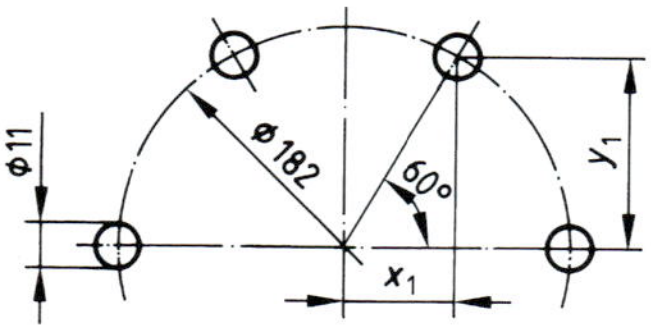

④

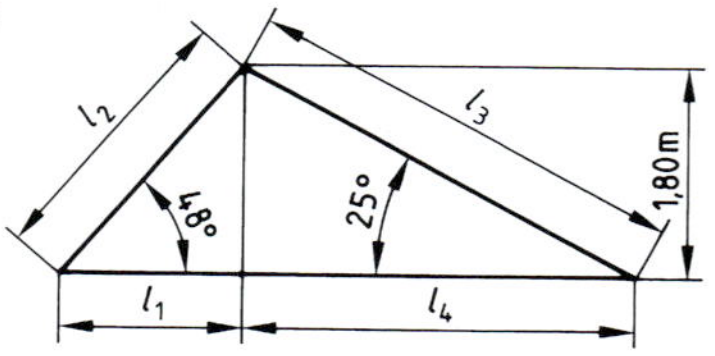

⑤

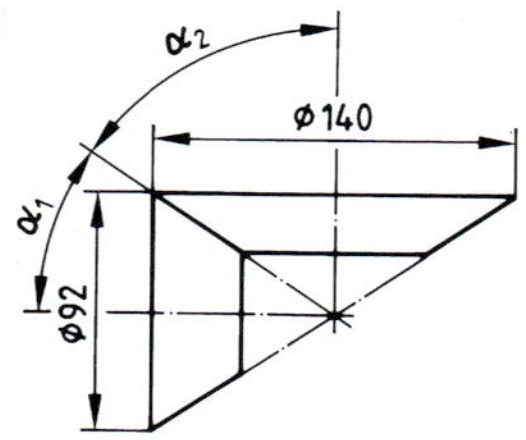

⑥

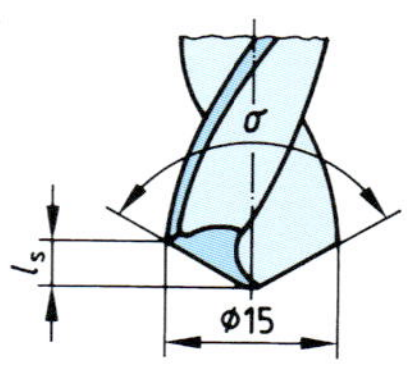

σ	l_s
80°	?
118°	?
140°	?

Bildquellenverzeichnis

BC GmbH Verlags- und Medien-, Forschungs- und Beratungsgesellschaft, Ingelheim: 121.

Biehl, Oliver, Siegen: 7, 10, 19, 31, 41, 50, 58, 69, 82.

Di Gaspare, Michele (Bild und Technik Agentur für technische Grafik und Visualisierung), Bergheim: 7, 8, 9, 10, 11, 12, 13, 14, 15, 16, 17, 18, 19, 20, 21, 22, 23, 25, 26, 27, 29, 31, 32, 33, 34, 35, 37, 38, 39, 40, 43, 44, 45, 48, 49, 50, 51, 53, 54, 55, 56, 57, 58, 59, 60, 61, 62, 64, 65, 66, 67, 68, 72, 75, 76, 78, 79, 87, 88, 97, 103, 106, 108, 109, 110, 115, 123, 124, 128, 129, 130, 131, 132, 133, 136, 137, 140, 148, 153, 157, 158, 162, 163, 164, 165, 166, 167, 168, 169, 170, 171, 172, 173, 175, 176, 177, 178, 180, 181, 182, 183, 184, 185, 187, 188, 189, 191, 193, 194, 195, 199.

Heinrich Klar Schilder- u. Etikettenfabrik GmbH & Co. KG, Wuppertal: 117, 121.

iStockphoto.com, Calgary: Rawpixel Ltd 122.

Knuth Werkzeugmaschinen GmbH - www.knuth.de, Wasbek: 69, 70, 71, 138.

Roman Bold & Black, Köln: Titel.

stock.adobe.com, Dublin: Apart Foto 74; ehrenberg-bilder Titel; PhotographyByMK 156.

WEILER Werkzeugmaschinen GmbH, Emskirchen: 72.

Wir arbeiten sehr sorgfältig daran, für alle verwendeten Abbildungen die Rechteinhaberinnen und Rechteinhaber zu ermitteln. Sollte uns dies im Einzelfall nicht vollständig gelungen sein, werden berechtigte Ansprüche selbstverständlich im Rahmen der üblichen Vereinbarungen abgegolten.